ナノ構造光学素子開発の最前線

Frontiers of Nano Structured Photonic Devices

《普及版／Popular Edition》

監修 西井準治，菊田久雄

JN173612

シーエムシー出版

はじめに

　近年のエレクトロニクス技術と情報通信技術の急速な進展と相まって，大量の情報の中から必要な情報だけを選択あるいは保存し，好きなときに観たいという強いニーズがある。その中で，エレクトロニクスだけでなく光学の分野でも，1600年代から使われてきた屈折光学や1800年代に登場した回折光学を越える新たな機能が模索されている。とりわけ，微細な構造よって光波の振る舞いを効果的に制御し，ディスプレイ，光ディスクドライブ，撮像機器，光センサー，太陽電池など，様々な製品に応用しようという動きが活発化している。

　本書の出版に至ったきっかけの一つに，過去3回開催したシンポジウムがある。1回目は産業技術総合研究所の光技術シンポジウム（2006年2月），2，3回目は応用物理学会でのシンポジウム（2007年9月，2010年9月）である。微細構造素子に焦点を絞ったにも関わらず，いずれも予想を上回る参加者で，特に企業の関心が高かった。すなわち，国際的な学術研究の広がりの一方で，それらの研究成果を産業に結びつけようとする企業の実用化研究も着実に進んでいることを実感した。この流れは，デジタルスチルカメラ，ブルーレイディスクドライブ，フラットパネルディスプレイの分野で顕著であり，ここ数年の間に多くの実用化事例が報告されている。さらに，その流れは光センサーやバイオ・分析機器，さらには太陽電池などにも波及しつつある。

　本書は，このような学術研究と実用化研究が協調し合って新たな局面を迎えつつあるナノ構造を使った光学素子の領域を概観する目的で企画した。執筆をご快諾頂いた先生方に心から感謝するとともに，本書の出版にご尽力頂いたシーエムシー出版の江幡雅之氏に厚く御礼申し上げる次第である。

2011年7月

西井準治
菊田久雄

普及版の刊行にあたって

　本書は2011年に『ナノ構造光学素子開発の最前線』として刊行されました。普及版の刊行にあたり，内容は当時のままであり加筆・訂正などの手は加えておりませんので，ご了承ください。

2017年12月

シーエムシー出版　編集部

執筆者一覧 （執筆順）

西 井 準 治　北海道大学　電子科学研究所　教授

菊 田 久 雄　大阪府立大学　大学院工学研究科　教授

田 中 康 弘　パナソニック㈱　AVC デバイス開発センター　主幹技師

山 田 和 宏　パナソニック㈱　AVC デバイス開発センター　主任技師

梅 谷 　 誠　パナソニック㈱　AVC デバイス開発センター　主幹技師

田 村 隆 正　パナソニック㈱　AVC デバイス開発センター　主任技師

奥 野 丈 晴　キヤノン㈱　光学技術統括開発センター

村 田 　 剛　㈱ニコン　コアテクノロジーセンター　主任研究員

高 田 昭 夫　ソニーケミカル＆インフォメーションデバイス㈱　開発部門　材料開
　　　　　　　発 2 部　無機デバイス開発課　統括課長

鈴 木 基 史　京都大学大学院　工学研究科　マイクロエンジニアリング専攻　准教授

柳 下 　 崇　首都大学東京大学院　都市環境科学研究科　分子応用化学域　助教

近 藤 敏 彰　㈶神奈川科学技術アカデミー　重点研究室　光機能材料グループ　研
　　　　　　　究員

益 田 秀 樹　首都大学東京大学院　都市環境科学研究科　分子応用化学域　教授；
　　　　　　　㈶神奈川科学技術アカデミー　重点研究室　光機能材料グループ
　　　　　　　グループリーダー

魚 津 吉 弘　三菱レイヨン㈱　横浜先端技術研究所　リサーチフェロー

浅 川 鋼 児　㈱東芝　研究開発センター　有機材料ラボラトリー

田 口 登喜生　シャープ㈱　ディスプレイデバイス開発本部　要素技術開発センター
　　　　　　　表示技術開発部　主事

伊佐野 太 輔　キヤノン㈱　光学機器事業本部

尼 子 　 淳　セイコーエプソン㈱　技術開発本部　コア技術開発センター　主任研
　　　　　　　究員

佐 藤　　尚　㈱フォトニックラティス　取締役　技師長

川 嶋 貴 之　㈱フォトニックラティス　専務取締役

井 上 喜 彦　㈱フォトニックラティス　取締役副社長

川 上 彰二郎　㈱フォトニックラティス　取締役ファウンダー

岡 本 隆 之　㈱理化学研究所　基幹研究所　河田ナノフォトニクス研究室　先任研
　　　　　　　究員

松 本 健 俊　大阪大学　産業科学研究所　助教

小 林　　光　大阪大学　産業科学研究所　教授

北 村 直 之　㈱産業技術総合研究所　ユビキタスエネルギー研究部門　光波制御デ
　　　　　　　バイスグループ　主任研究員

福 味 幸 平　㈱産業技術総合研究所　ユビキタスエネルギー研究部門　光波制御デ
　　　　　　　バイスグループ　主任研究員

髙 橋 雅 英　大阪府立大学　大学院工学研究科　教授

福 田 達 也　ミツエ・モールド・エンジニアリング㈱　第4グループ　シニアエン
　　　　　　　ジニア

平 井 義 彦　大阪府立大学　大学院工学研究科　教授

小久保 光 典　東芝機械㈱　ナノ加工システム事業部　ナノ加工システム技術部
　　　　　　　部長

後 藤 博 史　東芝機械㈱　ナノ加工システム事業部　副事業部長

森　　登史晴　コニカミノルタオプト㈱　技術開発センター　光学開発部　係長

原 田 建 治　北見工業大学　工学部　情報システム工学科　准教授

栗 原 一 真　㈱産業技術総合研究所　集積マイクロシステム研究センター　研究員

執筆者の所属表記は，2011年当時のものを使用しております。

目　　次

I

第3章　ディスプレイ・発光素子分野のナノ構造素子

第4章　計測・センサー・加工のためのナノ構造素子

第5章　表面プラズモンおよび太陽電池分野のナノ構造素子

第6章　ナノ構造光学素子を支える材料の最新動向

第7章　光学素子のための構造形成プロセス

序章　総論—ナノ構造光学素子開発の最新動向—

西井準治[*]

1　はじめに

　微細な構造によって発現する光学機能に関する研究は 1980 年代から盛んになった。そのころ登場した素子の構造単位はミクロンサイズであったのに対し，おおよそ 1990 年代後半から微細化の流れが急速に進み，光の波長レベルの周期を使う「共鳴領域」や，さらに小さな周期の「サブ波長領域」の構造が注目されるようになった。図 1 は，このような光学素子の研究の歴史的な経過を整理した図である。本書では，共鳴領域以下のサイズで周期性のない微細構造や光学薄膜も含めて「ナノ構造」と呼ぶことにする。

　図 2 は本書を共同監修した菊田氏（大阪府立大）が整理したナノ構造素子の機能マップである。このマップは 2003 年に国内の雑誌に英文で掲載されたものであるが，被引用数が高く国際的にも注目されている[1]。ナノ構造によって発現する光学機能には，屈折率の異方性，電磁波の増強や閉じ込め，偏光や位相の制御の他に，金属表面でのプラズモンの原理に基づく電場増強などがあり，それらの用途は光通信から太陽電池まで多岐に渡っている。本章では，このようなナノ構造素子の最新の研究動向と本書の位置づけについて解説する。

2　最近の学術研究の動向

　本書に関連する 2000 年以降の学術論文を ISI Web of Knowledge でキーワード検索し，最近の研究動向を調べた。広い意味で「回折格子」で検索したところ，図 3 に示すように論文数が着

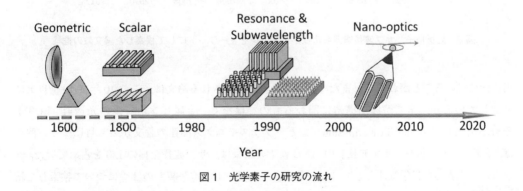

図 1　光学素子の研究の流れ

＊　Junji Nishii　北海道大学　電子科学研究所　教授

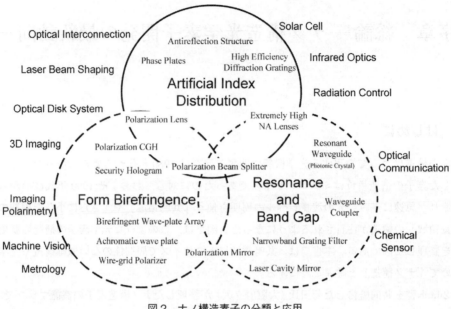

図2　ナノ構造素子の分類と応用

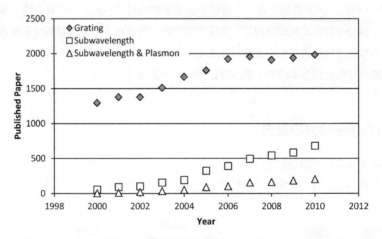

図3　回折格子，サブ波長構造およびプラズモンをキーワードにして検索した論文数の推移

実に伸びていることがわかる。また「サブ波長」で検索される論文は，ここ10年で10倍以上に増加しているが，全てが周期構造に関わるものではなく，金属ピンホールの光透過（EOT；Extraordinary Optical Transmission）など，プラズモニクス関連の論文が多く目につく。例えば，「プラズモン」と「サブ波長」のAND検索の結果は，サブ波長全体の1/3を占めていた。

　次に，代表的な光学機能として「反射防止」，「偏光子」，「波長板」の3つについて検索した結果を図4に示す。特徴的なことは，波長板関連の論文数が横ばいである一方で，偏光子や反射防止に関わる論文数が増加している点である。「偏光子」と「ワイヤーグリッド」のAND検索し

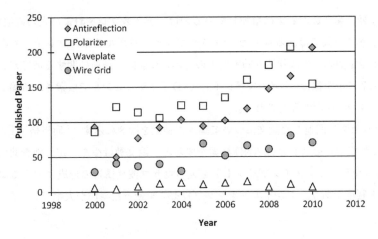

図4　反射防止，偏光子，波長板，ワイヤーグリッド関連の論文数の推移

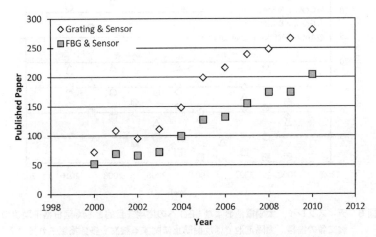

図5　センサーへの応用を目的とした回折格子関連の論文数の推移
（ファイバー回折格子（FBG）関連が多い）

たところ，サブ波長構造の形成が必須であるワイヤーグリッドが1/3～1/2を占めている。反射
防止に関してはMoth Eye構造が大半であるが，ナノ粒子や柱状構造を使った興味深い研究も見
受けられる。

　さらに，用途別の検索を行った。この領域は，民間企業の研究が主体となるためか，論文数は
それほど多くない。図5は「回折格子」と「センサー」のAND検索の結果である。2000年以降，
着実に論文数が増加していることがわかる。被引用数が高いのは，1990年代に波長多重光通信
用のバンドパスフィルターとして注目されたファイバー回折格子（FBG）関連の論文である。
FBG以外の表面レリーフ型格子を利用したセンサーの論文数も着実に増加していることから，
センサーにおける回折格子の役割は大きいといえよう。

その他の分野で論文数が着実に増加しているのは，ディスプレイおよび太陽電池関連である。図6に示すように小数ではあるものの，LEDやフラットパネルディスプレイの光取り出し効率の向上や，太陽電池への光取り込み効率向上のための反射防止技術に関する研究が報告されている。さらに図7に示す様に，「ディスプレイ」AND「プラズモン」で検索される論文数の伸びは顕著であり，今後の展開が注目される。

最後に，プロセスに関連した論文について調べた結果を図8に示す。「回折格子」あるいは「サブ波長」と「作製プロセス」とのAND検索をすると，論文数は少ないが，両者共に着実な増加傾向にある。ただし，「ナノインプリント」を使ったサブ波長構造の形成に関する論文はプロセス全体の15%程度であり，ドライエッチングプロセスを使った事例が大半であった。

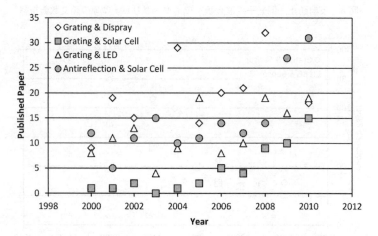

図6　ディスプレイ，太陽電池およびLEDへの応用を目的とした回折格子関連の
　　　論文数の推移（太陽電池では反射防止に関する論文も多数掲載されている）

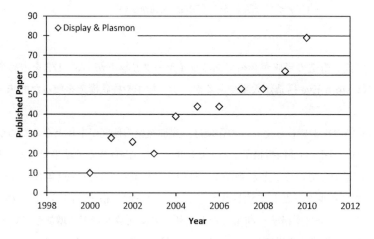

図7　ディスプレイへの応用を目的としたプラズモニクス関連の論文数の推移

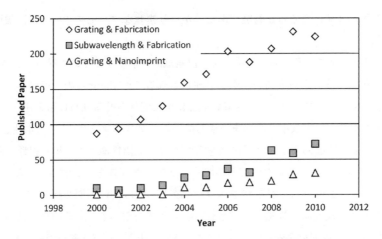

図8　回折格子およびサブ波長構造の作製に関する論文数の推移
（インプリントを用いた論文は全体の15％程度）

3　国際的な研究動向と本書との関わり

各種光学素子ごとの代表的な論文の概要と本書の内容との関わりについて以下にまとめた。

(1)　回折格子

有機材料あるいはポリマー材料は，光デバイスや電子デバイスへの幅広い応用が期待されており，特にアモルファス有機分子材料への注目度が高い[2]。光照射によって表面レリーフ回折格子を形成できるアゾベンゼンはその一例であり，格子の形成機構に関する論文の被引用数は300を越えている[3]。また，高い回折効率を達成する目的で，TiO_2などの高屈折率材料への格子の形成に関する論文の被引用数も高い[4]。本書では，高屈折率材料の開発やアゾベンゼンを使ったホログラム形成に関する研究を第6〜7章で紹介する。

(2)　反射防止

微細加工の分野では，EB描画とリフトオフによるメタルマスクの形成とドライエッチングによるシリカ表面への反射防止構造の形成に関する論文が最もよく引用されている[5]。その他，二光束干渉露光でのレジストパターニングとドライエッチングを使う方法も報告されている[6,7]。また，メタルマスクを介したシリカのドライエッチングを用いる点では文献5と類似であるが，その後のレジストパターン形成にナノインプリントを用いている以下の論文が注目されている[8]。

① 　レジスト-1/SiO_2/レジスト-2の3層膜をSiO_2の表面に形成し，最表面のレジストにナノインプリント法で周期構造を形成，

② 　3層目までドライエッチングでパターン化し，リフトオフ法で円錐状のクロムマスクを基板表面に形成，

③ 　ドライエッチングでシリカガラスあるいはSi表面に反射防止構造を形成，

中間層のシリカが保護膜となり，下層レジストがサイドエッチングされやすく，メタルマスクの

リフトオフ工程が容易になる点が特徴である。かなり複雑なプロセスであるが，被引用数は 80 を越えている。

　一方，反射防止機能を発現するナノ構造を自己組織的に形成するための材料，プロセスの研究は，論文数が多く，被引用数も高い。中でも注目されるのが Jiang らの一連の論文である[9~11]。スピンコートによってシリカコロイドを基板表面に密に配列させる独自技術を使って，その後，ドライエッチングによって反射防止層を形成している。アスペクト比 10 で疎水性を有するフッ化シリコンコート SiN 面および SiO_2 面を作製しており，太陽電池への応用も視野に入れている。その他，ECR プラズマエッチング法において，エッチングガスを工夫することによって自己組織的 SiC ナノマスクを形成しながら Si をエッチングし，最終的に周期 200nm 程度の先端が尖った高アスペクト比の反射防止構造が形成されるという報告がある[12]。その高さは $16\mu m$ で，可視域での反射率 0.5% 以下を達成している。また，AlGaInP 系の LED 基板表面に SiO_2 を成膜し，さらにその表面に自己組織的に Ag アイランド構造を形成した後，RIE で Moth Eye を形成した例が報告されている[13]。この構造は，LED 発光層の光を外部に効率よく取り出すことを目的としている。この他にも，LED の発光効率の向上[14~17]，太陽電池の光電変換効率の向上[18,19]，などを目的とした反射防止に関する多くの論文が報告されており，それぞれ被引用数が高い。

　ここまで紹介した反射防止構造の形成には，最終工程でドライエッチング法を用いているが，それ以外にも非常に興味深い試みの論文がある。一つは異種のナノ粒子を交互に積層する方法である。Cohen らは，ガラス表面に SiO_2（直径 22nm）と TiO_2（直径 7nm）のナノ粒子を交互に積層し，反射防止，超親水（防曇），自浄などの機能が同時に発現することを報告している[20]。コーティング層にナノサイズの空隙が存在することが反射防止と超親水に有効で，紫外線照射による触媒効果で自浄作用があるという。この論文は 2000 年以降の反射防止関連の論文として被引用数が最も高い。さらに，EB 蒸着を工夫して反射防止を実現した論文も同程度の被引用数である[21]。斜め EB 蒸着によって，柱状の SiO_2 および TiO_2 を成膜する技術を駆使し，それらの傾斜角度に応じて屈折率を 1.05~2.03 まで自在に変えることに成功している。可視域での AlN 結晶（$n=2.05$）の表面反射率を 1% 以下に抑えており，膜には偏光依存性がなく，反射率の入射角度依存性も小さい。本書においては，類似のナノ構造をゾルゲル法で形成してレンズの反射防止に応用することに成功した事例を第 3 章に掲載している。

(3)　偏光子，カラーフィルター

　誘電体の表面に形成したサブ波長周期の金属格子は，ワイヤーグリッド偏光子と呼ばれる。電場の振動方向が金属ワイヤーと平行な場合は金属ミラーと同じように反射し，垂直な場合は透過するという原理に基づいている。使用する光の波長に対して周期を 1/3~1/4 以下にすることで消光比の大きな優れた偏光特性が得られる。また，ガラスやサファイヤ基板の表面に形成したワイヤーグリッドは，樹脂を延伸して作製した偏光フィルムに比べて耐熱性に優れているため，高輝度プロジェクター用として実用化されている。ナノインプリント法で作製した周期 190nm のワイヤーグリッドが報告されたのは 2000 年である[22]。以来，類似の研究[23]が報告されると共に，

反射型ディスプレイ用カラーフィルターへの応用を目的とした2次元金属格子の研究[24]や，ロール to ロール法での連続生産に関する論文が報告されている[25]。

⑷　構造性複屈折波長板

透明材料の表面に形成した1次元サブ波長格子が発現する光学異方性は，構造性複屈折と呼ばれ，波長板として利用されている。空気と材料の体積占有率や，基板上での格子線の向きを自由に調整できることから，他の光学素子とハイブリッド化する際に威力を発揮する。さらに，サブ波長構造によって発現する構造性複屈折の最も大きな特徴は，その波長依存性を小さくできる点にある。一般に，ナノ構造の平均屈折率は，特に TM 偏光に対して長波長側で大きく低下するが，構造の周期と空気に対する体積分率を最適化することで，複屈折率差が波長に比例して増加し，波長依存性のない位相差を実現できる。本書では第4章において，着実な基礎研究の積み重ねの末に実用化に成功した事例を紹介する。

⑸　サブ波長プラズモニック素子

上述したように，「プラズモン」と「サブ波長」の2つのキーワードに関係する論文の掲載件数は 2000 年以降増加しつつある。中でも，波長よりも小さな直径の金属ピンホールあるいは小さな幅のスリットにおける EOT が注目される[26]。EOT の問題点は，ピンホールを透過する透過率が非常に低い点である。最近，その周囲に回折格子を設けて，表面に結合した表面プラズモン波をピンホールやスリットに導く手法が多く報告され，面発光レーザの出射面にコリメーターとして使われている[27]。さらに，太陽電池の表面に金属ナノ粒子を分散し，粒子に局在するプラズモン波を活性層に導くための研究[28~31]や，バイオセンサーへの応用に関する研究[32]などが報告されている。本書では，有機 EL デバイスの高効率光取り出しなどに使われようとしているプラズモニックデバイスの現状を第5章で紹介する。

4　本書で取り上げた注目技術

　ナノ構造によって発現する光機能の基礎と素子設計に関して第1章で解説した後に，第2章では，カメラレンズの反射防止技術の動向に着目した。反射防止技術は最近の国内のセミナーでも頻繁に取り上げられており，非常に注目度が高い分野である。本章はカメラレンズの開発に携わる企業の研究者に執筆してもらった。サブ波長周期の円錐や四角錐を隙間なく配列させた Moth Eye 構造に関しては，半導体微細加工やナノインプリントを駆使した精密な周期構造の形成手法と，低コスト・大面積化を視野に入れて長距離の周期性をもたないナノ構造を自己組織的に形成する手法の2つに分けられるが，本書では前者に注目した。さらに，ゾルゲル法およびハイブリッド技術を駆使して製品化に成功した反射防止技術も取り上げた。

　高機能化を追求した研究開発の一方で，大面積化あるいは低コスト化が要求されるナノ構造素子の研究も盛んである。この分野の出口はプロジェクター，フラットパネルディスプレイおよび LED などである。これまでの1次元ワイヤーグリッドは，偏光方向によって透過光と反射光に

分離する機能しかもたなかったが，第3章では，高い消光比を維持したまま反射光の発生を抑制することに成功した吸収型ワイヤーグリッドの実用化研究を紹介する。さらに，アルミニウムの陽極酸化によって自己組織的に形成されるナノピラー構造を大型ロールの表面に形成し，大面積反射防止シートの連続成形に成功した研究，およびナノ粒子をマスクにしたドライエッチング法を用いた LED の光取り出し効率向上に関する最新動向も着目した。

　ナノ構造素子における半導体微細加工技術の貢献は極めて大きい。第4章では長期にわたるノウハウの積み上げの末に達成された超高精度ナノ構造素子の実用化研究を紹介している。ここで作製される素子は，光計測や光センサー等に使われ，大面積化よりもむしろ高精度化が鍵となる。

　一方，透明な誘電体だけでなく金属やシリコンの表面へのナノ構造形成と，それによって発現する機能にも注目が集まっている。表面プラズモンの原理に基づいた金属ナノ構造は，有機 EL や LED の高効率光取り出しへの応用が期待されている。また，高い表面反射率が光電変換効率向上の妨げになっている太陽電池の分野でも同様な試みがされている。本書では，第5章でプラズモン関連および太陽電池関連の動向が紹介されている。

　ナノ構造素子の高度化，実用化を支える材料およびプロセスの研究も極めて重要である。本書では第6章，7章において，材料の分野では，ガラスと有機無機ハイブリッド材料，およびインプリント用モールド材料に着目した。また，プロセスの分野では，ナノインプリントとレーザ加工，さらには，非接触加工法として注目される高電圧コロナ帯電処理の現状を紹介した。

5　まとめ

　本書の特徴は，アカデミアの基礎研究と産業界の応用研究が協調し合って新たな局面を迎えつつある光学の領域を概観した点にある。目次から明らかなように，企業との連携研究を推進している大学および公的研究機関の研究者と，実用化に向けて死の谷を乗り越えた，あるいは乗り越えようとしている企業の研究者がほぼ半々で執筆を担当した。本書が，次世代光学素子および関連製品に関わる研究開発をさらに加速し，基礎研究と応用研究との強固な連携の構築に役立つことを期待している。

文　献

1)　H. Kikuta, H. Toyota, W. Yu, *Opt. Rev.*, **10** (2), 63-73, 2003
2)　Y. Shirota, *J. Mater. Chem.*, **15**, 75-93, 2005
3)　N. K. Viswanathan, D. Y. Kim, S. Bian, J. Williams, W. Liu, L. Li, L. Samuelson, J. Kumarab, S. K. Tripathy, *J. Mater. Chem.*, **9**, 1941-1955, 1999

4) S. Astilean, P. Lalanne, P. Chavel, *Opt. Lett.*, **23** (7), 552–554, 1998

5) H. Tokota, K. Takahara, M. Okano, T. Yotsuya, H. Kikuta, Jpn. *J. Appl. Phys.* **40**, Part 2, No.7B, L747–L749, 2001

6) J. W. Leem, Y. M. Song, Y. T. Lee, J. S. Yu, *Appl. Phys. B*, **100**, 891–896, 2010

7) K. Kintaka, J. Nishii, A. Mizutani, H. Kikuta, H. Nakano, *Opt. Lett.* **26**, 1642–1644, 2001.

8) Zhaoning Yu, G. W. Wu, H. Ge, S. Y. Chou, *J. Vac. Sci. Technol. B* **21** (6), 2874–2877, 2003

9) C.-H. Sun, P. Jiang, B. Jiang, *Appl. Phys. Lett.*, **92**, 061112, 2008

10) W.-L. Min, B. Jiang, P. Jiang. *Adv. Mater,* **20**, 3914–3918, 2008

11) W.-L. Min, P. Jiang, B. Jiang, *Nanotechnology* **19**, 475604 (7pp), 2008

12) Y.-F. Huang, S. Chattopadhyay, Y.-J. Jen, C.-Y. Peng, T.-A. Liu, Y.-K. Hsu, C.-L. Pan, H.-C. Lo, C.-H. Hsu, Y.-H. Chang, C.-S. Lee, K.-H. Chen, L.-C. Chen, *Nature Nanotechnology*, **2**, 770–774, 2007

13) Y. M. Song, E. S. Choi, J. S. Yu, and Y. T. Lee, *Opt. Express*, **17** (23), 20991–20997, 2009

14) Y. Kanamori, M. Ishimori, K. Hane, IEEE Photon. *Technol. Lett.*, **14** (8), 1064–106, 2002

15) Y. M. Song, E. S. Choi, J. S. Yu, and Y. T. Lee, *Opt. Express*, **17** (23), 20991–10997, 2009

16) W. N. Ng, C. H. Leung, P. T. Lai and H. W. Choi, *Nanotechnology* **19**, 255302 (5pp), 2008

17) M. C. Y. Huang, Y. Zhou, C. J. Chang-Hasnain, *Nature Photonics*, **1**, 119–122, 2007

18) S.-I. Na, S.-S. Kim, J. Jo, S.-H. Oh, J. Kim, D.-Y. Kim, *Adv. Funct. Mater.*, **18**, 3956–3963, 2008

19) J. G. Mutitu, S. Shi, C. Chen, T. Creazzo, A. Barnett, C. Honsberg, D. W. Prather, *Opt. Express*, **16** (19), 15238–15248, 2008

20) D. Lee, M. F. Rubner, R. E. Cohen, *Nano Lett.*, **6** (10), 2305–2312, 2006

21) J.-Q. Xi, M. F. Schubert, J. K. Kim, E. F. Schubert, M. Chen, S.-Y. Lin, W. Liuand, J. A. Smart, *Nature Photonics*, **1**, 177–179, 2007

22) Z. Yu, P. Deshpande, W. Wu, J. Wang, S. Y. Chou, *Appl. Phys. Lett.*, **77** (7), 927–929, 2000

23) S.-W. Ahn, K.-D. Lee, J.-S. Kim, S. H. Kim, S. H. Lee, J.-D. Park, P.-W. Yoon, *Microelectronic Eng.* **78–79**, 314–318, 2005

24) E.-H. Cho, H.-S. Kim, J.-S. Sohn, C.-Y. Moon, N.-C. Park, Y.-P. Park, *Opt. Express*, **18** (26), 27712–27722, 2010

25) Se Hyun Ahn, Jin-Sung Kima and L. Jay Guob, *J. Vac. Sci. Technol. B* **25** (6), 2388–2391, 2007

26) T. W. Ebbesen, H. J. Lezec, H. F. Ghaemi, T. Thio, and P. A. Wolff, *Nature*, **391**, 667–669, 1998

27) F. J. Garcia-Vidal, L. Martin-Moreno, T. W. Ebbesen, L. Kuipers, *Rev. Mod. Phys.* **82**, 729–787, 2010

28) K. R. Catchpole, A. Polman, *Opt. Express*, **16** (26), 21793–21800, 2008

29) B. P. Rand, P. Peumans, S. R. Forrest, *J. Appl. Phys.*, **96**, 7519–7526, 2004

30) K. R. Catchpole, S. Pillai, *J. Luminescence* **121**, 315–318, 2006

31) S. Pillai, K. R. Catchpole, T. Trupke, M. A. Green, *J. Appl. Phys.* **101**, 093105, 2007

32) M. E. Stewart, N. H. Mack, V. Malyarchuk, J. A. N. T. Soares, T.-W. Lee, S. K. Gray, R. G. Nuzzo, J. A. Rogers, PNAS, **103** (46), 17143–17148, 2006

第1章　ナノ構造光学素子の基礎と設計

菊田久雄*

1　はじめに

　ナノ構造での光波の振る舞いは，数値計算による厳密な電磁場解析で正確に求めることができる。マックスウェル方程式を時間と空間で差分化して計算する時間領域差分法（Finite-difference time-domain method, FDTD 法）をはじめとして，有限要素法，境界要素法など，さまざまな数値解析の手法が存在する。また，構造が周期をもつ場合は，厳密光波結合解析（Rigorous Coupled-Wave Analysis, RCWA）やフーリエモード法（Fourier Modal Method）などとよばれる固有モード展開法によって，より短時間で高精度に反射率や透過率が求められる。これらの方法に基づいたさまざまな電磁場解析ソフトウェアが市販されており，ナノ構造光学素子の設計に利用されている。

　時間領域差分法などの数値解析を行えば，ナノ構造に対する光波の振る舞いを高い精度でシミュレートすることが可能であるが，数値解析だけで意図する光学機能を発現させるには経験に頼って設計せざるを得ない。たとえば，反射低減のためのモスアイ構造の設計では，どのような突起形状が適しているのか，また，構造の周期や高さをどの程度に設定すればよいかなど，ナノ構造の形状を概算する手法が別途必要になる。構造中の光波の振る舞いを原理的に捉えて，意図する機能を発現される考え方として有効媒質理論（Effective Medium Theory）がある。この理論では，ナノ構造をマクロに捉えて実効屈折率をもつ媒質と見なし，従来の光学理論を適用することで光学特性を見積もる。有効媒質理論では，正確な反射率や透過率を求めることはできないが，光学機能を簡単な原理に基づいて容易に見積ることができるため，ナノ構造の設計における基礎になっている。

　本章では，ナノ構造で発現する光学機能を有効媒質理論に基づいて説明するとともに，この理論の有効性と限界について述べる。また，詳細設計で利用される電磁場数値解析法として厳密結合波解析と時間領域差分法を取り上げ，それぞれの解析手法の基本的な考え方について説明するとともに，数値計算時に留意すべき事柄について述べる。

2　回折波の発生条件

表面構造をもつ基板に光を入射すると，基板表面での反射光と透過光には散乱波または回折波

＊　Hisao Kikuta　大阪府立大学　大学院工学研究科　教授

が発生する。とくに，表面構造に周期性がある場合，回折格子と同様に0次光，1次光のような
次数が与えられる回折波が発生する。反射低減のための表面構造では回折波が発生しない程度に
表面構造を細かくする必要があり，逆に発光素子の外部光取り出し効率の向上のためには回折波
が発生するように表面構造の周期が決められる。図1に示すように，媒質の屈折率がn_1からn_2
にかわる境界面に周期dの表面構造がある場合，波長λの光をθ_{in}の角度で入射すると，回折波
の角度$\theta^{(m)}$は

$$n_1 \sin \theta_{in} + m \frac{\lambda}{d} = n_i \sin \theta_{r,t}^{(m)} \quad (n_i = n_1 \text{ or } n_2) \tag{1}$$

で表される。mは回折光の次数を表す整数であり，n_iは反射の場合はn_1，透過の場合はn_2を意
味する。θの添え字r, tは，それぞれ反射と透過を表している。0次回折光の反射角度$\theta_r^{(0)}$は
鏡面反射の方向であり，0次透過光の角度$\theta_t^{(0)}$は通常のスネルの法則にしたがう。(1)式を波数を
用いて表すと，

$$k_{in} \sin \theta_{in} + mG = k_{r,t} \sin \theta_{r,t}^{(m)} \tag{2}$$

と書ける。k_r, k_tは，それぞれ屈折率がn_1とn_2の媒質中の波数$2\pi n_1/\lambda$と$2\pi n_2/\lambda$である。ま
た，Gは$2\pi/d$で定義される逆格子定数である。(2)式は，入射光の波数ベクトルk_{in}の境界面に
平行な成分（(2)式の左辺第1項）に，格子ベクトルGの整数倍（左辺第2項）を足したものが，
回折波の波数ベクトルの境界面成分（右辺）になることを意味している。波数を使った表記は，
一見わかりにくいが，入射面が構造の周期方向と角度をもつ場合や多方向に周期性をもつ構造に
対して拡張が容易であり，光の回折方向を簡単に求めることができる便利な表記方法である[1]。
　(1)式において周期dが小さくなると，第2項（$m\lambda/d$）がn_1やn_2より大きくなる。このよう
な条件では，式を満たすのは次数mがゼロの場合だけになり，高次の回折光が発生せず，通常
の反射・屈折の法則に従う0次光だけが現れる。0次の回折光しか発生しない格子はゼロ次格子

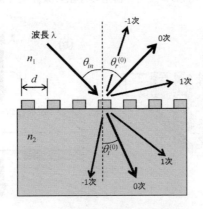

図1　周期構造で発生する回折波

とよばれている。レンズ表面の反射を低減させるモスアイ構造では，ゼロ次以外の回折光は迷光になるので，構造周期はこれらの式にしたがって短く設定される。回折波を発生させない構造周期 d の条件は，垂直入射において $d < \lambda/n_i$（n_i は n_1 と n_2 の大きい方）であり，全ての入射角度で発生させないためには $d < \lambda/(2n_i)$（n_i は n_1 と n_2 の大きい方）になる。

　一方，LED の光外部取り出し効率の向上では，構造周期は長く設定される。LED チップの屈折率が高く，外部（空気層）の屈折率が低いため，臨界角度を超えた光は境界面で全反射されて外部に取り出せない。(2)式では，n_1 が大きく n_2 が小さいために，$m = 0$ の条件では入射角度 θ_{in} が $\arcsin(n_2/n_1)$ より大きいと両辺の等号が成り立たないことを意味する。しかし，m が負のとき左辺の値は小さくなるので，等式が成り立つ回折角度 $\theta_t^{(m)}$ の条件が存在する。この負の次数をもつ回折光を使って，全反射のために取り出せなかった光を外部に引き出すことができる[2]。

3　有効媒質理論

　光の波長より十分細かい構造では，光の散乱や回折がほとんど発生せず，平均的な誘電率をもつ一様な等価媒質と見なされる。ナノ構造を構成する媒質の誘電率の差が小さい場合，等価媒質の誘電率は空間内での媒質占有率を考慮した平均誘電率 $\bar{\varepsilon}$ の値に等しい[3]。この平均誘電率と真空誘電率の比の平方根が等価媒質の屈折率になる。しかし，光学素子として作製される実際のナノ構造では，構造を構成する媒質の屈折率差は小さくなく，構造のスケールも波長と同程度または波長より少し小さい程度のものが多い。そのため，厳密には微細構造を等価媒質へ置き換えることはできない。

　等価媒質への厳密な置き換えはできなくとも，ナノ構造部を"平均的な"屈折率をもつ媒質として光学特性を概算する有効媒質理論は，光波の基本的な振る舞いについての理解，および，ナノ構造の初期段階の設計において極めて有用である[4]。有効媒質理論は，ナノ構造中の光波の振る舞いを簡単な理論に基づいて表現できるので，素子として機能させるための基本構造の決定，構造をつくる媒質屈折率の選択，およびナノ構造の寸法の概算などに用いられている。たとえば，

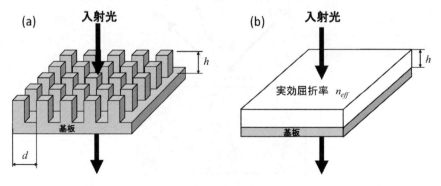

図2　有効媒質理論　(a)矩形突起の配列構造，(b)実効屈折率をもつ薄膜モデル

図2(a)に示すようなナノ構造を表面にもつ場合，ナノ構造層を図2(b)に示す一様媒質層に置き換えてしまえば，通常の光学薄膜理論を適用して光の反射・透過特性を概算できる。この置き換えられた屈折率は実効屈折率（Effective Refractive Index），または有効屈折率とよばれる。

　実効屈折率を求めるには幾つかの方法があるが，次の二つに大別できる。

(1)　周期構造内での0次の固有モード波の伝搬定数から屈折率を決定する方法。

(2)　電磁場解析によってナノ構造に対する透過率や反射率を厳密に算出し，その光学特性を上手く表現できる屈折率の値を探す方法。

(1)の手法では，周期構造内を伝搬する固有モード波を決定し，その伝搬定数 β から

$$n_{eff} \equiv \frac{c}{\omega} \beta, \tag{3}$$

で実効屈折率を定義する。c は真空中の光の速度，ω は光の各周波数である。周期構造内では，振幅が一定の等位相面をもつ平面波は存在せず，図3のように等位相面で振幅分布が屈折率分布に依存する固有モード波を考える。有効媒質理論では，固有モード波を一様媒質における平面波と同等に扱うことで，光波の振る舞いを概算する。伝搬定数 β は，固有モード波の波長を λ_{eff} として $2\pi/\lambda_{eff}$ であり，その大きさは固有モード波の伝搬方向および偏光の方向に依存する。また，通常の複屈折媒質と同様に，固有モード波の波面進行方向とエネルギーが進む方向は異なっている。

　(2)の手法は，実効屈折率をより直接的に決定する方法である。例えば，電磁場数値解析によってナノ構造部の厚さに対する透過率や反射率の変化を求め，これらの計算結果が光学薄膜理論を使って算出される値に一致するように実効屈折率を定める。数値計算に頼って比較的簡単に実効屈折率が決定できるので現実的な手法である。しかし，周期構造を等価媒質に厳密に置き換えることはできないので，数値解析で求めた透過率・反射率および位相特性の全てを同時に満足させる屈折率の値も存在しない。実際には，反射率から実効屈折率を決定したり，位相遅れから決定

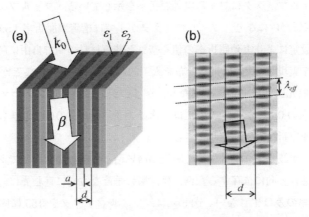

図3　多層周期構造(a)と固有モード波の例(b)

したりするなど，実用において重視される光学機能に合わせて実効屈折率の定義を選ぶ。

4　実効屈折率

　ナノ構造に方向性がない場合，実効誘電率は媒質の占有比を考慮した平均誘電率で求められる。一方，図3で示したような多層周期構造には方向性があるので，その実効誘電率は偏光に依存する。構造周期が波長に比べて十分に短く，"光が層に沿って伝搬"する場合の実効誘電率 ε_{eff} は，電場が層に平行な光（TE偏光）に対して

$$\varepsilon_{eff}^{TE} = f\varepsilon_1 + (1-f)\varepsilon_2, \tag{4}$$

となり，磁場が層と平行な光（TM偏光）に対して

$$\frac{1}{\varepsilon_{eff}^{TM}} = \frac{f}{\varepsilon_1} + \frac{1-f}{\varepsilon_2}, \tag{5}$$

になる[5]。ただし，f は誘電率 ε_1 の媒質の占有比

$$f = \frac{a}{d}, \tag{6}$$

であり，フィルファクタとよばれる。実効屈折率は，いずれの偏光に対しても

$$n_{eff} = \sqrt{\frac{\varepsilon_{eff}}{\varepsilon_0}}, \tag{7}$$

になる。このように媒質そのものは等方性であるにもかかわらず，構造の方向性によって実効屈折率の異方性が現れることを構造複屈折という。図4は屈折率が1.5と1.0の媒質で構成される多層周期構造のフィルファクタに対する実効屈折率を示している。フィルファクタが0では構造は屈折率が1.0の媒質だけになり，フィルファクタが1では構造が屈折率1.5の媒質だけになる。フィルファクタの設定により実効屈折率の値を空気と基板材料の間で自由に制御できるので，低屈折率反射防止膜を実現したり，屈折率分布を人工的に配置したりすることが可能になる。また，実効屈折率の値は偏光によって大きく異なり，図4の例ではフィルファクタが0.55のときに実効屈折率の差は最大の0.1になる。この値は，水晶の主屈折率差0.009よりも一桁大きく，波長程度の構造厚さで複屈折波長板が実現できる。

　図4は，構造周期が波長より十分に短く，光が層に沿って進む場合の例であった。この実効屈折率の値は，光の進行方向に依存する。例えば，層に垂直な方向に進む光に対しては，偏光方向によって実効屈折率の差は生じない。図5(a)は，フィルファクタを0.55に固定して，進行方向に対する実効屈折率の大きさを示したものである。層に平行な方向での屈折率を n_z，層に垂直

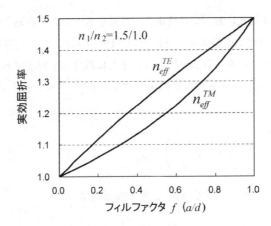

図4　多層周期構造の媒質占有率に対する実効屈折率

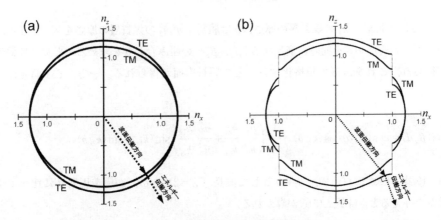

図5　多層周期構造の屈折率面
(a)周期 d が波長 λ より十分に短い場合，(b)周期が波長の 1/4 の場合。

な方向での屈折率を n_x で表している。構造を考えると，この実効屈折率の図は n_z 軸に対して回転対称になる。このように光波の進行方向に対して屈折率の大きさを示したものは屈折率面と呼ばれる。また，(3)式の関係から，実効屈折率に ω/c をかけたものは伝搬定数 β の方向依存性を表し，分散面とよばれる。原点から曲面上へのベクトルが波面の伝搬方向を表し，その長さが実効屈折率を表す。また，光のエネルギーは，屈折率面に対して垂直な方向に進み，波面の進行方向とは一般に一致しない。図5(a)では，TE偏光の屈折率面は球であり，TM偏光の屈折率面は回転楕円になる。この性質は，水晶がもつ"負の一軸性結晶"と同じである。

(4)式，(5)式は，ワイヤーグリッド偏光子のような金属と誘電体の多層構造にも適用できる。金属の誘電率は複素数であり，その絶対値は誘電体のものより十分大きい。したがって，TE偏光の実効屈折率は金属層の複素屈折率を n_{metal} として $\sqrt{f}\,n_{\mathrm{metal}}$ で近似でき，TM偏光については誘電体層の屈折率を n_2 として $n_2/\sqrt{1-f}$ で近似できる。このため，TE偏光では金属に近い性質を

示して光を反射し，TM 偏光に対しては誘電体の性質をもって光を透過させる。

(4)式と(5)式は，構造周期が波長より十分に短い条件（$d \ll \lambda$）での実効誘電率であった。実際に製作される素子の構造周期は波長と同程度，または数分の1程度である。この場合，周期構造中の平面波にあたる固有モード波の伝搬定数ベクトル $\beta = (\beta_x, \beta_z)$ は以下の式で求められる。k_{1x}，k_{2x} を

$$k_{1x} = \sqrt{\left(\frac{n_1 \omega}{c}\right)^2 - \beta_z^2}, \quad k_{2x} = \sqrt{\left(\frac{n_2 \omega}{c}\right)^2 - \beta_z^2} \tag{8}$$

のように定義すると，TE 波についての β_x と β_z の関係式は

$$\cos(\beta_x d) = \cos(k_{1x} a)\cos(k_{2x} b) - \frac{1}{2}\left(\frac{k_{2x}}{k_{1x}} + \frac{k_{1x}}{k_{2x}}\right)\sin(k_{1x} a)\sin(k_{2x} b) \tag{9}$$

になる[6]。a は屈折率が n_1 の媒質層の厚さ，b は屈折率が n_2 の媒質層の厚さを表し，$d = a + b$ の関係がある。(8)式と(9)式を同時に満足する (β_x, β_z) の組み合わせを求めることで TE 偏光の分散面が得られ，これを ω/c で規格化することで屈折率面が得られる。一方，TM 偏光については

$$\cos(\beta_x d) = \cos(k_{1x} a)\cos(k_{2x} b) - \frac{1}{2}\left(\frac{n_1^2}{n_2^2}\frac{k_{2x}}{k_{1x}} + \frac{n_2^2}{n_1^2}\frac{k_{1x}}{k_{2x}}\right)\sin(k_{1x} a)\sin(k_{2x} b) \tag{10}$$

になる。(9)式，(10)式において，$\beta_x = 0$ として波長（$\lambda = 2\pi c/\omega$）が構造周期 d に比べて十分に長い近似を与えると，(4)式と(5)式が導かれる。

図5(b)は屈折率が 1.5 と 1.0 の多層膜構造で，構造周期 d が真空中の光波の波長の 1/2 の場合の屈折率面の例である。屈折率面はもはや球と回転楕円体ではなく，一部で途切れた歪んだ曲面になっている。途切れている部分はバンドギャップとよばれ，その方向には光が伝搬しないこと

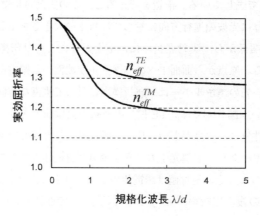

図6　実効屈折率の波長依存性

を意味する。図6は，光が層に沿って進む場合の実効屈折率の波長（$\lambda = 2\pi c/\omega$）に対する依存性を示している。波長が短い場合，光波は主に屈折率の高い層を伝搬するので，実効屈折率も1.5に近い値をとる。一方，波長が長くなると，実効屈折率は低くなり，⑷式と⑸式で求められる値に近づく。ちなみに，屈折率差は波長が長くなると増すことになるので，この性質を利用して位相差が波長変化に依存しない複屈折波長板を実現することが可能である[7]。

　図2⒜のように構造の周期方向が2つある構造や，3次元フォトニック結晶のような構造では，⑼式や⑽式のような，固有モードの伝搬定数を与える簡単な式は存在せず，数値計算によって固有モードの伝搬定数を求める必要がある[8]。構造周期が波長より十分に短い条件においてさえ，⑷式や⑸式に相当する近似式も存在しない。図2⒜のような正方形や円の正方配列の構造では，垂直に入射する光については偏光による実効屈折率の差は生じない。しかし，光が角度をつけて入射される場合は，実効屈折率は偏光方向で異なる値をもつ。

5　有効媒質理論の有用性と限界

　有効媒質理論による反射率と透過率の計算では正しい値は得られないものの，その基本的な性質を上手く表現できる。図7は，実効屈折率を使って求めた微細構造の光透過率と位相遅れの計算例である[9]。構造周期 d を波長の1/4として，構造厚さ h に対する特性を示している。"0次近

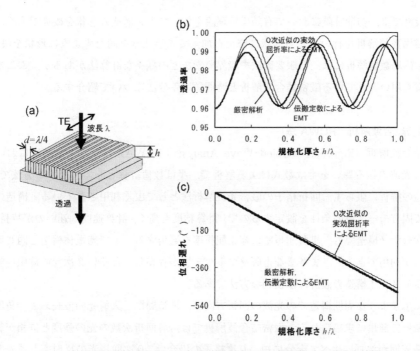

図7　各種実効屈折率を用いた有効媒質理論による矩形構造の透過率特性
⒜矩形格子モデル，⒝構造厚さに対する透過率，⒞構造厚さに対する位相遅れ。

似の有効屈折率による EMT"は，⑷式の値をつかって求めた実効屈折率による EMT の結果であり，"伝搬定数による EMT"は⑼式を使っての EMT の結果である。また，"厳密解析"は後に述べる厳密結合波解析による数値計算の結果である。いずれの実効屈折率を採用しても，ある程度電磁場解析の結果に近い値を示している。とくに，固有モードの伝搬定数から求めた実効屈折率を利用すると，位相特性を精度良く算出することが分かる。一方，透過率の計算では，厳密解析の結果が完全な周期性を示さない。光学薄膜理論では透過率と反射率は厚さに対して完全な周期性を示すが，ナノ周期構造では構造の上下面で発生するエバネッセント波の発生により完全な周期性は示さない。エバネッセント波の発生が強いほど，有効媒質理論と電磁場解析の結果が異なる。

　モスアイ型の反射低減構造では，構造の高さ方向に対して媒質のフィルファクタが変化するので，屈折率分布型の多層膜構造に置き換えて，反射率や透過率が概算される。2次元周期構造の実効屈折率を伝搬定数から求める作業は厳密な電磁場解析を行う手間に近いものがあるので，実際には誘電率の平均値を実効屈折率として光学薄膜理論を適用して反射率が概算される。フィルファクタの設定によって，実効屈折率が空気から媒質の値に線形的に変化するように突起形状を決めることで反射率をより低減できる。

6　厳密な電磁場解析法

　素子設計では，初期段階において有効媒質理論を使ってナノ構造の形状を概算で求めた後，厳密な電磁場数値解析を行いながら形状に修正を加えて光学性能を満たすように形状を決定する。厳密な電磁場数値解析には，有限要素法や境界要素などの様々な計算法があるが，ここでは素子設計でよく用いられている厳密結合波解析と時間領域差分法について紹介する。

6.1　厳密結合波解析（RCWA 法）

　厳密結合波解析（Rigorous Coupled-Wave Analysis；RCWA）は，周波数領域において周期構造での光波の振る舞いを半ば数式による解析で，半ば数値計算として算出する方法である[10]。ナノ構造の解析に限らず，回折格子の厳密光波解析法として広く利用されている。構造の周期性を使って固有モード波の条件を設定するので，計算精度も高く，計算速度も速いのが特長である。金属を含むナノ構造でも，媒質屈折率に複素屈折率を適用することで誘電体構造と同じ計算アルゴリズムが利用できる。さまざまな市販ソフトウェアが存在し，とくに3次元の電磁場解析が求められるモスアイ構造の設計には便利な方法である。

　図8に示すような周期構造での光波の回折方向は，構造周期と入射光の波長および角度から，⑵式を使って簡単に求められる。厳密結合波解析では，各回折次数の光の強度と位相が算出される。構造周期が波長に比べて十分に短い0次格子の場合は，0次回折光の反射率と透過率だけが議論の対象になる。基本的な計算の流れは以下のようである。

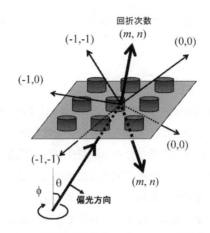

図8　厳密結合波解析で求められる回折光
（*m*, *n*）は二次元周期格子の回折次数。

(1) 周期構造中の電磁場や屈折率分布をフーリエ級数展開を使って表し，固有モードを求めるための光波結合方程式を作る。
(2) 結合方程式を複素数固有値問題として解くことで固有モード波を決定する
(3) 構造中の固有モード波と構造外部の入射波，反射波，および透過波が境界面で電磁場の連続条件（境界条件）を満たすようにそれぞれの振幅を決定する。

　モスアイ構造の計算では，微細突起を多段の階段形状に近似し，各段層における固有モード波と層間の境界条件を解く。

　厳密結合波解析の市販ソフトウェアでは，反射・透過回折波の強度と振幅が出力されるのが一般である。ただし，厳密結合波解析の計算アルゴリズムでは，反射・透過波を求めるためには構造内部の電磁場も同時に決定しなければならないので，実際には構造内部での電磁場を完全に記述することも可能である。周波数の異なる光波については，それぞれの周波数で逐一，透過率，反射率を算出する。最近では，モスアイ構造を表面にもつレンズの光波解析を行うために，幾何光学による光線追跡と厳密結合波解析を組み合わせたシミュレータの開発も行われている[11]。

　厳密結合波解析では，フーリエ級数の展開次数の取り方に注意を要する。0次回折光しか発生しないのなら，フーリエ係数も0次のものだけを使って計算を行えば十分なように考えるかもしれないが，実際には発生する回折次数より大きな次数を含めて計算を行う。固有モード波が振幅一定の平面波でないため，これを構成するための高い次数の係数が必要になる。また，外部に散乱されないエバネッセント波を考慮するにも高次の係数が必要になる。とくにワイヤーグリッド偏光子のように金属の高い複素誘電率を含む系では，大きな次数の係数を含んで計算する必要がある。

　固有モード波に基づく計算手法には，RCWA法やフーリエモード法，フーリエ展開法など幾

つかの名前が存在する。これらは，計算の手順が少し異なるだけであり，本質的には同じ方法である。

6.2 時間領域差分法（FDTD 法）

時間領域差分法（Finite-difference time-domain method，FDTD 法）は，マックスウェル方程式を時間と空間の領域で差分化して，光波の振る舞いを数値計算によってシミュレートする方法である[12]。電磁波の基礎方程式に忠実なため，周期性のない構造や，非線形媒質や複屈折媒質で構成された構造でも解析が行える。解析空間内に光源を設けて，時間を追いかけて光波シミュレーションを行い，反射率や透過率を算出する。インターフェースのよいソフトウェアが市販されており，電磁気学や光学の深い知識がなくても利用できる。図9は三角形状の表面突起に光を垂直に入射した場合の電場分布の計算例である。このように直接得られるのは各時間での電磁場分布であり，光波の様子を視覚的に捉えやすい。反射率や透過率，回折波の回折効率などを数値として求めるには得られた電磁場分布を使って計算する必要があるが，一般の市販ソフトにはこれらの計算機能も備わっている。

FDTD 法は，原理的には何でも解析できる便利な計算手法であるが，RCWA 法などに比べて計算時間が長い。領域を分割するグリッド数に比例した大きなメモリー空間と時間ステップ数に比例した長い計算時間が必要であり，とくに3次元空間の解析では問題になることがある。ただし，差分計算なので，CPU のマルチプロセッサ化やコンピュータの並列化によって効果的に計算時間を短縮できる。また，解の安定性にも注意を払う必要がある。数値解析は計算領域に細かなグリッドを設けて，時間と空間で差分方程式を解いていく単純なアルゴリズムであるが，陽解法なので解が不安定になりやすい。一般には，CFL 条件と呼ばれる時間と空間の分割条件があるが，金属を含む構造ではさらに細かく分割する必要がある。実際には，誘電体での空間分割は波長の1/10 程度，金属を含む場合は1/100 程度が求められる。差分法は誤差を蓄積する計算手法なので，FDTD 法での計算精度は高くない。FDTD 法については，他の計算手法と併用，ま

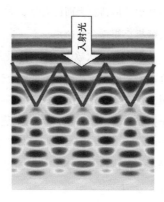

入射光

図9　FDTD 法による電場分布の計算例

たは，よく知られた問題での計算結果の検討を行いながら利用するのが安全である。

　波長依存性を調べる場合は，パルス波を構造に打ち込んで，その反射波や透過波のスペクトル を調べる方法が採られる。単一周波数の光によるシミュレーションを周波数毎に繰り返すのは非 常な時間がかかるが，パルスを入力にすることで，広い周波数帯の計算を一度に行うことができ る。その他，実際のFDTD法では，解析領域の境界条件，媒質分散の与え方，光源や検出器の 与え方，透過率や位相などの求めたい値の選択など，FDTD法特有のさまざまな設定の入力が 求められる。

7　おわりに

　本章では，設計のための道具となる有効媒質理論，RCWA法およびFDTD法の考え方につい て述べ，それぞれの特徴を紹介した。有効媒質理論は，正確な光学特性を得ることができないが， 機能を発現する原理を理解しやすく，形状の概略設計に適した方法である。一方，RCWA法や FDTD法は光波の振る舞いをより正確にシミュレートすることができるが，これらの数値計算 だけで設計を行おうとすると経験に頼らざるを得なくなり，素子設計の見通しが悪い。実際には， 実効屈折率に基づく有効媒質理論と上手く組み合わせながら，微細構造を設計することになる。

文　　献

1) R. Petit, A tutorial Introduction in *Electromagnetic Theory of Gratings*, ed. R. Petit (Springer-Verlag, 1980) p.11.

2) H. Kikuta, S. Hino, A. Maruyama, and A. Mizutani, "Estimation method for the light extraction efficiency of light-emitting elements with a rigorous grating diffraction theory", *J. Opt. Soc. Am. A*, **23**, 5 (2006) 1207-1213

3) "混合物の誘電率"，ランダウ＝リフシッツ　電磁気学1（東京図書，1970，第6刷）p.59.

4) D. H. Raguin and G. M. Morris, "Antireflection structured surfaces for the infrared spectral region", *Appl. Opt.*, **32**, 7 (1993) 1154-1167.

5) M. Born and E. Wolf, "Form birefringence" in *Principles of Optics* (Pergamon Press, 1980) 6th ed., p.325.

6) A. Yariv and P. Yhe, "Electromagnetic Propagation in Periodic Media," in *Optical Waves in Crystals* (Wiley and Sons 1984), p.155.

7) H. Kikuta, Y. Ohira, and K. Iwata, "Achromatic quarter-wave plates using the dispersion of form birefringence", *Applied Optics*, **36**, 7 (1997) 1566-1572.

8) H. Kikuta, Y. Ohira, H. Kubo, and K. Iwata, "Effective medium theory of two-dimensional subwavelength gratings in the non-quasi-static limit", *J. Opt. Soc. Am. A*,

15, 6 (1998) 1577–1585

9) H. Kikuta, H. Yoshida and K. Iwata, "Ability and Limitation of Effective Medium Theory for Subwavelength Gratings", *Optical Review*, **2**, 2 (1996) 92–99.

10) M. G. Moharam, and T. K. Gaylord, "Rigorous coupled-wave analysis of planar-grating diffraction", *J. Opt. Soc. Am.*, **71**, 7 (1981) 811–818

11) A. Mizutani, Y. Kobayashi, A. Maruyama, and H. Kikuta, "Ray tracing of an aspherical lens with antireflective subwavelength structured surfaces", *J. Opt. Soc. Am. A*, **26**, 2 (2009) 337–341.

12) A. Taflove and S. C. Hagness, *Computational Electrodynamics: The Finite-Difference Time-Domain Method*, (3rd Ed., Artech House, 2005)

第2章　カメラ分野のナノ構造素子

1　ガラス成形による反射防止レンズ

田中康弘[*1]，山田和宏[*2]，梅谷　誠[*3]，田村隆正[*4]

1.1　はじめに

レンズの製造技術はこの20年間で大きく変化してきている。従来の研磨レンズに対して，樹脂の射出成形レンズやガラスのリヒート成形レンズが実用化されている。しかも，従来の研磨レンズでは球面レンズが基本であったが，新しい製造方法では，非球面や回折素子などの機能を付加した高精度なレンズを大量生産することができるようになった。現在ではデジタルスチルカメラ（DSC）や光ピックアップなどに多用されており，小型化，高性能化に大きな役割を果たしている。レンズ材料としては，ガラスと樹脂があるが，樹脂は温度により屈折率が変化すること，屈折率や分散の光学特性が限定されることなどの課題があり，使用できる機器が限定される。レーザの単一波長で使用し，かつデジタルの信号を読み出すDVD用の光ピックアップ用対物レンズでは樹脂が使われている。しかしDSCでは，信頼性や多様な光学特性が必要なことから，ほとんどのレンズはガラスである。

　一方，非球面や回折素子に次ぐ新しい素子として，サブ波長構造が注目されている。光学素子の表面に微細な構造を形成することで，新たな光学機能が発現できる[1]。波長より微細な構造を表面に形成することで，反射防止の効果が得られることはモスアイ構造としてよく知られている[2]。モスアイ構造は通常の反射防止コーティングに比べて，波長帯域や入射角度に対する特性が優れている。そのため，例えばDSCなどの撮像レンズに応用することで，ゴーストやフレアの少ない，よりクリアーな画質が得られる可能性がある。また，従来はレンズ単体を加工した後，反射防止コーティングを付けるための後工程が必要であったが，モールド自体にサブ波長構造を形成し，成形時にレンズ形状と同時にサブ波長構造を転写できれば，後工程が不要で，かつ高性能な反射防止機能を持ったレンズを製造することができる。

　従来は半導体プロセスを応用した複雑で高価なプロセスでしかできなかったが[3]，我々は微細構造をモールドに形成し，高い量産性が見込まれるガラスモールド法で作製する技術を開発してきた[4~7]。ここでは，まず我々の開発した平面の反射防止ガラス基板の成形技術について，モールドの加工，ガラス成形，および試作品の評価について紹介し，さらに反射防止レンズへの応用

＊1　Yasuhiro Tanaka　パナソニック㈱　AVCデバイス開発センター　主幹技師

＊2　Kazuhiro Yamada　パナソニック㈱　AVCデバイス開発センター　主任技師

＊3　Makoto Umetani　パナソニック㈱　AVCデバイス開発センター　主幹技師

＊4　Takamasa Tamura　パナソニック㈱　AVCデバイス開発センター　主任技師

技術について紹介する。

1.2 反射防止構造の形状設計

　図1(a)に示すように，通常のガラスと空気の界面では屈折率の急激な変化が生じるため，そこで一部の光が反射する。一方，ガラスの表面に波長以下の周期で錐構造を形成すると，図1(b)に示すように，空気から内部のバルクのガラスに向かって屈折率が緩やかに変化するため，光の反射を抑制することができる。

　反射率が低くかつガラスモールド法に適した構造を検討した。図2に示すような3種類の単位構造の反射率を，厳密結合波解析（RCWA）法により計算し，それぞれの反射率を比較した。横軸は波長で規格化した微細構造の高さであり，波長あるいは高さのどちらか一方を固定すると，反射率の構造高さ依存性，あるいは波長依存性を読み取ることができる。いずれの構造も，構造高さが高くなると，見かけ上の屈折率の変化が緩やかになるため，反射率が低減し，反射率の波長依存性も小さくなる。四角錐の構造は，低反射の構造体として知られており[8]，構造高さが0.8以上では反射率0.1％以下の優れた反射防止性能を有する。しかし，可視波長以下の周期でこのような構造を作るのは，機械加工でも，エッチング加工でも困難である。

　円錐構造はドライエッチングによって加工可能な形状[3]であるが，円錐と円錐の間に平面部が

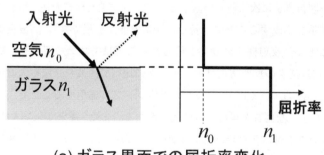

(a) ガラス界面での屈折率変化

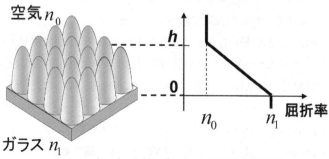

(b) 反射防止構造での屈折率変化

図1　反射防止構造の原理

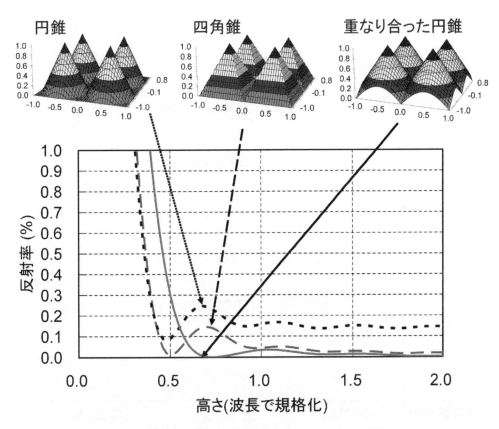

図2 反射防止構造とその反射率のシミュレーション結果

あるため，見かけ上の屈折率が平面部で大きく変化することになる。したがって図2に示すように構造高さを高くしても，反射率は0.1％を下回ることがない。そこで我々は，反射率が低くかつガラスモールド法に適した形状として重なり合った円錐の構造を提案した[9]。先に述べた円錐構造の平面部をなくすため，円錐の裾が重なり合った構造であり，構造高さ0.6以上で，四角錐よりも優れた低反射性能が得られている。

1.3 反射防止構造のモールド加工

　モールド上には，先に述べた重なり合った円錐構造の反転した構造を形成する必要がある。ここでは，まず平面モールドへの加工について図3をもとに説明する。ガラスモールドに適した材料としては耐熱性に優れたSiCを用いた。マスク材料としてWSiを使用し，その上にレジストをスピンコートして電子ビーム描画により周期300nmのドットアレイ状にパターニングした。次にSF$_6$を主成分とするガスによりWSiをドライエッチングして金属マスクを形成した後，CHF$_3$とO$_2$の混合ガスによりSiCをドライエッチングした。最後に離型膜を形成してガラス成形用のモールドとした。

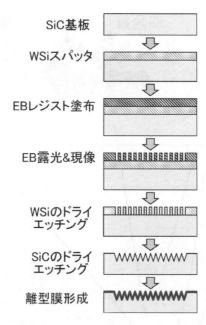

SiC基板

WSiスパッタ

EBレジスト塗布

EB露光&現像

WSiのドライ
エッチング

SiCのドライ
エッチング

離型膜形成

図3　反射防止構造のガラス成形用モールド作製プロセス

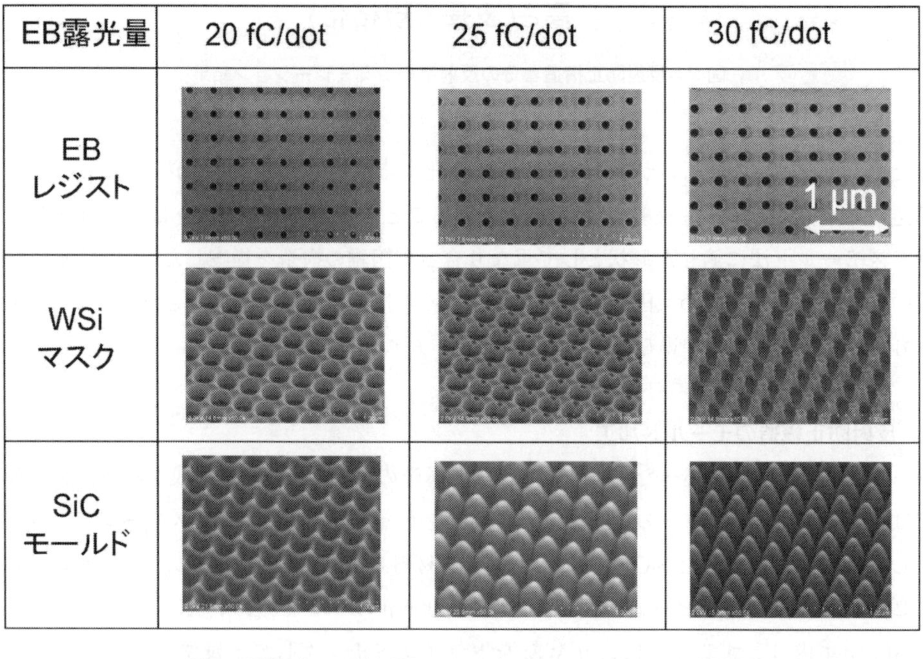

EB露光量	20 fC/dot	25 fC/dot	30 fC/dot
EB レジスト			1 μm
WSi マスク			
SiC モールド			

図4　電子ビーム露光量における各プロセスでの SEM 写真

　図 4 に電子ビーム露光の露光量と，各プロセスでの表面形状を観察した SEM 写真を示す。形状制御は，電子ビームの露光量と SiC のドライエッチング時の O_2 の添加量で行った。ここでは 20fC/dot の電子ビーム露光量により，重なり合った円錐構造の反転構造が作製できている。

1.4　微細構造のガラス成形

　微細構造を精密に成形するためには，ガラス成形プロセス，および成形装置に工夫が必要である。図 5 に我々が開発した微細構造のガラス成形の代表的なプロセスを示す。成形には真空排気可能なように密閉容器に覆われ，下ヘッドが上下に移動して上ヘッドとの間で圧力を印加できる装置（東芝機械製 GMP-415V）を使用した。ここでは 15mm 角の反射防止構造を成形した例について紹介する。

　まずモールドにリン酸塩系光学ガラス（屈折率 1.6，屈伏点 415℃）を載せた後，モールド表面の酸化を防止するため，成形室内を窒素置換する。酸素濃度は 10ppm 以下である。そして所定の温度に加熱した後，モールドとガラスの間にガスが残留しないように，0.4Pa 以下まで減圧した。次に下ヘッドを上昇させて，温度 430℃，加圧力 5MPa，圧力印加時間 150 秒の条件で成形した。そのまま冷却すると，モールドとガラスの熱膨張率差によって生ずる熱応力によって，微細構造が破壊されるため，成形温度を低下させる前の高温状態で強制的に離型した。図 5 の加圧力のプロファイルで，横軸より下にある部分が，強制的に離型させるのに引っ張り応力が加わることを示している。その後冷却プロセスを経て取り出す。

　反射防止構造が成形された部分は 15mm 角で，その周辺は通常の平面である。図 6(a)に示すように，反射防止構造の形成された部分は照明光の反射が低減されており，下の文字がくっきりと見えている。図 6(b)は成形された反射防止構造の SEM 写真である。個々の構造の先端部が丸くなっているが，全体としてはほぼ設計に近い形状がガラスへ転写されていることがわかる。AFM によりモールドと成形品の構造高さを測定した結果，モールドは 320nm，成形品は 290nm

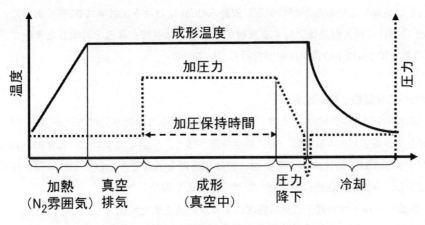

図 5　ガラス成形プロセス

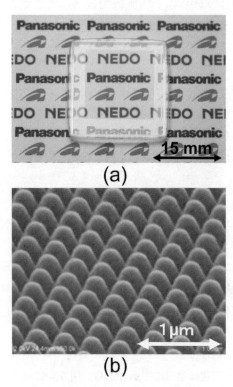

図6 平面ガラスへの反射防止構造形成
(a)外観写真, (b) SEM 写真

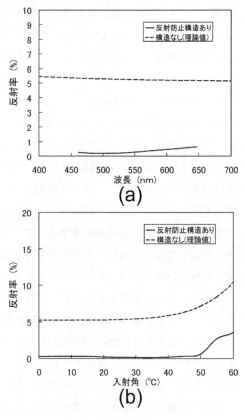

図7 平面ガラスの反射率測定結果
(a)波長特性, (b)入射角特性

で転写率90%であった。

　成形品の反射率を測定した。図7(a)は波長に対する反射率特性である。広い波長範囲にわたって，反射率が低減していることがわかる。波長530nmにおける反射率は0.2%であった。図7(b)は530nmにおける斜入射光線に対する反射率である。反射防止構造を形成したサンプルでは，入射角50度まで1%以下の低い反射率を示している。

1.5　曲面への反射防止構造形成

　曲面への反射防止構造の形成として，二光束干渉露光を2回繰り返す方法が試みられてきた。それに対して，電子ビーム描画は一般に焦点深度が浅く，平面でのプロセスに使用される。しかし二光束干渉法では，露光のムラや曲面における周期を制御できないなどの問題が残るため，我々は電子ビーム描画で曲面にパターニングする方法を開発した[10]。

1.5.1　曲面モールドへの電子ビーム描画による反射防止構造形成

　まず先に述べた反射防止構造をモールドに形成するプロセスでの，電子ビーム描画の焦点深度

について確認した。図8に電子ビーム描画時のデフォーカス量とレジスト穴径の関係を示す。最適焦点位置ではレジスト穴径は約60μmであったが，デフォーカス量が±30μmでは穴径は約105nmに増大した。またデフォーカス量が±30μmを超えると，徐々にレジストのドットパターンが崩れ始め，デフォーカス量±60μmにおいて，完全にドットパターンが消滅した。図9に焦点ずれにより，レジストのパターンとエッチング後の構造がどのように変化するかを示す。パターンの周期は250nmである。25μmの焦点ずれでは，パターニングされた穴の直径は大きくなっているが，エッチング後のモールド表面の構造は合焦時とほとんど差がない。40μmの焦点ずれではオーバエッチングにより表面構造が大きく変化している。したがって本プロセスではおおよそ±25μmの焦点深度が確保できることがわかった。

　そこで曲面への描画を実現するためにモールドをその曲面に沿って上下方向に移動させることにした。図10にモールドの移動の様子を示す。モールドの描画領域を高さ±25μmの領域に分割し，その範囲を超えない間は平面と同様の描画を行う。描画領域が±25μmの領域を超えるごとにモールドを高さ方向に50μm移動して同様の描画を繰り返した。このようにして曲面へ電子ビーム描画でパターニングをして作製した金型を図11に示す。レンズモールドの有効径は直径7mm，曲率半径は20mmである。平面の時と同様に円錐の裾が重なり合った反転形状が形

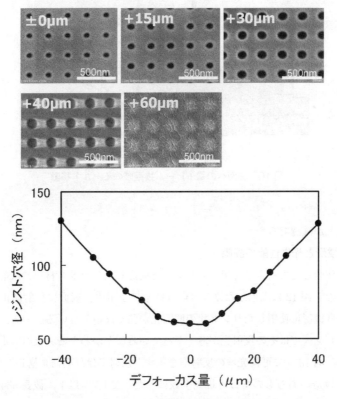

図8　電子ビーム描画時の焦点ずれ量とレジストの穴径の変化

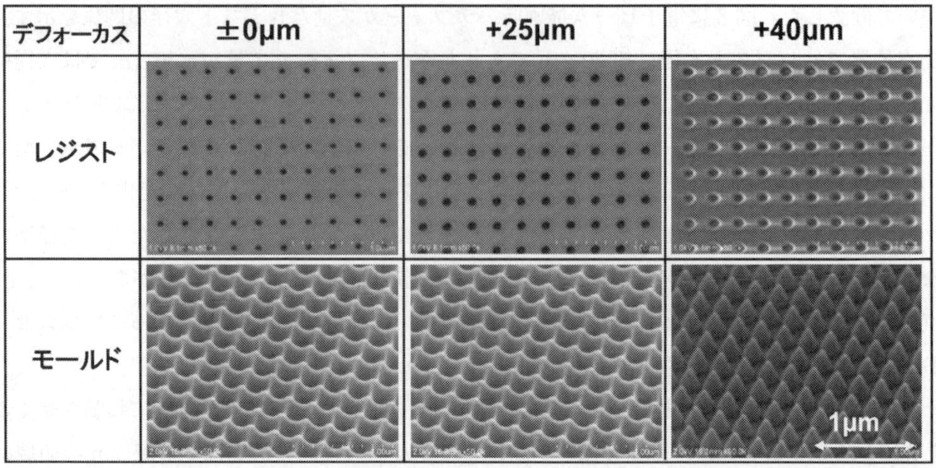

デフォーカス	±0μm	+25μm	+40μm
レジスト			
モールド			1μm

図9　電子ビーム描画の焦点ずれによるレジストとモールドのSEM写真

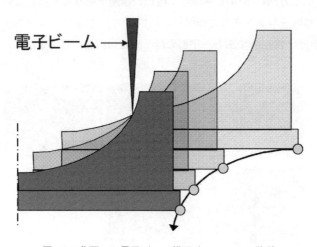

図10　曲面への電子ビーム描画時のモールド移動

成されていることが確認できた。

1.5.2　レンズ成形と光学性能の評価

　上記の方法で作製したモールドを用いてレンズを成形した。ガラス材料には前述したリン酸塩系ガラスを用いた。図12に成形したガラスの外観写真を示す。表面に反射防止構造のない通常のレンズでは写真撮影に使用したリング状の照明光が強く反射している。一方，反射防止構造を同時に成形したレンズではその反射光が薄くなっていることがわかる。反射防止構造はレンズの両面に形成した。図13(a)に可視光域の反射率を示す。反射率は反射防止構造のないもので5.5％程度，反射防止構造のあるものでは可視光全域にわたって0.7％以下，波長530nmでは0.2％であった。

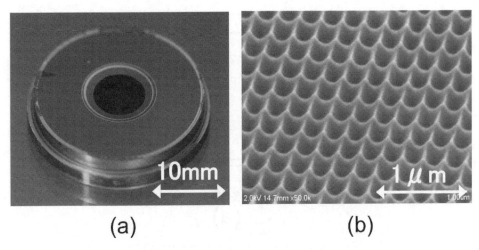

図11　曲面モールドへの反射防止構造形成　(a)モールドの外観写真，(b)モールドの SEM 写真

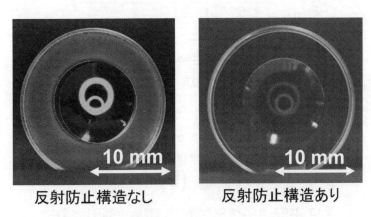

図12　ガラス成形により試作したレンズの外観写真

　ガラス成形では，反射率を低減するために波長以下の微細な構造を転写すると同時に，マクロなレンズ形状の精度も要求される。試作したレンズの形状を非球面形状測定器（UA3P）で測定した結果を図13(b)に示す。設計値からのずれは0.5μm以内とカメラ用のレンズとしては十分な精度であった。

　さらに，Blu-ray用の光ピックアップに用いられるコリメートレンズを試作した。このレンズは青，赤，赤外の3つの波長のレーザ光が全て透過するため，広い波長帯域にわたって，低反射率であることが求められる。図14に試作したレンズの外観写真を示す。直径は5mmである。このようなレーザ光学に使われる素子は，一般にDSCなどの撮像系用レンズよりも高い精度が要求される。したがってその光学性能評価は干渉計で行った。図15に青色レーザの干渉計で測定した透過波面収差を示す。トータル収差は42mλと光ピックアップ用として十分な性能であった。透過率は使用波長である400nmから780nmの領域において1%以下であった。

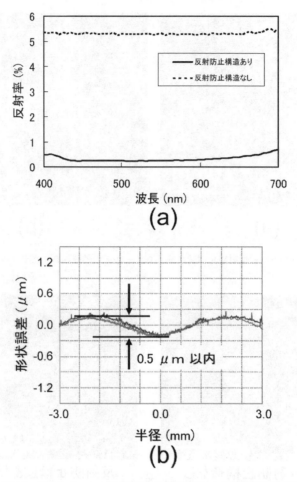

図13　試作したレンズの(a)反射率測定結果, (b)面形状測定結果

図14　反射防止構造を形成した Blu-ray 光ピックアップ用コリメートレンズの外観写真

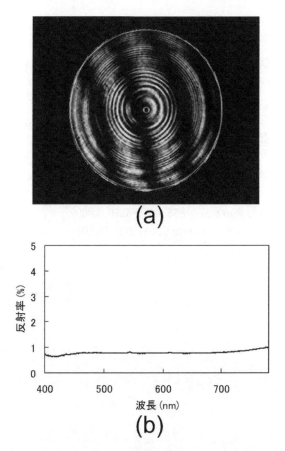

図15　コリメートレンズの(a)透過波面収差，(b)反射率測定結果

1.6　まとめ

　ガラス成形による反射防止レンズの作製技術について紹介した。ガラスはプラスチックに対して大きな優位性を持っているが，一方でプロセス温度の高さから，モールド材料に対する制約が大きく，微細構造の加工が難しかった。また実際に微細構造をガラス成形で転写することもほとんど例がなかった。

　反射防止構造の加工のため，まずガラス成形に適した，より低反射な構造を設計し，その設計形状を高耐久の SiC モールド表面に形成する微細構造の形状制御技術を確立した。また微細構造を精密に成形するガラス成形プロセスも確立し，平面およびレンズにおいて，可視光全域にわたってほぼ1%以下の反射防止性能を達成することができた。今後，非球面，回折素子の次につながる技術の一つとして実用化を目指したい。

　本研究の成果は，革新的部材産業創出プログラム「次世代光波制御材料・素子化技術」の一環として新エネルギー・産業技術総合開発機構（NEDO）からの委託を受けて行われた。

文　　献

1) 菊田久雄，精密工学会誌，**74**, 781-784 (2008).

2) S. J. Wilson *et al.*, *Opt. Acta*, **29**, 993-1009 (1982).

3) H. Toyota *et al.*, *Jpn. J. Appl. Phys.*, **40**, L747-749 (2001).

4) 西井準治ほか，応用物理，**78**, 655-658 (2009).

5) 山田和宏ほか，精密工学会誌，**74**, 785-788 (2008).

6) 田中康弘，ニューガラス，**23**, 32-38 (2008).

7) 田中康弘ほか，光学，**40**, 30-33 (2011).

8) D. H. Raguin *et al.*, *Appl. Opt.* **32**, 1154 (1993).

9) K. Yamada *et al.*, *Appl. Surf. Sci.*, **255**, 4267-4270 (2009).

10) T. Tamura *et al.*, *Appl. Phys. Express*, **3**, 112501 (2010).

2　サブ波長構造による高性能反射防止膜 "SWC"

奥野丈晴[*]

2.1　はじめに

　デジタルカメラの画質が著しく向上し，高性能なパソコンや大型ディスプレイ，大判プリンタなどの周辺環境が入手しやすくなったことで，写真を取り巻く環境が大きく変化してきている。とりわけ CCD や CMOS センサといった撮像デバイスの画素数が大幅に増加し，撮影画像をアナログカメラ時代では考えられなかったようなサイズで鑑賞する機会が増えたことで，レンズに要求される性能（画質）も格段に厳しいものになってきている。

　こうした性能向上の要求に加えて，商品性を確保するためには高いスペック（ズーム倍率や明るさなど）や携帯性（小型・軽量であること）も高度に両立する必要があることから，近年のカメラ用レンズは異常分散ガラスや非球面レンズ，大曲率（大開角）レンズなどを多用する傾向にある。これらの中でもとくに大曲率レンズは，周辺部で光線が大きな角度で入射するために強い反射光が発生し，フレアやゴーストといった有害光の原因となりやすい。また，撮像デバイスは従来の銀塩フィルムに比べて反射率が高く，デジタルゴーストと呼ばれる特有のゴーストを発生させやすい傾向にある。こうした状況を背景として，高性能な反射防止膜の開発が望まれていた。

　カメラ用レンズや望遠鏡・双眼鏡などの可視光で使用される光学系のレンズ表面には，一般にマルチコートと呼ばれる誘電体多層膜からなる反射防止膜が用いられている。マルチコートは物理的強度と化学的安定性を兼ね備えているという点で，非常に優れた反射防止膜である。しかしこれは，屈折率の異なる数種類の薄膜をそれぞれ適切な厚さで積層することで，各膜の表面・界面で発生する反射波の振幅と位相を調整し，それらを干渉させることで最終的な反射光を低減させる，というのがその仕組みである。そのため特定の波長や入射角の光線に対しては優れた反射防止性能を発揮するものの，それ以外の波長や入射角の光線では干渉条件が崩れるため，可視域全域のような広い波長帯域や大きな入射角度範囲にわたって高い反射防止性能を維持することは困難であった。

　一方，マルチコートとは異なる反射防止手段として，サブ波長構造による反射防止膜が知られている。光の波長よりも小さな凹凸構造が反射防止機能を持つことは，1960 年代に蛾の眼の研究を通して知られるようになった[1]。そのためこの構造は，「モスアイ」（moth-eye）と呼ばれることも多い。さらにこの構造による反射防止膜は，その形状によっては優れた波長帯域特性や入射角度特性を実現できることが報告されている[2]。

　本稿では，サブ波長構造による反射防止膜の原理を説明し，2008 年にキヤノンが開発した"SWC"（subwavelength structure coating）の製法概略とその性能，そして SWC を一眼レフカメラ用交換レンズ「EF24mm F1.4L II USM」（図 1）に応用した際の効果について紹介する。

　＊　Takeharu Okuno　キヤノン㈱　光学技術統括開発センター

図1　EF24mmF1.4L II USM

2.2　サブ波長構造による反射防止膜の原理

　波長 λ の光は，入射媒質の屈折率を n_1，射出媒質の屈折率を n_2 としたとき，

$$p < \frac{\lambda}{n_1 + n_2} \tag{1}$$

を満たすピッチ p の周期構造に入射した場合，回折や散乱などが起こらず，「有効屈折率」を持った媒質として認識する性質がある。また，有効屈折率 n_{eff} は，媒質の屈折率を n_{sub} とし，空間占有率を ff としたとき，Lorentz–Lorenz の式

$$\frac{n_{eff}^2 - 1}{n_{eff}^2 + 2} = ff \, \frac{n_{sub}^2 - 1}{n_{sub}^2 + 2} \tag{2}$$

を用いて算出することができる。

　図2(a)に示したような四角柱構造が(1)式を満たすピッチで配列している場合を考えると，四角柱の空間占有率を 48.6％ とすることで，有効屈折率を媒質の平方根の値にすることができる。基板および四角柱を形成している媒質の屈折率 n_{sub} が 1.5 の場合では，四角柱部分の有効屈折率 n_{eff} は 1.225 となる。このとき，四角柱の上部と下部のフレネル反射率がともに 1.02％ と等しい値となるために，四角柱の高さ h が $\lambda / 4n_{eff}$ の奇数倍のとき，波長 λ の光線の反射率をゼロにすることができる。

　図2(b)に，波長 400nm，550nm，700nm の3つの光線における四角柱の高さ h に対する反射率の変化の様子を示す。この図から，3つの波長すなわち可視域全域で反射率が 0.5％ 以下となるような四角柱の高さは存在しないことが分かる。辛うじて高さ 100nm 付近で，3つの波長の反射率が 1％ 以下の領域が存在するが，高さが少しでも変化すると反射率が大きく悪化してしまう。図2(c)に高さ 105nm の四角柱の分光反射率特性を示す。この図から，波長 500nm 付近の入射角 0°における反射率は十分低い値となっているが，それ以外の波長や大きな入射角では，反射率が大きく悪化することが分かる。

　つまり，サブ波長構造が四角柱のように空間占有率が高さ方向に変化しない形状の場合では，マルチコートの場合同様に，広い波長帯域や大きな入射角度範囲にわたって優れた反射防止特性を維持することはできない。

　次に，図3(a)に示したような四角錐形状が(1)式を満たすピッチで敷き詰められている場合につ

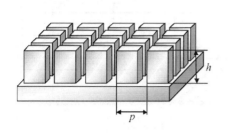

(a)　模式図

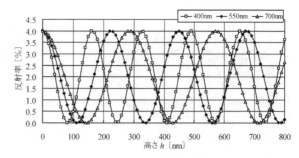

(b)　反射率の構造高さ依存性

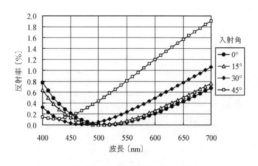

(c) 分光反射率特性(*h*=105nm)

図2　サブ波長構造が四角柱形状の場合

いて考察する。四角錐形状の場合，媒質の空間占有率が頂点から基板に向かって連続的に変化しているので，有効屈折率も連続的に変化することとなる。反射は屈折率の異なる界面に光線が入射した際に起こる物理現象であるが，屈折率が連続的に変化する場合では，図4に模式的な断面図を示したように，(a)構造の高さ方向に各層が10nm以下程度の厚さとなるような複数層にスライスし，(b)一辺の長さが各層における平均値となる薄い四角柱に置き換えて，(c)各層の空間占有率から(2)式を用いて求められる有効屈折率の薄膜に置換することで，多層膜として反射率の概算やメカニズムを理解することができる。

　表1に，基板および四角錐を形成している媒質の屈折率を1.5とし，一例として10層に分割した際の各層の空間占有率，有効屈折率そして各界面のフレネル反射率を示す。この表から分かるように，各層は空気から基板に向かって占有率が0%から100%に連続的に変化していき，有効屈折率も1.0から1.5に連続的に変化していく。この時，隣接する層との屈折率差が小さいために，各界面でのフレネル反射率も非常に小さな値となっている。

　図3(b)に波長400nm，550nm，700nmの3つの光線における四角錐の高さ*h*に対する反射率の変化の様子を示す。四角錐形状の場合では，高さがゼロから増加していくに従いすべての波長の反射率が徐々に低下していき，高さ300nm以上ではすべての波長，すなわち可視域全域で0.3%以下の低い反射率となっている。特徴的なことは一旦下がった反射率が，四角錐の高さが

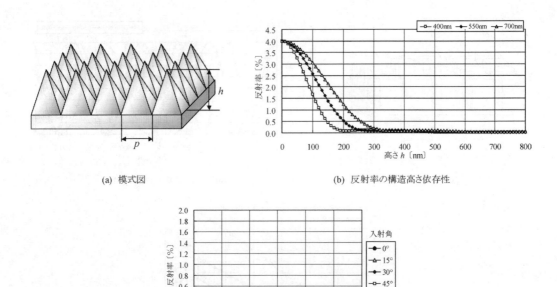

(a) 模式図

(b) 反射率の構造高さ依存性

(c) 分光反射率特性(*h*=350nm)

図3　サブ波長構造が四角錐形状の場合

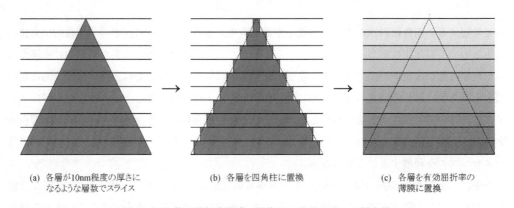

(a) 各層が10nm程度の厚さに
　　なるような層数でスライス

(b) 各層を四角柱に置換

(c) 各層を有効屈折率の
　　薄膜に置換

図4　四角錐を等価多層膜へ置換する方法を示した概念図

それ以上に高くなっても低いまま維持される，という点である。

　これは，高さの増加にともない各界面で発生する振幅の小さな合計11本の反射波（実際の四角錐ではさらに振幅の小さな無数の反射波）の位相が徐々にずれていき，位相のずれが360°以上になると干渉後の反射波の振幅が非常に小さくなるためである。高さがそれ以上になって，位相のずれ幅が変化しても干渉後の反射波の振幅が大きく増加することはない。図3(c)に高さ350nmの四角錐の分光反射率特性を示す。この図から分かるように，可視域全域の波長帯域に

表1

層	空間占有率 （%）	有効屈折率 n_{eff}	各界面の フレネル反射率 （%）
0（空気）	0	1.0000	—
1	0.826	1.0036	3.315E-04
2	3.306	1.0146	2.956E-03
3	7.438	1.0330	8.060E-03
4	13.223	1.0590	1.539E-02
5	20.661	1.0927	2.466E-02
6	29.752	1.1348	3.558E-02
7	40.496	1.1856	4.798E-02
8	52.893	1.2461	6.185E-02
9	66.942	1.3174	7.738E-02
10	82.645	1.4012	9.510E-02
11（基板）	100	1.5000	1.159E-01

わたり，0〜45°の大きな入射角度範囲で極めて高い反射防止特性を得ることができる。

　すなわち，広い波長帯域，大きな入射角度範囲にわたって優れた反射防止特性を実現するためには，四角錐形状のように空間占有率が連続的に変化するサブ波長構造が必要ということになる。

2.3　製法

　サブ波長構造による反射防止膜は，微細加工技術が急速に進歩した1980年代以降，活発に試作・研究されるようになった[3〜5]。しかしそれらの多くは，レーザー干渉露光や電子ビーム露光によってフォトレジストをパターニングした後，ドライエッチングすることによって製作されたものである。したがって，小面積・平面での製作には適しているものの，大面積で，かつ曲率の大きなレンズ面に形成することは難しく，さらにはコンシューマ製品であるカメラ用レンズへの適用を考えると，量産性や製造コストの観点からも課題があった。

　また近年では，ナノインプリントやガラスモールド法を用いて，プラスチック基板やガラスレンズの表面にサブ波長構造を形成する方法が報告されている[6,7]。この方法を用いれば大面積・曲面にも，サブ波長構造を安価に形成できる可能性がある。しかし，プラスチックレンズは屈折率の選択肢が乏しい上，ガラスと比較して温度や湿度などの環境変化に対して形状（面精度）や屈折率が大きく変化してしまうため，カメラ用レンズへの適用は限定的である。また，カメラ用レンズは収差を抑制するために屈折率・分散の異なる様々なガラスが用いられており，それらすべてがガラスモールド法で成形可能な低融点ガラスというわけではない。さらに表面にサブ波長構造を形成した金型は，耐久性やメンテナンス性の点で現時点では課題が多いと考えられる。

　そこで筆者らは，大面積・大曲率の面で，しかも様々なガラスに対しても簡便に，空間占有率が連続的に変化するサブ波長構造を形成する手法として，大阪府立大学で研究されていたアルミ

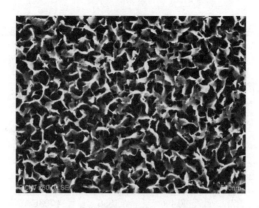

図5　アルミナ微結晶膜の FE-SEM 写真

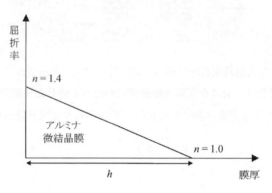

図6　アルミナ微結晶膜の屈折率構造

ナ（Al$_2$O$_3$）微結晶膜[8]をベースとしたサブ波長構造体を用いることとした。

その製法概略は以下のとおりである。

まず，清浄化したガラス基板（レンズ）にアルミニウムアルコキシド，安定化剤，触媒からなるゾル–ゲルコーティング液をスピンコート法で塗布し，その後オーブンで乾燥・焼結させる。次に，得られたアモルファス・アルミナ膜を温水に浸漬すると，アルミナと温水との反応により平滑だった表層に可視光波長よりも小さな凹凸構造を持ったアルミナ微結晶膜が形成される。最後に温水から引き揚げ，乾燥させれば完成，という非常に簡便なプロセスである。

図5に，このようにして作製されたアルミナ微結晶膜の電子顕微鏡（FE-SEM）写真を示す。

アルミナ微結晶膜は，ランダムで複雑に入り組んだ形状となっているが，各凹凸構造の平均ピッチは(1)式を十分に満たす大きさであり，空間占有率も先端から基板に向かって連続的に変化する構造となっている。

このアルミナ微結晶膜の屈折率は，図6に示したように高さ（厚さ）h にわたって 1.4 から 1.0 に連続的に変化する構造を持っており，ゾル–ゲルコーティング液の固形分濃度や塗工条件を変えることで高さを制御することも可能であるため，四角錐形状同様に優れた反射防止性能を期待

することができる。

2.4　カメラ用レンズへの応用とその効果

　図 7 に EF24mm F1.4L II USM の光学断面図を示す。この図において，GMo 非球面レンズはガラスモールド法で成形した非球面レンズ，UD レンズは異常分散ガラスからなるレンズである。

　このレンズは，第 1 レンズの像側面（図中破線で示す）の反射に起因するゴーストが発生することが設計段階のシミュレーションで分かっていたため，この面をアルミナ微結晶膜の形成面（以下「塗工面」とも表記する）に決定した。

　しかし，先に述べたアルミナ微結晶膜を第 1 レンズの像側面に直接形成しても，高い反射防止性能は得られない。その理由は，第 1 レンズが屈折率 1.84 という高屈折率ガラスであるため，屈折率が 1.4 から 1.0 に向かって連続的に変化するアルミナ微結晶膜を形成しても，レンズとアルミナ微結晶膜の界面の大きな屈折率差によって振幅の大きな反射波が発生してしまい，アルミナ微結晶膜で発生する，振幅が小さく，位相のずれた無数の反射波では打ち消すことができないためである。

　理想的な対策としては，アルミナ微結晶膜の屈折率構造を，第 1 レンズと同じ 1.84 から連続的に変化するように変更することである。しかし，温水処理によるアルミナ微結晶膜の生成は，アルミナ固有の化学的性質によるものであり，高屈折率の別の材質では同様の微結晶化は期待できない。また仮に何らかの工夫によって，屈折率が 1.84 から連続的に変化する微結晶膜が開発できたとしても，屈折率の異なる別のレンズへの適用が必要になった場合には，再びそのレンズ専用に微結晶膜を開発する必要があり，様々な屈折率のガラスを用いるカメラ用レンズへ適用するためには，好ましい方法とはいえない。

　そこで筆者らは，第 1 レンズとアルミナ微結晶膜との間に，屈折率が 1.56，膜厚が 68nm の中間層を導入することで反射率低減を図ることとした。

　おおまかな概念としては，屈折率が 1.0 から 1.4 に変化することによって生じる反射は，アル

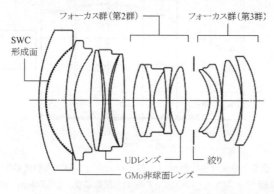

図 7　EF24mmF1.4L II USM の光学断面図

ミナ微結晶膜が防止し，屈折率が1.4から1.84に変化することで生じる反射は，中間層が単層反射防止膜のように機能することで低減する，というものである。この方法を用いれば，中間層の屈折率および膜厚を変えることで様々な屈折率のレンズに対応することが可能となる。

中間層は，シリカ（SiO$_2$）およびチタニア（TiO$_2$）を含有するゾル-ゲルコーティング液をスピンコート法で塗工し，アルミナ膜同様にオーブンで乾燥・焼結することで形成した。屈折率1.56は，低屈折率材料であるシリカと高屈折率材料であるチタニアの混合比を変えることで実現し，膜厚68nmはコーティング液の固形分濃度や塗工条件を調整することで実現した。

中間層形成後は，先に説明したのと同様の方法で高さ220nmのアルミナ微結晶膜を形成し，図8に示したような屈折率構造を塗工面全面に形成することができた。

参考として図9に，(a)屈折率1.84のレンズに高さ300nmのアルミナ微結晶膜を直接形成した場合，(b)同レンズと高さ300nmのアルミナ微結晶膜の間に，中間層（屈折率1.56，膜厚68nm）を挿入した場合，(c)同レンズと高さ220nmのアルミナ微結晶膜の間に，同中間層を挿入した場合の分光反射率特性（シミュレーション値，入射角0°）を示す。

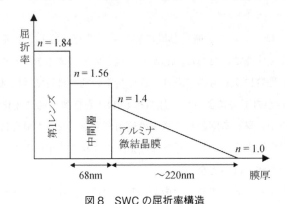

図8　SWCの屈折率構造

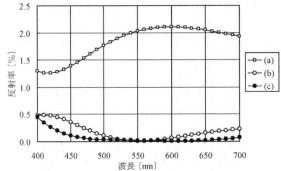

図9　分光反射率特性（シミュレーション値，入射角0°）
(a)アルミナ微結晶膜（h=300nm）のみ，(b)アルミナ微結晶膜（h=300nm）＋中間層（n=1.56，d=68nm），(c)アルミナ微結晶膜（h=220nm）＋中間層（n=1.56，d=68nm）

　この図から明らかなように，高屈折率のレンズにアルミナ微結晶膜を直接形成しても，高い反射防止性能は得られないが，中間層を導入することで反射率を大幅に低減することができる。しかしここで注目すべき点は，アルミナ微結晶膜の高さを220nmと低くしたにもかかわらず，反射防止性能が向上している点である。これは，中間層で発生する反射波とアルミナ微結晶膜で発生（残存）する反射波とが，可視域全域で広い入射角度範囲にわたって，キャンセルする関係を良好に維持するためである。

　図10(a)に，実際に作製した屈折率1.56，膜厚68nmの中間層と高さ220nmのアルミナ微結晶膜からなる反射防止膜（以下SWC）の分光反射率特性（実測値）を示す。比較のために示した一般的なマルチコートの特性（図10(b)）と比べると，SWCの反射率特性が絶対値として低いだけでなく，波長帯域特性，入射角度特性にも優れており，とくに入射角45°では顕著な優位性を持っていることが分かる。

　図11に上記二種類の反射防止膜を施した二つのレンズの外観写真を示す。左がSWC，右が一般的なマルチコートを施したレンズである。写真は二つのレンズを並べ，光源の光を拡散する，いわゆるソフトボックスを用いて斜め上方から照明して撮影したものである。マルチコートのレ

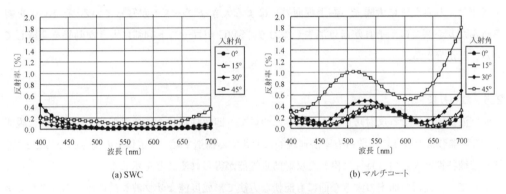

(a) SWC　　　　　　　　　　　　　(b) マルチコート

図10　分光反射率特性（実測値）

図11　レンズ外観写真
（左）SWC，（右）マルチコート

(a) SWC　　　　　　　　　　　　　　　　　　(b) マルチコート

図12　比較撮影写真

ンズでは，四角いソフトボックスの反射光がはっきりと映りこんでいるが，SWC では写りこみが非常に薄く，一見して反射率が低いことが分かる。

　また，図12に二つのレンズを EF24mmF1.4L II USM の光学系に組み込んで比較撮影した写真の一例を示す。(a)が SWC，(b)がマルチコートのレンズによるものである。マルチコートのレンズでは，写真左下に太陽光（右上画面外）による大きなゴーストが写っているが，SWC を組み込んだレンズでは，それがほぼ消失しており，SWC がゴースト抑制に大きな効果を発揮していることが分かる。

2.5　おわりに

　サブ波長構造による反射防止膜の仕組みについて，四角柱形状と四角錐形状の場合を例に説明し，四角錐形状のように空間占有率が連続的に変化する構造では，一定以上の高さとなることで，波長帯域特性と入射角度特性に優れた反射防止性能が得られることを示した。

　そして，大面積で曲率の大きな面にも簡便な方法で形成可能なサブ波長構造体であるアルミナ微結晶膜の製法概略とその屈折率構造を示し，さらに中間層を導入することで，様々な屈折率のレンズに対しても高い反射防止性能が実現できることを示した。

　EF24mmF1.4L II USM はカメラ用レンズとして世界ではじめてサブ波長構造による反射防止膜を用いたものであり，製品搭載にあたり名称を SWC とした。

　高性能な反射防止膜の実現はレンズ設計における自由度拡大をもたらし，従来であれば設計段階で断念したり，仕様変更を余儀なくされていたような高スペックのレンズも実現可能となる。SWC を適用することで，極めて広い画角をもったアオリレンズである TS-E17mm F4L や世界初の本格的な魚眼ズームレンズである EF8-15mm F4L フィッシュアイ USM など，従来では実現困難だったレンズを製品化している。

　今後も SWC のさらなる性能向上と適用拡大に取り組み，これまでの常識を覆す新たな写真表現が可能となるような，魅力的なレンズ製品を提供していきたいと考えている。

文　　献

1) C. G. Bernhard, "Structural and functional adaptation in a visual system," *Endeavour*, **26**, 79-84 (1967)

2) H. Toyota, K. Takahara, M. Okano, T. Yotsuya and H. Kikuta, "Fabrication of Microcone Array for Antireflection Structured Surface Using Metal Dotted Pattern," *Jpn. J. Appl. Phys.*, **40**, L747-L749 (2001)

3) S. J. Wilson and M. C. Hutley, "The optical properties of 'moth eye' antireflection surfaces," *Opt. Acta*, **29**, 993-1009 (1982)

4) Y. Ono, Y. Kimura, Y. Ohta and N. Nishida, "Antireflection effect in ultrahigh spatial-frequency holographic relief gratings," *Appl. Opt.*, **26**, 1142-1146 (1987)

5) Y. Kanamori, H. Kikuta and K. Hane, "Broadband antireflection gratings for flass substrates fabricated by fast atom beam etching," *Jpn. J. Appl. Phys.*, **39**, L735-L737 (2000)

6) 前納良昭, "サブ波長構造を有する光学素子の転写技術", 光技術コンタクト, **43**, 638-650 (2005)

7) T. Mori, K. Hasegawa, T. Hatano, H. Kasa, K. Kintaka and J. Nishii, "Glass Imprinting Process for Fabrication of Sub-Wavelength Periodic Structures," *Jpn. J. Appl. Phys.*, **47**, 4746-4750 (2008)

8) K. Tadanaga, N. Katata, and T. Minami, "Super-Water-Repellent Al_2O_3 Coating Films with High Transparency," *J. Am. Ceram.Soc.*, **80**, 1040-42 (1997)

3 フッ化マグネシウムナノ粒子を用いたナノクリスタルコートの作製

村田　剛*

3.1 開発の背景

　光線が物体に入射すると，その屈折率の違いにより反射が生ずる。このような現象は，日常，窓ガラス上の反射像や水面に映る景色などで観察されるが，光を利用する光学機器においては，しばしばこの反射光が問題となる。反射光は単に光の利用効率を落とすだけでなく，フレアーやゴーストと呼ばれる迷光となって，観察像や撮影像のコントラストを低下させたり，信号読み取りエラーの原因となったりする。そのため，多くの光学系には反射防止膜が施されている。反射防止膜は光の干渉を利用し，基板表面で発生する反射波に，基板とは異なる屈折率の薄膜により生ずる位相の異なる反射波を重ねることで，反射波を打ち消すという原理により反射防止を実現している。最も単純な反射防止膜は1層の薄膜で構成されているが，多くの場合，十分な性能を得るために数層，多いものでは10層を超える薄膜で構成されている。

　一般的にこれら反射防止膜は，真空装置を用いて膜の材料となる物質を光学基板上に堆積させる，真空蒸着やスパッタリングなどのいわゆるドライプロセスで形成される。1800年代に反射防止膜の基本原理が発見されて以来，今日に至るまで，ドライプロセスはその量産性と膜厚再現性の良さから反射防止膜の形成法として主流となっている。これは，フォトリソグラフィーと呼ばれる手法で回路パターンをシリコンウェハー上に投影・露光する，半導体露光装置でも同様である。半導体露光装置において，回路パターンをシリコンウェハー上に結像させる投影レンズは，半導体の集積度を決定する最も重要なユニットであり，他の光学系は比較にならないほど高い性能が求められる。そのため，投影レンズには当然反射防止膜が形成されており，その反射防止膜には高い性能が求められる。

　半導体の集積度は年々高まっており，特に近年，解像度をはじめとして露光装置の投影レンズに求められる要求仕様もまた非常に高くなっている。投影レンズの解像度を向上させるには，主に以下の2つの手法がある。

　　① 露光光源波長（λ）の短波長化
　　② 投影レンズの開口数（NA）拡大

これらの手法により高解像度化を進めるには，単にレンズの加工技術向上だけでなく，そこに用いられる反射防止膜にも大幅な性能向上が求められるが，そこには大きな問題があった。例えば，露光光源の短波長化では，膜物質固有の屈折率分散に起因する屈折率の上昇という問題を解決しなくてはならない。一般的に，物質の屈折率は対象とする光の波長が短くなるほど高くなるが，反射防止膜を形成する物質の屈折率が全体的に高くなると，良好な反射防止特性の実現が困難となる。また，大NA化の場合は，投影レンズのNAが大きくなるほど，レンズを通過する光線の最大入射角も大きくなるという問題がある。投影レンズのNAと光線の最大入射角 θ_{max} の関

　＊　Tsuyoshi Murata　㈱ニコン　コアテクノロジーセンター　主任研究員

係は簡易的に以下の式(1)で表され，例えば，NA = 0.7 の時，θ_{max} は 44°であるが，NA = 0.85 になると，θ_{max} は 58°となる。

$$\theta_{max} = \sin^{-1}NA \tag{1}$$

ところが，このような大きな角度で入射する光に対して，十分な反射防止を行うことはきわめて困難である。例えば，NA = 0.85 の投影レンズで残存反射 1%以下という要求仕様があるとすると，従来法による成膜ではこの要求仕様を満たす反射防止膜の設計解は存在しない。

　そこで，我々は種々のシミュレーションにより，投影レンズの高性能化に対応可能な，これまでにない高い性能を有する反射防止膜の実現性について検討を行った。図 1 は，最新の半導体露光装置の露光光源である ArF レーザー（波長 193nm）を想定し，任意に変更可能な仮想の屈折率を有する最上層を備えた 5 層反射防止膜の設計を行い，各最上層の屈折率で得られた最も優れた設計解について，入射角 58°（NA = 0.85 相当）での残存反射と最上層の屈折率との関係をグラフにしたものである。ここで，NA = 0.85 は我々が本開発を開始した際に，作製が検討されていた投影レンズの NA の最大値である。また，任意屈折率層を最上層に配したのは，媒質（=空気）に接する層の屈折率が，最も反射防止特性に影響を与えるからである。図 1 からわかる通り，最上層の屈折率が 1.11 になるまでは，最上層の屈折率が低いほど残存反射は小さく（＝反射防止効果は高く），1.11 の時に最も残存反射が小さくなり，さらに屈折率が低くなると残存反射は増加に転じる。また，本結果より，NA = 0.85 の投影レンズにおいて，要求仕様が"全ての角度範囲（$\theta \leqq 58°$）において残存反射が 1%以下"であった場合，1.27 以下の屈折率が実現できれば要求仕様を満たすことができることがわかる。

　ところが，実際にはそのような低い屈折率（超低屈折率）を有する膜物質は存在しない。これまで知られている 193nm で使用可能な膜材料で，193nm における屈折率が最も低いのはクライオライト（Na_3AlF_6）であるが，その値はせいぜい 1.39 程度である。そこで我々は，膜の構造を

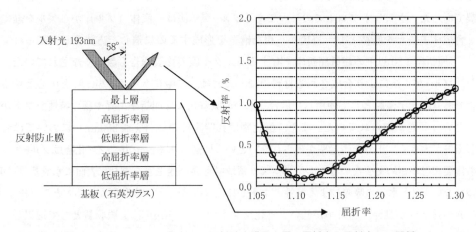

図 1　シミュレーションによる反射防止膜最上層の屈折率と反射率との関係

制御することにより，見かけの屈折率を下げるという手法に注目した。これは，膜の中に意図的に空隙を作り，膜物質と空気との中間的な屈折率を実現しようとする考え方である。この時留意しなくてはいけないのは，膜の微細構造が光の波長より十分小さくないと，ミー散乱やレイリー散乱と呼ばれる光の散乱が発生し，迷光や光量の低下の原因となることである。このような微細構造としては，モスアイ構造を代表とするいくつかの手法が考えられるが[1]，我々はゾル-ゲル法を用いて微細粒子がランダムに配列した構造を用いて超低屈折率を実現することとした。

3.2　問題解決の方策

　先に述べたドライプロセスは，膜厚制御性が良い，バッチ処理による大量生産が可能など，工業化に適した特徴を有するが，得られる膜は緻密であり，空隙を導入した膜の形成には不向きである。一方，フォトリソグラフィーやナノインプリントを用いたモスアイ構造形成は，コストや材料の選択性，基板形状の適応性など課題が多く，短期間での開発は困難であると考えられた。また，構造が規則的な周期構造である場合，光の回折により"スミア"と呼ばれる光のにじみが発生する懸念も生じる。我々は成膜法を検討するにあたり，以下に挙げるポイントに留意しながら選定を行った。

　　①　開発期間が短いこと
　　②　真空紫外領域においても透過率の高い膜が実現可能であること
　　③　石英ガラス・蛍石（CaF_2）に適用可能なプロセスであること
　　④　レンズ形状による制約を受けにくいプロセスであること
　　⑤　できるだけ低い屈折率が実現可能であること
　　⑥　環境による屈折率変化が小さいこと
　　⑦　シンプルで工程適用性の良いプロセスであること
　　⑧　膜の構造単位が光の波長に対して十分小さく，ランダム構造であること

　上記ポイントを考慮した上で我々が選択したのは，ゾル-ゲル法によるフッ化物ナノ粒子膜の作製であった。ウェットプロセスの一つであるゾル-ゲル法は，液体（ゾル）からゲルを経て材料を合成することを特徴とし，以前から粗な構造を形成するのに適した方法として知られており[2~4]，屈折率1.30以下の超低屈折率を有するバルクや膜の作製報告も数多くなされていた。しかし，ゾル-ゲル法により合成される材料のほとんどは，二酸化ケイ素（SiO_2）を中心とする酸化物であり，光学薄膜として使用した場合，水分の吸着による屈折率上昇や膜の特性シフトが生じるという問題が知られていた。また，酸化物は真空紫外領域（$\lambda \leqq 200nm$）においては光の吸収損失が大きく，十分な透過率が得られないという問題もある。一方，フッ化物はゾル-ゲル法での作製報告が極めて少ないものの，真空紫外領域でも高い透過率を有し，表面に水酸基（-OH）を持たないため，水分の吸着による特性シフトがほとんどないという特徴がある。そこで我々は，特に光の透過性が良く，屈折率が低いフッ化マグネシウム（MgF_2）を膜物質として選択し，ゾル-ゲル法と組み合わせることにより，ナノサイズの微細粒子（＝ナノ粒子）で粗な構造を形成

可能な成膜法の検討を開始した。その結果，真空紫外でも使用可能で，1.30以下の屈折率も実現可能な薄膜の形成技術を確立することに成功した[5~7]。以下にその成果を詳細に説明する。

3.3　開発の成果

3.3.1　紫外光用反射防止膜の開発

ゾル-ゲル法の特徴として，反応プロセスの選択幅が広いということが挙げられる。MgF_2を合成する場合においても，その代表的なプロセスとして以下の3つのプロセスが知られている。なお，各プロセスで示した反応例以外にも，他のさまざまな化学物質の組合せが可能である。

① フッ酸/マグネシウム塩法

　　反応例　$2HF + MgCl_2 \rightarrow MgF_2 + 2HCl$

② フッ酸/アルコキシド法

　　反応例　$2HF + Mg(C_2H_5O)_2 \rightarrow MgF_2 + 2C_2H_5OH$

③ トリフルオロ酢酸/アルコキシド法

　　反応例　$2CF_3COOH + Mg(C_2H_5O)_2 \rightarrow Mg(CF_3COO)_2 + 2C_2H_5OH$

　　　　　　$Mg(CF_3COO)_2 \rightarrow 熱分解 \rightarrow MgF_2$

　我々はこれらの反応のうち，得られる膜の種々の物性評価結果より，フッ酸/マグネシウム塩法を主たるゾル調製法として採用することとした。さらに，検討を進める中で，より低い屈折率の膜を実現するためには，ゾル調製プロセスにオートクレーブ処理を導入することが有効であることを見出した。オートクレーブとは内圧を上げることが可能な耐圧容器で，加圧の他に加熱も可能なものもあり，化学合成の反応容器や医療器具の滅菌などに広く用いられている。オートクレーブ処理の導入は，単に得られる膜の屈折率を低くできるだけでなく，処理温度（あるいは圧力）を変更することにより1.40~1.17（$\lambda = 193nm$）の間で任意に膜の屈折率を変更できるというメリットももたらした。さらに，オートクレーブ処理を行うとゾルの粘度が下がることから，従来よりも高い濃度までゾルを濃縮することが可能となり，一度に塗布できる膜厚を厚くすることが可能となった。

　図2にLorentz-Lorenzの式[8]より求めた，MgF_2多孔質膜におけるMgF_2の体積占有率と膜の見かけの屈折率との関係を示す。我々の開発した手法により実現可能なMgF_2多孔質膜の屈折率は，1.40~1.17（$\lambda = 193nm$）の範囲であるが，この場合のMgF_2の体積占有率はおよそ95~40%であることが図2よりわかる。

　図3(a)に本手法で形成した膜を構成するMgF_2粒子の透過型電子顕微鏡（TEM）写真を示す。観察はアルコールで希釈したゾルをカーボンメッシュ上に滴下し，乾燥させた後に行った。個々の粒子（一次粒子）は直径数nmの大きさであることがわかる。また，さらに観察倍率を上げると，個々の粒子中に明瞭な格子模様が確認できる（図3(b)）。これは個々のMgF_2粒子が高度に結晶化していることを示している。フッ化物はイオン結合性が強いため，溶液中で容易に結晶化するものと思われる。図3(c)には，石英ガラス基板上に形成した膜の割断面の走査型電子顕微鏡

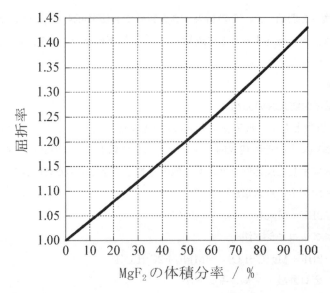

図2　Lorentz-Lorenz の式より算出した MgF$_2$ 多孔質膜の体積分率と
屈折率との関係（λ ＝193nm）

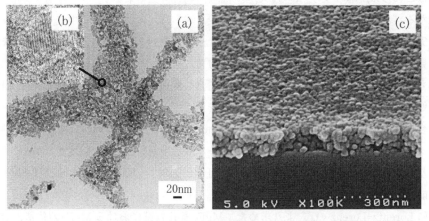

図3　ゾル-ゲル法により得られた MgF$_2$ 粒子の電子顕微鏡像
（(a)TEM 像，(b)部分拡大 TEM 像，(c)成膜後の SEM 像）

（SEM）写真を示す。膜は，粒子が粗に堆積することにより形成されているが，粒子径は先に
TEM で観察された一次粒子よりも大きい。これは，一次粒子が複数個凝集して形成された二次
粒子であり，この二次粒子が空隙を残して堆積することにより，超低屈折率が実現されているこ
とが観察結果からわかる。この二次粒子径も反射防止の対象となる光の波長（λ≧150nm）に比
べると十分小さく，散乱の発生も低く抑えられることが期待できる。

　図4は実際に ArF レーザー用5層反射防止膜を形成し，その角度特性の実測値を設計値と比
較した結果である。基板は石英ガラスとし，従来法で4層の下地膜を形成した後，最上層に屈折

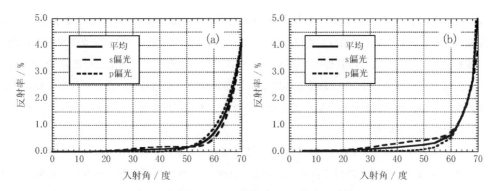

図 4　ArF レーザー用 5 層反射防止膜の角度反射防止特性（基板：石英ガラス，最上層（ナノ粒子層）の屈折率：1.18（λ＝193nm），(a)計算値，(b)実測値）

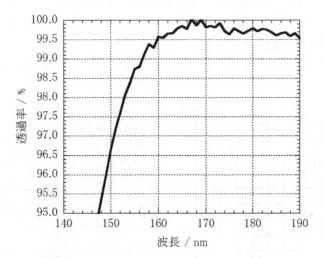

図 5　CaF$_2$ 両面コートサンプルの透過率測定結果（膜構成：単層，膜の屈折率：1.22（λ＝190nm））

率 1.18 の MgF$_2$ ナノ粒子層を形成した。測定を行った全入射角度範囲において，実測値(b)は設計値(a)に近く，ほぼ設計通りの角度特性が得られていることがわかる。また，設計値と同様，実測反射率も入射角 62°まで 1％以下であり，58°での残存反射は 0.6％であった。58°は NA＝0.85 の投影レンズの θ_{max} であることから，本コートは NA＝0.85 の投影レンズに適用可能な十分な角度特性を備えていると言える。

さらに，図 5 には CaF$_2$ 基板両面に本手法を用いて単層反射防止膜を形成したサンプルの，真空紫外領域での透過率測定結果を示す。ある波長に対し，単層膜で 100％の透過率を得るには，その波長における膜の屈折率を基板の屈折率の平方根に一致させなくてはならない。そのため，本サンプルの作製では膜の屈折率が CaF$_2$ の 157nm での屈折率である 1.561 の平方根（＝1.249）に一致するよう成膜条件を調整した。測定結果をみると，ArF レーザーよりさらに波長の短い

F_2 レーザーの波長（157nm）においても，99％を超える高い透過率が得られていることがわかる。超先端電子技術開発機構（ASET）の「F_2 レーザーリソ技術の開発」プロジェクトで示された，光学薄膜の損失に対する一次目標値（0.5％）[9]から算出される両面コート基板の透過率は99％であるが，本サンプルの157nmにおける透過率はこの目標値を上回っていた。これは，単に狙い通りの屈折率が実現されていたということだけでなく，本手法で作製した膜の吸収損失が極めて小さいことを示している。

　以上の結果より，本手法で作製した反射防止膜は優れた反射防止特性だけでなく，優れたレーザー耐久性を有することが期待できることから，ArF レーザーの繰り返し照射による耐久性評価を行った。実験は，片面に単層反射防止膜を形成した合成石英ガラスサンプルに ArF レーザーを繰り返し照射し，一定回数照射した後にサンプルを取り出して膜の破壊の有無を顕微鏡で観察した。その結果，$600 \text{mJ/cm}^2/\text{pulse}$ のエネルギー密度で 5×10^7 ショットの照射の後でも，膜の破壊は認められなかった。本手法で形成した反射防止膜は，反射防止性能が優れているだけでなく，優れたレーザー耐久性も有していた。

　一方，光学薄膜では基板全面に渡り均一な膜厚分布が得られることも重要であることから，直

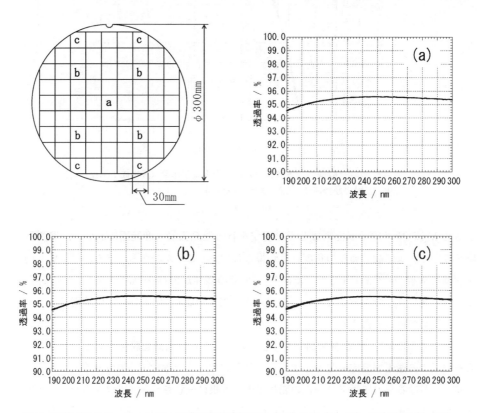

図6　石英ガラスウェハーを用いた膜厚分布評価結果（(a)中心部（1ヶ所），(b)中間部（4ヶ所），(c)辺縁部（4ヶ所））

径 300mm の石英ガラスウェハーに成膜を行い，ウェハーの中心，中間，辺縁部の分光特性を比較した．図 6 に各部位の測定結果を示す．いずれの部位の分光透過プロファイルも良く一致しており，放射方向，同心円上の基板の部位によらず，均一な膜厚・屈折率の膜が形成されていることがわかる．これは，曲率を持った基板についても同様であり，特に大きな曲率を持つ基板への均一性膜が可能である点が，蒸着やスパッタといった従来の成膜プロセスに対する本手法の大きなアドバンテージの一つとなっている．

3.3.2　可視光用反射防止膜の開発

　以上に紹介したような優れた特性を有することから，本手法で作製した MgF_2 ナノ粒子膜を用いた反射防止膜は，最新の ArF 半導体露光装置の投影レンズに採用された．そこで我々は，次に本技術を紫外光用反射防止膜だけでなく，可視光用反射防止膜にも適用するための検討を開始した．先に述べた屈折率分散により，反射防止の対象が紫外光からより波長の長い可視光になれば，膜の屈折率はさらに低くなることから，より高い反射防止効果が得られることが期待された．

　従来，写真撮影用レンズ，特に広角レンズのように光線入射角が大きなレンズにおいて，反射防止膜の角度特性の不足により抑えられないゴーストが存在することが問題視されていた．加えて，近年，写真の露光媒体が銀塩フィルムから撮像素子へと変わることにより，カメラボディー内のローパスフィルター表面や撮像素子から強い反射・回折光が発生し，これまでは観察されなかったゴーストやフレアーが発生することが問題になり始めていた．表 1 に，市販のフィルムおよびデジタルカメラのローパスフィルター，撮像素子について，反射率および後方散乱を測定した結果を示す．フィルムでは反射率が小さく後方散乱が大きいのに対し，ローパスフィルターでは反射率が高いことがわかる．また，撮像素子で後方散乱が大きいのは，画素の規則配列に起因する回折光が影響しているものと考えられる．これらの問題に対し，我々は可視光用反射防止膜に超低屈折率層を導入することで，反射防止性能を飛躍的に改善し，解決が図れるのではないかと考えた．

　そこで，まず我々はシミュレーションにより，可視光用反射防止膜においてどの程度の性能改善が可能であるか検討することとした．先に述べた紫外光用反射防止膜では，光源が単色光であるレーザーであったため帯域については考慮する必要がなかったが，可視光用反射防止膜，特に写真レンズ用反射防止膜では，広い波長範囲にわたって反射防止を行う必要があるのが大きく異なる点である．図 7 に，シミュレーションにより得られた，最上層の屈折率が異なる 4 種類の 7 層可視光用反射防止膜の分光反射特性を示す．シミュレーションは角度特性もわかるよう，各設計解について入射角 0°，45° および 60° での分光反射特性を計算し，同じグラフ上にプロットし

表 1　フィルム，ローパスフィルターおよび撮像素子の反射率および後方散乱

フィルム		ローパスフィルター		撮像素子	
平均反射率 (400-700nm)	後方散乱 (400-650nm)	平均反射率 (400-700nm)	平均反射率 (430-660nm)	平均反射率 (400-700nm)	後方散乱 (400-650nm)
2-4%	10-20%	5-16%	1-3%	0.3-0.4%	4-12%

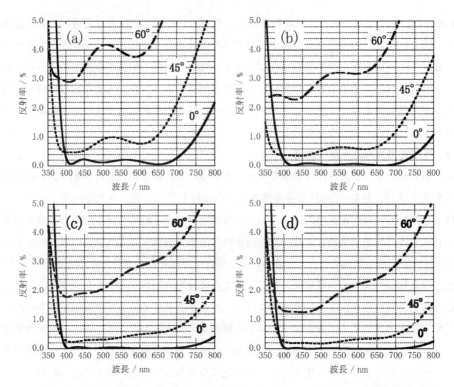

図7　最上層屈折率の異なる可視光用反射防止膜のシミュレーションによる特性比較（膜構
　　　成：7層，基板屈折率：1.52（λ＝550nm），最上層の屈折率：(a)1.39，(b)1.30，
　　　(c)1.25，(d)1.20（いずれもλ＝550nm），光線入射角：0°，45°，60°）

た。本結果をみると，最上層の屈折率が低いほど反射防止帯域が広く，いずれの入射角において
もより低い反射率が得られることがわかる。これらの結果より，可視光用反射防止膜に超低屈折
率層を導入することで，主に，1）広帯域化，2）低反射率化 および3）広入射角化，といった
メリットが得られることが予想された。

　上記の結果をうけ，我々は本技術をカメラレンズ用反射防止膜として利用するための技術開発
を開始した。そして，これまでの MgF₂ ナノ粒子膜に工程適用性を改善するための改良を加え，
可視光用反射防止膜の作製に適したプロセスを確立した。その技術を用いて作製した，9層反射
防止膜の分光反射特性を図8に示す。本反射防止膜は，層数を 10 層以下に抑えつつ，主に 0°入
射における残存反射をできるだけ低く抑えることに主眼を置いて設計したものであるが，波長
650〜450nm の範囲で平均反射率 0.0098％という極めて低い反射率が得られた。これは，従来の
一般的なカメラレンズ用反射防止膜のおよそ 1/10 以下という極めて低い反射率である。また，
本コートの特性は，若干帯域が狭いものの，設計値とほぼ一致していた。

　次いで，本技術導入による反射防止性能の改善効果を視覚的に確認するため，平面ガラス基板
を用いてコート性能比較用のサンプルを作製し，反射防止膜無しのサンプルおよび従来技術（真

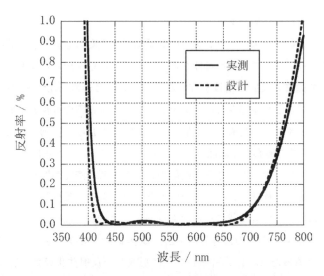

図8　ナノ粒子層を最上層に有する可視光用反射防止膜の反射率測定結果（膜構成：9層，入射角：0°，基板屈折率：1.59（λ=550nm），最上層（ナノ粒子層）の屈折率：1.26（λ=550nm））

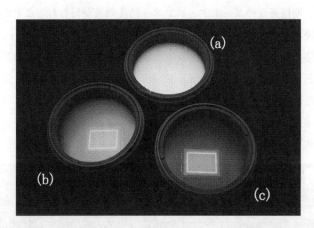

図9　平面ガラスを用いたコート性能比較サンプル（鏡筒構成：ガラス基板14枚，基板屈折率：1.52（λ=550nm））

空蒸着）で反射防止膜を形成したサンプルとの外観比較を行った。図9に各サンプルを斜めからの照明光で撮影した写真を示す。各サンプルの仕様は，反射防止膜以外は同一であり，それぞれ14枚の光学ガラス基板により構成されている。また，サンプル底面にはデジタルカメラを模して撮像素子が配置されている。撮影された写真を見ると，反射防止膜の無いサンプルはもちろんであるが，従来反射防止膜を形成したサンプルにおいても，基板表面の反射が高く，奥に配置された撮像素子が見えにくくなっていることがわかる。一方，本技術を導入した5層反射防止膜が形成されたサンプルでは，斜入射の照明下でも低い反射率を保っており，ガラス基板下に配置された撮像素子を明瞭に観察することができる。これは本技術を導入した反射防止膜が，優れた角

度特性を有することを示す結果である。

　さらに，本技術によるゴースト・フレアーの低減効果を実際の写真撮影で確認するため，一眼レフカメラ用広角ズームレンズの適用可能な面全てに，本技術を用いた反射防止膜を形成し，全く同じレンズ構成で通常の反射防止膜を有する従来レンズとの撮影比較を行った。図10に，同じ撮影条件で両レンズにより撮影された画像を示す。比較は通常の可視光で撮影された画像(a)の他に，赤外撮影用フィルターを装着して撮影した画像(b)でも行った。両者の反射防止性能の違いは明らかで，試作レンズで撮影した画像（a-1）に写るゴーストは，従来レンズで撮影した画像（a-2）のものに比べて著しく少なく，さらに画像のシャドー部の濃度が増し，コントラストも向上していることがわかる。これは，ゴーストだけでなくフレアーも減少したことによる。さらに，その効果は赤外撮影においても確認でき，従来レンズでは，太陽近傍から画面の対角線に沿って広い範囲でゴーストが発生したのに対し（b-2），試作レンズでは小さな点状のゴーストがわずかに発生した程度であった（b-1）。試作レンズに形成した反射防止膜は，特に赤外領域での反射防止を考慮して設計されたものではないが，超低屈折率層を導入したことによる反射防止帯域の拡大効果が，このような結果につながったものと考えられる。本実験により，カメラレンズへの本技術の導入で，期待通りのゴースト・フレアー防止効果が得られることが確認された。

　以上に紹介した優れた反射防止効果により，本技術を用いて形成したMgF_2超低屈折率層を有する可視光用反射防止膜は「ナノクリスタルコート」と命名され，初の適用製品であるカメラ用望遠レンズ「AF-S VR Nikkor ED 300mm F2.8G（IF）」が2005年1月に発売された。本レンズは，1.30以下の超低屈折率を有する反射防止膜を搭載した，世界初のカメラレンズである。その優れた性能と生産性により，その後もナノクリスタルコートを搭載したレンズは順調に増え，

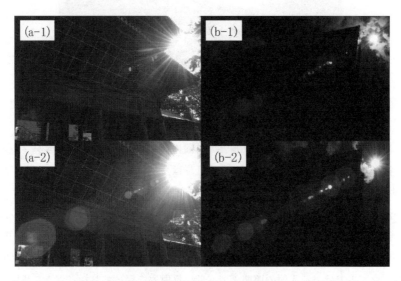

図10　ズームレンズを用いた反射防止性能比較（(a-1) 試作レンズ・可視撮影像，(a-2) 従来レンズ・可視撮影像，(b-1) 試作レンズ・赤外撮影像，(b-2) 従来レンズ・赤外撮影像）

モデルチェンジされたものも含めると本稿執筆時点で20機種となっている（図11）。さらに，2009年11月には，初のナノクリスタルコートを搭載した顕微鏡用対物レンズとして，「CFI Apo 40 × WI λS」，「CFI Apo 60×H λS」および「CFI Plan Apo IR 60×WI」の3種の製品が発売された（図12）。本技術による優れた反射防止性能は，顕微鏡観察における観察像のコントラスト向上にもきわめて有効である。

図11　ナノクリスタルコートを適用した一眼レフ用交換レンズ

図12　ナノクリスタルコートを適用した顕微鏡用対物レンズ

3.4 まとめ

　我々は，多孔質構造の形成に好適なゾル−ゲル法と，優れた光透過性を有するフッ化物とを組み合わせ，そこに独自のオートクレーブ処理を導入することで，光の波長より小さな構造単位（ナノ粒子）を用いて薄膜を形成する技術を確立し，1.30以下の超低屈折率を実現した。そして，本技術により形成された超低屈折率層を反射防止膜に導入することで，紫外〜赤外の広い波長領域において，従来にはない極めて高い反射防止効果を得ることが可能となった。本技術はその優れた効果から，現在では半導体露光装置の投影レンズだけでなく，カメラ用交換レンズ，顕微鏡用対物レンズと幅広い分野の光学製品に適用されている。近年，反射防止技術は性能的に飽和状態にあり，成熟技術と捉えられていたが，本技術の登場によって性能面でのブレークスルーをもたらすことができたことから，今後，光学薄膜の研究開発を活性化するための布石になるものと期待している。また，これまで主に大型基板への低コスト成膜法としてとらえられてきたウェットプロセスにおいて，光学薄膜の高精度化・高性能化への応用の道を開いたことは，産業的に見ても意義深い成果であると考える。今後も我々は本技術の特長を生かし，光学製品の性能向上のために更なる適用拡大を図っていく予定である。

文　　献

1)　菊田久雄，光学，**40**, 2 (2011).

2)　S. S. Kistler, *Nature*, **127**, 741 (1931).

3)　G. A. Nicolaon and S. J. Teichner, *Bull. Soc. Chem. Fr.*, **5**, 1906 (1968).

4)　B. E. Yoldas, *Appl. Opt.*, **19**, 1425 (1980).

5)　T. Murata, H. Ishizawa, I. Motoyama and A. Tanaka, *J. Sol-Gel Sci. Technol.*, **32**, 161 (2004).

6)　T. Murata, H. Ishizawa, I. Motoyama and A. Tanaka, *Appl. Opt.*, **45**, 1465 (2006).

7)　T. Murata, H. Ishizawa, I. Motoyama and A. Tanaka, *Appl. Opt.*, **47**, 246 (2008).

8)　M. Born and E. Wolf, "Principles of Optics", p.87, Pergamon Press (1975).

9)　新エネルギー・産業技術総合開発機構，"「F_2 レーザーリソ技術の開発」研究成果報告書"，p.179 (2002).

第3章　ディスプレイ・発光素子分野のナノ構造素子

1　低反射ワイヤーグリッド偏光子

高田昭夫[*1]，鈴木基史[*2]

1.1　まえがき

　液晶ディスプレイにおいて，偏光子は画像形成するために不可欠なキーコンポーネントの一つである。偏光子の役割は，直交する直線偏光成分のうちの一方を吸収し他方を透過する事であり，フィルム内にヨウ素系や染料系の高分子有機物を含有させた有機系偏光子が広く用いられている。偏光子により吸収された光は熱に変換される事になる。特に液晶プロジェクターのような集光型のディスプレイでは，高い光密度の光が偏光子に吸収され，結果として偏光子自体の温度が上昇する。従ってこのような用途に使う偏光板には耐熱性，耐光性が求められる。これらの特性の向上が高輝度化や小型化というディスプレイのトレンドに追従するために必要だが，従来の偏光子は有機物で構成されるために限界があると考えられる。一方，近年の微細加工技術の進歩により，可視光用ワイヤーグリッド偏光子の作製が可能になった。ワイヤーグリッドは無機材料のみで形成されるので耐熱性，耐光性が高いという特徴があり，液晶プロジェクター用途にも用いられる。しかし，液晶パネルと組み合わせた際にはワイヤーグリッドの高い反射率が迷光の原因となり，ゴーストやコントラスト低下など画像の劣化を引き起こす場合がある。そのため，耐久性に優れた吸収型の無機系偏光子が求められてきた。我々は，ワイヤーグリッド上にギャップ層，吸収層を備えた3層型偏光子を開発し，従来に比べ反射率が極めて低い無機吸収型偏光子を実現した。本稿では，今回開発した偏光子の要素技術と光学特性について述べる。

1.2　ワイヤーグリッド偏光子

1.2.1　シミュレーションによる設計

　金属グリッドを使用帯域の波長に対して十分に小さいピッチで周期的に配置すると，図1に示すように，入射光の電場がグリッドと平行に振動する場合には，自由電子がグリッドに沿って移動するので強い反射が起きる。これに対して，入射光の電場が垂直な場合には，自由電子は溝のために移動できず光は透過する。このような偏光子をワイヤーグリッド偏光子と呼ぶ。ワイヤーグリッド偏光子に関する研究の歴史はとても長く，1960年には，Bird他が，転写複製したプラ

＊1　Akio Takada　ソニーケミカル＆インフォメーションデバイス㈱　開発部門
　　　　　　材料開発2部　無機デバイス開発課　統括課長

＊2　Motofumi Suzuki　京都大学大学院　工学研究科　マイクロエンジニアリング専攻
　　　　　　准教授

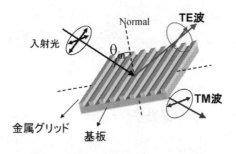

図1　ワイヤーグリッド偏光子の構造

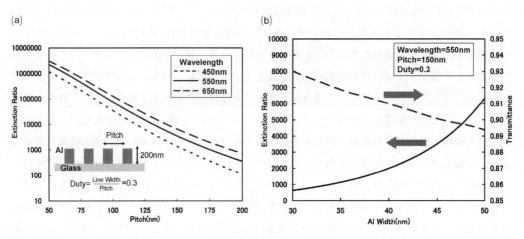

図2　ワイヤーグリッド偏光子のシミュレーション結果
(a)ピッチ依存性，(b)アルミ高さ依存性

スチック製の格子上に金属（金，アルミニウム）を蒸着し，赤外域用のピッチ 463nm のワイヤーグリッド偏光子を作製している[1]。より波長の短い可視光に対応するには狭ピッチ化が必要であったが，半導体等の微細構造をもつデバイスのための薄膜プロセス技術の進歩がこれを可能にした。Arnold 氏他は LCOS 型液晶プロジェクターの偏光ビームスプリッター用の可視光ワイヤーグリッドを開発した[2]。ワイヤーグリッド偏光子の光学特性は，グリッド材料，ピッチ及びグリッド幅などの各寸法に依存する。グリッド材料は，可視光域で高い反射率を示す銀とアルミニウムが適するが，信頼性や作製プロセスを考慮するとアルミニウムが実用的である。図2にグリッド材料にアルミを用いた場合の可視域における光学特性を，厳密結合波解析 RCWA（Rigorous Coupled Wave Analysis）により計算した結果を示す[3]。消光比（Extinction Ratio）は TE 波（Transverse Electric Wave）の透過率に対する TM 波（Transverse Magnetic Wave）の透過率で定義した。可視域で 1000 以上の消光比を得るには，ピッチを 150nm 程度にする必要がある。そして光学特性は寸法に対して極めて敏感である事が分かる。従って，ディスプレイ用途に適用するには，大面積上にサブミクロンオーダーの狭ピッチの格子パターンを形成する技術

と，安定な光学特性を得るためにナノレベルでの寸法制御技術が必要である。

1.2.2　グリッドパターン作製技術

　ワイヤーグリッド偏光子をディスプレイ用途に応用するには，サブミクロンのグリッドパターンを低コストで作製する技術が必要となる。我々は，この要求を満たすグリッド形成法として，ナノインプリント法によるパターン転写法とレーザー光源を用いた干渉露光法の二つの技術を開発した。ナノインプリントでは，熱可塑性樹脂を使って金型パターンを基板側に転写する熱ナノインプリント法を用いた。典型的作製条件は次の通りである。熱ナノインプリントレジストを基板へ厚さ約200nm塗布，この基板とピッチ150nmのグリッドパターン金型を熱プレス装置で温度約150℃，圧力約10Paでプレスし，最後に金型と基板を離型する。このようにしてアルミニウムが成膜されたガラス基板上に良好なグリッドパターン転写を行う事に成功した。

　一方，干渉露光は，レーザー光の干渉縞による濃淡を利用し，フォトレジストを感光する事によりグリッドパターンを作製する方法であり，レーザー光源とその光を二つの光路に分割，拡大，干渉するためのレンズやピンホールといった光学系から成る[4]。図3に干渉露光の原理図を示す。レーザーの波長と基板への入射角度により所望のピッチを実現できる。サブミクロンパターンを安定に作製するためには，レーザー出力の安定性が極めて重要である。この条件を満たすレーザーとして，我々は，光源に波長266nmの遠紫外固体レーザーを用い，さらに独自に光学系を考案し，150nmピッチパターンを大面積に作製する事に成功した。また，アルミニウムの高い反射による感光を避けるため，半導体プロセス用途に用いられる反射防止膜をアルミニウム上に塗布する事で垂直性に優れたパターン形状を実現した。作製したパターンはドライエッチングプロセスにより，アルミニウムに転写する。図4にプロセスフローの概略を示す。干渉露光によるグリッドパターン形成後，反射防止膜を$Ar + O_2$プラズマにより除去する。パターン形成にナノインプリントを用いた場合に生じる転写残渣も同一プロセスにより除去可能である。そして，これに続けてエッチングガスを塩素系ガス（$Cl_2 + BCl_3$）に切り替える事で，反応性エッチングによりアルミニウムグリッドパターンを形成する。図5に，このようにして作製したワイヤーグ

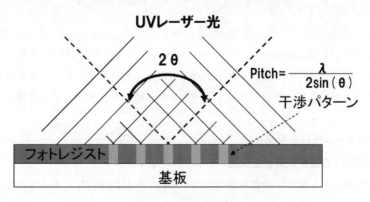

図3　干渉露光の原理

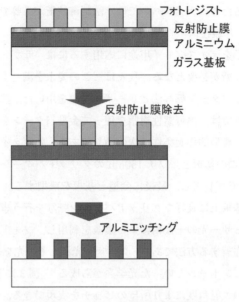

図4　ワイヤーグリッド偏光子の作製プロセス

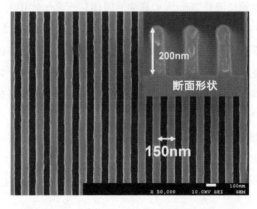

図5　作製したワイヤーグリッド偏光子の形状

リッド偏光子の SEM（Scanning Electron Microscope）による形状測定結果を示す。直線性，垂直性に優れた形状をしている事が分かる。以上のように，我々は，パターン形成技術の開発と微細加工技術の応用により，基板上にワイヤーグリッド構造を作製する事に成功した。

1.3　低反射ワイヤーグリッド偏光子

1.3.1　微粒子による偏光効果と金属膜への AR コーティング

　無機吸収型偏光子としては，細長い形の金属ナノ粒子を配向配列したタイプの偏光子が古くから知られている。波長に比べて小さな回転楕円体ナノ粒子（誘電率 ε）が，誘電率 ε_m の母材中

に希薄に（体積充填率）分散しているとき，平均の誘電率 ε^{av} は Maxwell-Garnett のモデルに基づくと，

$$\varepsilon^{av} = \varepsilon_m + \frac{\varepsilon - \varepsilon_m}{g\,\varepsilon + (1-g)\,\varepsilon_m}\,f \tag{1}$$

で表される。ここで，g は微粒子の形状に依存する反電場係数（depolarization factor）である。球の場合は電場の印加方向にかかわらず $g = 1/3$ である。回転楕円体では長手方向に電場が印加された場合には $0 \le g \le 1/3$，短軸方向に電場が印加された場合には $1/3 \le g \le 1/2$ である。従って，光を吸収する金属のナノ粒子を透明な母材に埋め込めば，光の吸収に異方性が生じる。特に，自由電子の誘電率は波長に依存した負の値を持つため，粒子の形態を制御すれば，(1)式の分母の実数部分をゼロにすることができ，所望の波長で特定の偏光に対する吸収をきわめて大きくすることが可能である。コーニング社の Polarcor™ やスロカム型偏光子と呼ばれる金属の斜め蒸着膜を利用した偏光子はこの原理を応用したものである[5]。これらの偏光子は近赤外から赤外域で良好な特性を示すものの残念ながら可視域では大きな消光比が得られない。また，スロカム型偏光子は透過率が低いという問題もある。筆者らの研究グループも，斜め蒸着法を利用した独自のプロセスで扁長 Ag ナノ粒子を配向配列することに成功し，大きな二色性を実現したが，可視域での偏光子としては十分な性能を得ることはできなかった[6]。また，この方法で可視域での偏光子が実現できたとしても，反射率を従来の有機系偏光子並に下げることは容易ではない。

　そこで我々は，前述のワイヤーグリッド偏光子の反射率を，干渉によって下げることを考えた。光学定数 N_2 の基板上に光学定数 N_1，厚さ d の薄膜を形成し，表面に垂直な方向から光を入射した時，系の光学的な特性行列は，

$$\begin{bmatrix} B \\ C \end{bmatrix} = \begin{bmatrix} \cos\delta & i\sin\delta/\eta_1 \\ i\eta_1\sin\delta & \cos\delta \end{bmatrix} \begin{bmatrix} 1 \\ \eta_2 \end{bmatrix} \tag{2}$$

と書ける[7]。ここで，$\delta = 2\pi N_1 d/\lambda$，$\eta_1$ と η_2 はそれぞれ薄膜と基板の光学アドミッタンスであり，垂直入射の場合はそれぞれ N_1 と N_2 に等しい。系の光学アドミッタンス Y はこの特性行列を用いて $Y = C/B$ と定義される。系の反射率は，

$$R = \left| \frac{1-Y}{1+Y} \right|^2 \tag{3}$$

という簡単な式で表される。薄膜に吸収がなく，$\eta_1 = N_1 = n_1$ である時，$Y = x + iy$，$\eta_2 = n_2 + ik_2$ とおいて式(2)から δ を消去すると，

$$x^2 + y^2 - x\{(n_2^2 + k_2^2 + n_1^2)/n_2\} + n_1^2 = 0 \tag{4}$$

となり，Y の軌跡は薄膜の膜厚の増加とともに円弧を描く事がわかる。式(3)から明らかなように，反射を小さくするためには $Y = 1$ を実現するように薄膜の光学定数と厚さを選ぶ必要がある

が，残念ながらワイヤーグリッド偏光子を構成している Al の様に反射率の高い金属では $n_2 \ll k_2$ であるため，現実の誘電体薄膜だけで反射を低く抑えることは不可能である。

　そこで，高反射率金属用の反射防止膜として，透明な誘電体層（ギャップ層と呼ぶ）の上に吸収のある物質の層（吸収層と呼ぶ）を形成した二層反射防止膜を提案する。系の特性行列は単層の場合と同様の形式で，

$$
\begin{bmatrix} B' \\ C' \end{bmatrix} = \begin{bmatrix} \cos \delta_A & i \sin \delta_A / \eta_A \\ i \eta_A \sin \delta_A & \cos \delta_A \end{bmatrix} \begin{bmatrix} 1 \\ C/B \end{bmatrix} \tag{5}
$$

と書くことができる。系のアドミッタンスを $Y' = C'/B'$ と定義すると，反射率は，$R = |(1-Y')/(1+Y')|^2$ である。ここで添え字 A は吸収層に関する変数であることを示している。

　図 6 に二層膜で反射防止膜を実現した時のアドミッタンスの軌跡を示した。O_{Al} は波長 500nm の時の Al の光学定数に対応する点である。Al の上に $n_1 = 1.5$ の透明なギャップ層を形成すると，アドミッタンスは膜厚の増加とともに式(4)で表される円弧に沿って変化する。円弧上には膜厚 10nm ごとに点を打ってある。膜厚が約 30nm になったところ（点 A）で薄膜の材料を $N_A = 2.0 - 0.75i$ の吸収性の物質に変えると，アドミッタンスは方向を変え，式(5)にしたがって変化する。吸収膜を形成した時にはアドミッタンスはらせんを描きながら N_A に向かって収束する。図 6 に示した例では，吸収膜を約 30nm 形成したところで，$Y' = 1$ の反射防止条件に到達している。

　この方法による反射防止では，原理的には非常に幅広い材料選択が可能である。例えば吸収膜の材料を $N_A = 0.4 - 2.1i$ の材料に変えた時にはギャップ層を 100nm 程度の厚さにして点 A' から

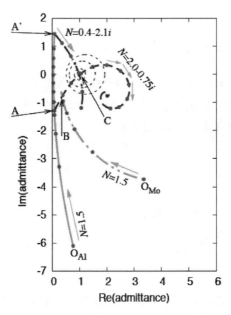

図6　二層反射防止膜のアドミッタンスの軌跡

点Cに向かって折り返してやることで反射防止を実現できる。また，基板にMoを用いてもO_{Mo}-B-Cというルートで反射防止を実現することができる。しかしながら，反射防止を実現するための膜厚を，ギャップ層，吸収層いずれも薄くしようとすれば，吸収層の材料として光学定数の実部も虚部も両方とも大きな材料が適していることは，図6からも直感的に理解できる。

ワイヤーグリッド偏光子はTE偏光に対して高反射率の金属として振る舞うため，ワイヤーグリッド偏光子のワイヤーの上に，誘電体ギャップ層と吸収層を形成してやれば，干渉によって反射率をきわめて低く抑えることが可能になると期待できる。光学定数の実部も虚部も両方とも大きな吸収層の材料としては，金属や半導体の扁長ナノ粒子が適している，金属のナノ粒子の場合，式(1)の共鳴条件の周辺で光学定数の実部と虚部が大きくなる条件が存在する。また，Geやβ-FeSi$_2$などの半導体では，可視域で元々光学定数の実部も虚部も比較的大きいが，これをナノ粒子にして配向配列してやることで，吸収層の有効光学定数を使用波長域などに併せて精密にチューニングすることが可能になる。

以上のように，ワイヤーグリッド偏光子の上に，誘電体ギャップ層と扁長ナノ粒子で構成された吸収層を形成することで，TE偏光の反射の抑制が期待できる。一方，この構造を作製した場合に「TM偏光の透過率を高く維持することができるか」，「TM偏光の反射率を低く抑えることができるか」という疑問に対してはこのモデルでは明確に答えることはできない。しかしながら後述の様に，結果的にはこの構造で，極めて良好な特性を示す低反射型のワイヤーグリッド偏光子を実現することに成功した。

1.3.2　斜め成膜による吸収層形成

偏光子の特性向上，すなわち透過軸側の透過率を保ったまま吸収軸側の反射率を軽減するためには，所望の吸収材料をギャップ膜上に形成する技術が必要であり，さらに先に述べたように吸収材料は微粒子化されている事が望ましい。広く用いられているドライエッチングによるトップダウン型の微細構造作製プロセスを適用し，反射層／ギャップ層／吸収層を成膜した後，マスクを介してドライエッチングにより3層グリッド形状を形成することで，多層のワイヤーグリッドを形成可能である。しかしながら，この方法では使う事のできる吸収材料が，エッチングガスなどプロセス条件によって制限を受けてしまう。そこで我々は，吸収層成膜方法として，図7に示すようなIBS（Ion Beam Suputtering）を応用した斜め成膜方法を開発した。RFイオンガンか

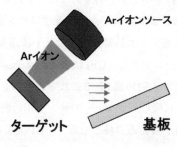

図7　イオンビームスパッタ法

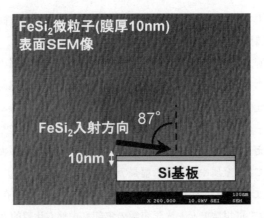

図8　斜めイオンビームスパッタ成膜例

　ら放出された Ar イオンがターゲット（吸収材料）に入射し，スパッタリングの原理に従い，吸収材料が叩き出されて基板に成膜される。この時，基板をターゲットに対して傾斜させる事で，シャドーイング効果を利用した成膜ができる。従って，あらかじめグリッド上にギャップ層を形成した表面にこの方法を適用すれば，所望の吸収材料を偏光子のギャップ上にのみ成膜できる。さらに，成膜された吸収層材料は島状化して微粒子になりやすいという特徴がある。図8は，斜め IBS により，Si 基板上に $FeSi_2$ を87°入射で成膜したサンプルの表面 SEM 像である。飛来するスパッタ粒子に対して垂直な方向を長軸としたロッド形状の島状微粒子が形成されている。ロッド形状となるのは，斜め成膜初期成長過程において，飛来粒子の一部はファンデルワールス力により堆積粒子の端部に付着しやすい，いわゆるステアリング効果のためと考えられる[8]。微粒子がロッド形状をしていると吸収層の偏光吸収効果が高まるので，偏光子の特性向上にも効果が期待できる。このような成膜は斜め蒸着でも可能である。しかし蒸着では，融点の高い材料や複雑な組成のコンポジット材料を扱うのが難しい。これに対して IBS では，ターゲットさえ作製できれば，あらゆる材料を吸収材料として使用する事ができる。さらに，Ar イオンの入射方向，ターゲット角度など成膜パラメーターの自由度が大きいので，成膜粒子の特性を制御，最適化しやすいというメリットもある。

　吸収材料として，光学的性質の観点から $FeSi_2$ と Ge を候補に選んだが，実際に偏光子に応用した場合にコンセプト通りの特性を示すか不明であった。そこで，透明基板上に作製された格子構造上にこれらの材料を IBS 法により成膜し，その光学特性を調べた。透明基板材料としては放熱性に優れ高温下での使用に適する水晶基板を用い，干渉露光でピッチ 150nm の格子構造を基板上のフォトレジストにパターニングし，CF_4 によるエッチングで基板をエッチングし格子構造を作製した。そして IBS により入射角度87°でこれらの材料を成膜した。比較のため，Ag でも同様の実験を行った。図9(a)に吸収層が $FeSi_2$ のサンプルの断面 SEM 像を示す。格子と平行な方向が偏光吸収軸，垂直方向が偏光透過軸となる。SEM 像より格子構造の頂点部によみ偏光微粒子が堆積している事が分かる。これらのサンプルの偏光特性は，分光光度計により直交する

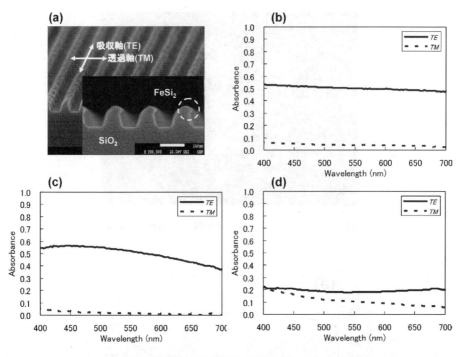

図9　吸収層の光学特性（吸収層厚：12nm）
(a)：形状 SEM 像，(b)：$FeSi_2$，(c)：Ge，(d)：Ag

直線偏光をサンプル表面の法線方向に入射する事で測定した。反射率は法線方向から5°方向の出射成分を測定した。以上の測定から偏光吸収率を求めた結果を図9(b)〜(d)に示す。各々の材料の特徴について結果をまとめると，$FeSi_2$，Ge は，波長が短くなるに従い吸収軸方向の吸収率が高くなっている。また，透過軸方向はほとんど吸収がみられない。従って，$FeSi_2$，Ge は，可視域，特に短波長域で良好な偏光特性を示す事が期待できる。これに対して Ag は，これらの材料よりも吸収軸方向の吸収率が低い。また透過軸方向は短波長になるに従い吸収率が高くなっている。しかし，長波長側では両者の差が大きくなっている事から赤外域では良好な偏光特性が期待できる。以上の実験より，IBS 法により成膜された $FeSi_2$，Ge は可視用の偏光吸収材料に適している事が明らかになった。これらの材料を使った低反射ワイヤーグリッドの作製は次のように行った。まず始めに先に述べた方法でワイヤーグリッドをガラス基板上に作製する。そしてギャップ層となる SiO_2 をスパッタにより成膜する。本実験では，RF マグネトロン方式のスパッタ装置を用いた。ギャップ厚はスパッタの膜厚により容易に制御可能となる。そして入射角度87°の IBS 法で偏光吸収材料を成膜し，低反射ワイヤーグリッドとして完成する。図10に作製したサンプルの断面 SEM 像を示す。

1.3.3　低反射ワイヤーグリッド偏光子の光学特性

　吸収材料に $FeSi_2$ を用いた低反射ワイヤーグリッドの典型的偏光特性を図11に示す。各寸法

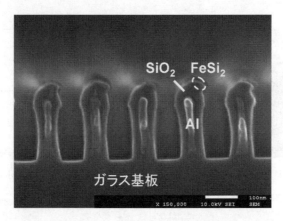

図10　低反射ワイヤーグリッド偏光子の断面 SEM 像

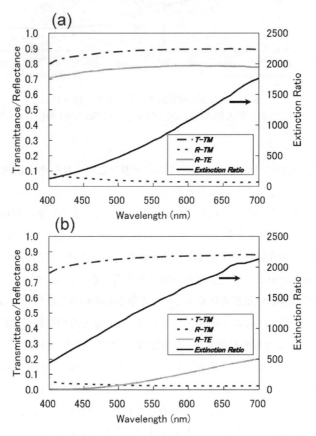

図 11　作製した偏光子の光学特性
(a)ワイヤーグリッド偏光子（Al 高さ：190nm）
(b)低反射ワイヤーグリッド偏光子（SiO_2：24nm，$FeSi_2$：10nm）

は，ピッチ150nm，ワイヤーグリッド高さ190nm，ギャップ厚24nmである。比較のため，このサンプルのギャップ及びFeSi$_2$成膜前のワイヤーグリッド状態の特性も併せて示す。両者の違いで注目すべきは反射率である。ワイヤーグリッド状態のTE方向の反射率（R-TE）は可視域全体で高い値となっているが，プロセス完成後では，吸収層の効果により劇的に減少している。TM方向の透過率（T-TM）は，ほぼ変化が無く，高い透過率を維持している。また消光比は，プロセス完成後で微増している。これは，吸収層による光吸収と3層の干渉効果によると考えられる。このように，考案した構造により，無機材料を用いた低反射型の偏光子を実現できる事が確認できた。

　多層膜の干渉効果は，各層の膜厚で変化する。従って，低反射ワイヤーグリッドの偏光特性は，ギャップ層，吸収層の膜厚に依存する。図12は，FeSi$_2$低反射ワイヤーグリッドにおいて，グリッド高さを190nmに固定し，各層の膜厚と吸収軸方向（TE方向）の反射特性の関係を調べた結果である。膜厚に応じて，反射率が大きく変化している事が分かる。特に，FeSi$_2$厚を

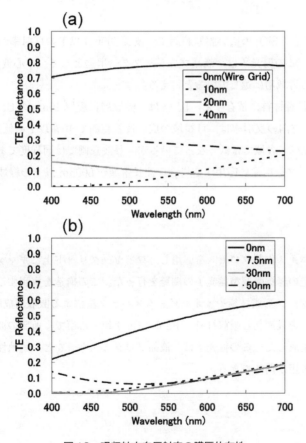

図12　吸収軸方向反射率の膜厚依存性
(a) FeSi$_2$膜厚依存性（SiO$_2$：24nm一定）
(b) SiO$_2$膜厚依存性（FeSi$_2$：10nm一定）

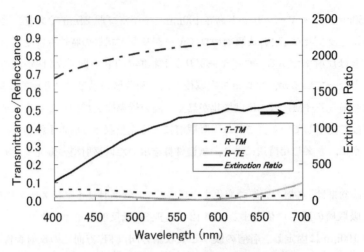

図13 Ge低反射ワイヤーグリッド偏光子の光学特性
(SiO_2：30nm，Ge：10nm)

10nm程度にした場合，SiO_2の広い膜厚範囲で，波長500nm以下の反射率が軽減している事が分かる。以上から，この偏光子は，液晶プロジェクター用途として，中心波長450nm付近の偏光特性が要求される青域用に適していると言える。

　偏光特性は，吸収層材料に依存する。図13は，吸収層に膜厚10nmのGeを用いた場合の偏光特性である。TE方向の反射率は，可視域の広い波長範囲で10％以下の低い値となっている。透過率は$FeSi_2$と比べて青域では低くなっているが，長波長側では同程度である。よってこの偏光子は，プロジェクター用途に応用する場合，波長帯域が500nm以上の緑域用，赤域用に適していると言える。

1.4　まとめ

　我々は，薄膜デバイス作製プロセスを応用し，ワイヤーグリッド上にギャップ層，吸収層を形成した3層微細構造の無機吸収型偏光子の開発を行った。この構造を実現するために，干渉露光によるグリッドパターン形成技術やイオンビームスパッタ法による吸収層成膜技術を開発した。そして，各層の膜厚を最適化し吸収材料に$FeSi_2$，Geを用いる事で，所望の波長帯域において高透過率と低反射を達成した。この偏光子は，液晶プロジェクターなど，耐熱性，耐光性が要求される光学機器への応用が期待できる。

文　　献

1) Bird G R and Parrish M Jr, *J. Opt. Soc. Am.*, **50**, 886 (1960)

2) Arnold S, Gardner E, Hansen D and Perkins R, SID Symposium Digest of Technical Papers 32, 1282 (2001)

3) http://www.gsolver.com/

4) Maya Farhoud, Juan Ferrera, Anthony J. Lochtefeld, T. E. Murphy, Mark L. Schattenburg, J. Carter, C. A. Ross and Henry I. Smith, *J. Vac. Sci. Technol.*, **B 17.6.**, 3182 (1999)

5) R. E. Slocum, *Proc. SPIE 307*, 25 (1981)

6) M. Suzuki, W. Maekita, K. Kishimoto, S. Teramura, K. Nakajima, K. Kimura and Y. Taga, *Jpn. J. Appl. Phys.*, **Part 2 44 (1-7)**, L193-L195 (2005)

7) H. A. Macleod, *Thin Film Optical Filters*, **3rd ed**. (Institute of Physics Pub., Bristol, UK, 2001)

8) Yunsic Shim, Valery Borovikov and Jacques G, *Phys. Rev.*, **B 77**, 235423 (2008)

2 陽極酸化ポーラスアルミナにもとづくナノインプリント用モールドの作製と光学素子への応用

柳下　崇[*1]，近藤敏彰[*2]，益田秀樹[*3]

2.1　はじめに

　サブミクロンからナノメータースケールの微細なパターンを効率良く作製可能な手法の確立は，様々な機能性デバイスを作製する上で重要な課題とされている。基板上に微細なパターンを効率的に形成可能な手法としてナノインプリト法が注目を集めている。ナノインプリト法は，微細なパターンを有するモールドをポリマーに押しつけることにより，モールド表面の構造を一括転写する手法であるが，光の回折限界を超えた微細なパターンを形成可能なことに加え，用いるモールドを繰り返し使用することができることから，高スループットな微細加工が可能であるという特徴をもつ。ナノインプリト法においては，目的に沿ったパターンを有するモールドの作製が重要な課題とされているが，通常，モールド作製に用いられる電子ビームリソグラフィーでは，描画速度の制約から大面積モールドを作製するのが困難であるといった問題を有している。我々のグループでは，これまでに，自己組織化的に規則構造を形成可能な代表的なナノホールアレー構造材料である高規則性ポーラスアルミナをナノインプリント法のモールド素材として応用する試みを行ってきた。陽極酸化ポーラスアルミナは，Al を酸性電解液中で陽極酸化することにより表面に形成される多孔性の酸化皮膜であるが，微細で規則的なホールアレー構造を大面積で形成できることに加え，高アスペクト比構造が容易に得られるという特徴を有している[1~3]。加えて曲面への構造形成も容易であることから，レンズのような曲面を有する試料の賦形にも対応可能なほか，高スループット処理に適したロール状モールドの作製を行うことも可能である。本稿では，高い細孔規則配列を有する高規則性ポーラスアルミナの作製とナノインプリント法への適用に関し，我々のグループで最近検討を行った結果を中心に紹介を行う。

2.2　高規則性ポーラスアルミナの作製

　陽極酸化ポーラスアルミナの構造は，図1に示すような中心に直行細孔を有する六角柱形状のセルと呼ばれる基本構造の集合体からなる。セルのサイズは，陽極酸化の際の電圧に依存して変化するため，陽極酸化電圧を変化させることでセルサイズ（細孔周期）を制御することができる。また，セルの長さ（細孔深さ）は陽極酸化時間によって制御することができ，後処理により細孔

＊1　Takashi Yanagishita　首都大学東京大学院　都市環境科学研究科　分子応用化学域　助教
＊2　Toshiaki Kondo　㈶神奈川科学技術アカデミー　重点研究室　光機能材料グループ　研究員
＊3　Hideki Masuda　首都大学東京大学院　都市環境科学研究科　分子応用化学域　教授；㈶神奈川科学技術アカデミー　重点研究室　光機能材料グループ　グループリーダー

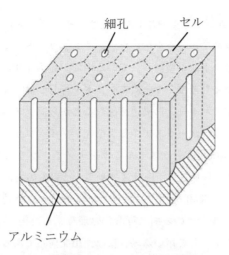

図1　陽極酸化ポーラスアルミナ模式図

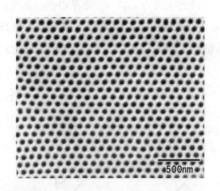

図2　高規則性ポーラスアルミナ

壁をウエットエッチングで溶解すれば，所望のサイズに細孔径を制御することも可能である。このほか，適切な条件で陽極酸化を行った場合には，細孔が長距離に渡って規則配列した高規則性陽極酸化ポーラスアルミナを得ることもできる（図2）[4]。このような自己組織化的に細孔が規則配列した高規則性陽極酸化ポーラスアルミナが形成される条件は，様々な細孔周期において検討が行われており，数10nmから数100nmまでの広い細孔周期で高規則性ポーラスアルミナが得られている[5~7]。自己組織化的な細孔配列の規則化に加え，陽極酸化に先立ちAl表面にテクスチャリング処理を施し，細孔発生の開始点として機能する窪み配列の形成を行えば，試料全面に渡って細孔が理想配列したシングルドメインポーラスアルミナの作製を行うことも可能である[8]。規則性ポーラスアルミナを形成可能なこれら2通りの手法は，それぞれ長所・短所をもっているが，目的とする試料の形状，あるいはプロセスに応じて使いわけることで，様々な試料の作製に対応することができる。

2.3 高規則性ポーラスアルミナをモールドとしたナノインプリント

　図3は，高規則性ポーラスアルミナを用いたナノインプリントプロセスの概要を示したものである。様々なナノインプリント法が検討されている中で，光硬化性ポリマーを用いた光ナノインプリント法は，基板上に塗布したモノマーにモールドを押しつけ，光硬化させる方法であり，低粘度のモノマーがモールドのパターンに浸透可能なことから高アスペクト比の構造形成にも対応可能である。以下に，高規則性ポーラスアルミナを光ナノインプリント用モールドして用いた結果について紹介する。陽極酸化ポーラスアルミナをナノインプリト用モールドとして用いる場合，2通りのプロセスが考えられる。ポーラスアルミナそのものを直接ナノインプリント用モールドとして用いる場合には，細孔配列に対応したピラーアレー構造を得ることができる（図4(a)）[9, 10]。一方，ポーラスアルミナの表面に導電化処理を施した後，Ni等の金属をメッキして得られる金属ネガ型をモールドとして用いる場合には，出発構造であるポーラスアルミナと同様のホールアレー構造を得ることができる（図4(b)）[11]。通常，ナノインプリント用モールドの表面は，ポリマーとの剥離特性を向上させるためにフッ素系の表面処理剤による離型処理が施されるが，ポーラスアルミナ，あるいは金属モールドの場合でも適切な離型処理を施すことで，アスペクト比10を超える構造でも精度良く転写することが可能となる（図5）。

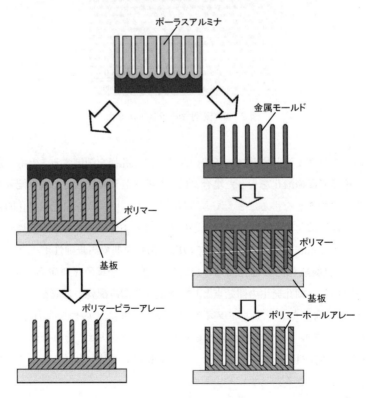

図3　高規則性ポーラスアルミナを用いたナノインプリントプロセスの概要

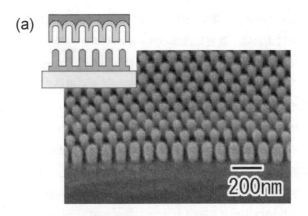

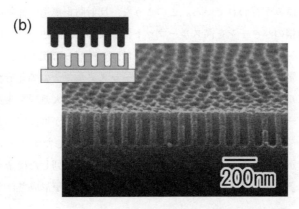

図4　光ナノインプリント法により作製した100nm周期ポリマー規則パターン
　　(a)ポーラスアルミナモールドを用いて作製したナノピラーアレー，
　　(b)Niモールドを用いて作製したポリマーナノホールアレー

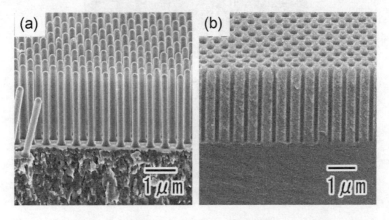

図5　ポーラスアルミナを鋳型として作製した高アスペクト比Niモールド(a)と
　　光インプリントにより形成されたポリマーホールアレー(b)

2.4　高規則性ポーラスアルミナを用いたナノインプリント法による反射防止構造形成への応用

　ナノインプリント法によれば，簡便に微細パターンの形成が可能であることから，フォトニック結晶や撥水表面，細胞培養シートなど様々な機能性表面を高スループットに形成するための手法として利用できる。ここでは，高規則性ポーラスアルミナを用いるナノインプリント法にもとづいて反射防止構造の形成を行う試みについて紹介する。

　基板に光の波長に比較して微細なテーパー状の突起配列を形成すると，見かけの屈折率が空気の層から基板内部にかけて連続的に変化することから，光の反射の原因となる屈折率段差が解消され，結果として表面での光の反射を抑制することが可能となる。このような微細構造にもとづく反射防止表面は，既存の誘電体多層膜からなる反射防止膜に比べ波長依存性が小さく，広い波長域にわたって優れた反射防止特性が得られることから，ディスプレーやレンズなど各種光学部品の表面に適用する試みが行われている。このような，反射防止構造の作製において，ナノインプリント法は，大面積のパターンを高スループットに形成可能な手法として期待されている。反射防止構造をナノインプリント法で作製するためには，テーパー形状の細孔を有するモールドの作製が必要となる。陽極酸化によって形成されるポーラスアルミナの細孔形状は，通常，円柱状であるが，我々のグループでは，これまでに，陽極酸化と孔径拡大処理を複数回繰り返すことにより，細孔がテーパー形状に制御されたポーラスアルミナの作製が可能であることを明らかにしてきた（図6(a))[12]。このようなポーラスアルミナをモールドとしたナノインプリントプロセスによれば，図6(b)に示したようなテーパー状の突起が規則的に配列した構造を基板表面上に形成することが可能となる[13, 14]。図7は，本手法により反射防止構造が形成されたポリマーシートと

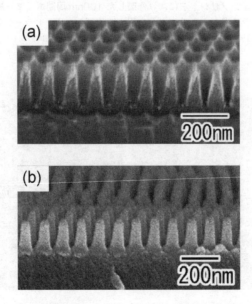

図6　テーパー状細孔を有するポーラスアルミナ(a)と光インプリント
　　　により形成されたポリマーモスアイ構造(b)

図7　ポリマーモスアイ構造を形成した樹脂シート（左）と未処理の樹脂シート（右）

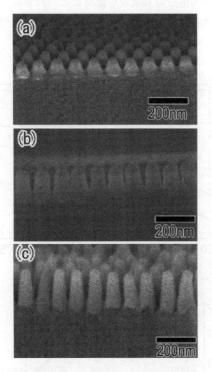

図8　突起高さを制御したモスアイ構造
突起高さ：(a) 120, (b) 150, (c) 200nm

未処理のポリマーシートを，蛍光灯照明のもと比較した結果を示したものであるが，反射防止構造を形成したシートでは，光の反射が大きく抑えられている様子が確認できる。このような反射防止構造の特性は，突起サイズや高さによって変化する。陽極酸化ポーラスアルミナは，作製条件を変化させることで細孔形状を高精度に制御することが可能であるため，最適化された反射防止構造を形成するためのモールド素材として優れている[15]。図8は，深さの異なるポーラスアル

ミナモールドを作製し，反射防止構造の形成を行った結果を示したものである。SEM像よりどの試料においても，高さの揃ったテーパー形状のポリマーピラーが形成されている様子が確認できる。図9(a)は，反射率の突起高さ依存性を有限差分時間領域法（FDTD法）によりシミュレーションした結果を示したものであるが，突起高さが高い試料で良好な反射防止特性が得られることが分かる。また，図9(b)は，突起高さの異なる反射防止構造の反射率を測定した結果であるが，シミュレーションの結果と良い対応を示していることが分かる。

　ポリマー材料は，一般に，耐熱性が低く，形成された反射防止構造の適用温度範囲は制約されるが，耐熱性に優れた無機素材で反射防止構造の形成を行えば，高温条件下でも使用可能な反射防止構造を形成することができる。図10は，ポーラスアルミナを用いたナノインプリントプロセスによりSiO_2からなる反射防止構造の形成を行った結果である[16]。図10(a)より無機素材の場合でもポリマー同様に規則突起構造の形成が可能なことがわかる。図10(b)に示した反射スペクトルからは，反射防止構造が形成された基板では，未処理の基板に比較して表面反射が抑えられている様子が確認できる。

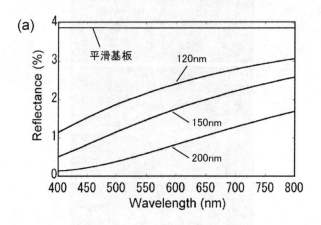

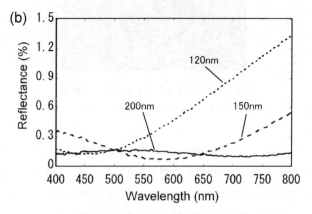

図9　突起高さの異なるモスアイ構造の反射防止特性
(a)シミュレーション結果，(b)測定結果

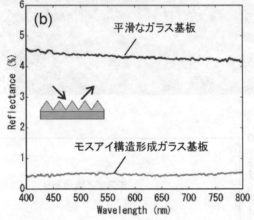

図10　ポーラスアルミナを用いたナノインプリントプロセスにより
形成されたシリカモスアイ構造(a)とその反射防止特性(b)

　陽極酸化ポーラスアルミナの特徴の一つに，平面だけでなく曲面に対しても細孔構造を形成で
きる点があげられる。このような特徴を生かし，曲面を有する試料の賦形に適用可能なモールド
を作製することもできる。図11は，このような手法により形成された，反射防止構造を有する
マイクロレンズアレーの作製結果を示したものである[17]。図11(a)に示したSEM像より，表面
に微細な突起パターンが形成されたマイクロレンズが形成されている様子が観察できる。反射防
止構造を形成したマイクロレンズと未処理のマイクロレンズの透過スペクトルを測定した結果，
反射防止構造を有する試料の方が高い透過率を示すことが分かった（図11(b)）。これは，レンズ
表面での反射が反射防止構造の形成により抑制されたことに対応している。

2.5　おわりに

　本稿では，高規則性ポーラスアルミナの作製とそれを用いたナノインプリント法による微細パ
ターンの形成について紹介した。陽極酸化によって形成されるポーラスアルミナは，その規則構
造から様々なナノ構造を作製するための出発材料として以前より広く用いられてきた。しかしな
がら，従来の鋳型プロセスでは，出発構造である陽極酸化ポーラスアルミナは使い捨てであるた

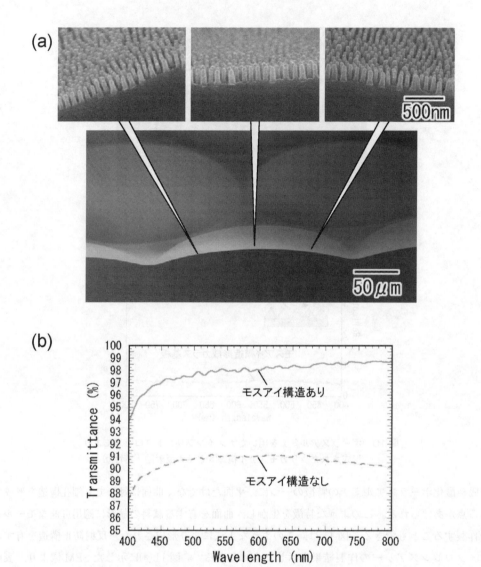

図11 ナノインプリントプロセスにより形成したモスアイ構造を有するマイクロレンズアレー
(a) SEM 像，(b) 透過スペクトル

め，効率的なナノ構造形成は困難であった。一方，ナノインプリント法では，モールドとして用いられるポーラスアルミナは，繰り返し利用が可能であることから，高スループットプロセスが実現できる。陽極酸化ポーラスアルミナを用いたナノインプリントプロセスでは，大面積の試料に対して，あるいは，曲面を有する試料に対しても有効に反射防止構造の形成が可能であることから，今後，様々な光学部品の加工プロセスとして有用な手法となるものと期待される。

文　　献

1) 益田，柳下，西尾，機能材料，**27**，No.7, p6 (2007).

2) 益田，まてりあ，**45**, 172 (2006).

3) 益田，柳下，近藤，西尾，触媒，**52**, 207 (2009).

4) H. Masuda and K. Fukuda, *Science*, **268** (1995) 146

5) H. Masuda and M. Satoh, *Jpn. J. Appl. Phys.*, **35** (1996) L126

6) H. Masuda, F. Hasegawa, and S. Ono, *J. Electrochem. Soc.*, **144**, L127 (1997).

7) H. Masuda, K. Yada, and A. Osaka, *Jpn. J. Appl. Phys.*, **37**, L1340 (1998).

8) H. Masuda, H. Yamada, M. Satoh, H. Asoh, M. Nakao, and T. Tamamura, *Appl. Phys. Lett.*, **71**, 2770 (1997).

9) T. Yanagishita, K. Nishio, and H. Masuda, *Jpn. J. Appl. Phys.*, **45**, L804 (2006).

10) T. Yanagishita, K. Nishi, and H. Masuda, *J. Vac. Sci. Technol. B*, **28**, 398 (2010).

11) T. Yanagishita, K. Nishi, and H. Masuda, *J. Vac. Sci. Technol. B*, **25**, L35 (2007).

12) T. Yanagihsita, K. Yasui, T. Kondo, Y. Kawamoto, K. Nishio, and H. Masuda, *Chem. Lett.*, **36**, 530 (2007).

13) T. Yanagishita, K. Nishio, and H. Masuda, *Appl. Phys. Express*, **1**, 067004 (2008).

14) T. Yanagishita, T. Kondo, K. Nishio, and H. Masuda, *J. Vac. Sci. Technol. B*, **26**, 1856 (2008).

15) T. Yanagishita, K. Nishio, and H. Masuda, *ECS Transcactions*, **33**, 67 (2011).

16) T. Yanagishita, T. Endo, K. Nishio, and H. Masuda, *Jpn. J. Appl. Phys.*, **49**, 065202 (2010).

17) T. Yanagishita, K. Nishio, and H. Masuda, *Appl. Phys. Express*, **2**, 022001 (2009).

3 大面積反射防止フィルム

魚津吉弘[*]

3.1 はじめに

アナログ放送からデジタル放送への切り替えも順調に移行し，高精細な映像情報の受信もスムーズになってきた。また，液晶ディスプレイやプラズマディスプレイの低価格化や技術改良に伴い，家庭用 TV の画面サイズの大型化が著しく進んできた。また，街を歩くと大型の電子看板やウインドウディスプレイなどのデジタルサイネージの分野が大いに進展してきた。

ディスプレイにとっては外光から生じる反射光の影響で，画像が見えにくくなるという現象が生じ，その反射光の影響を低減することが望まれている。特に大型ディスプレイにとってはこの反射光の影響の低減は，映像特性を改善するための大きなポイントとなっている。

3.2 反射光の影響低減フィルムの現状

この反射光の影響を低減するフィルムとしては，反射光をぼやかす AG（Anti-Glare）フィルムと反射光自体を低減化する AR（Anti-reflection）フィルムとがある。現在，AG フィルムは，液晶ディスプレイに多く用いられており，AR フィルムはプラズマディスプレイに用いられてきた。図 1 に示すように AG フィルムはフィルム表面や内面に光を散乱するためにミクロンオーダーの散乱体を有しており，光を散乱させて反射光をぼやかすという機能を有しているために，ディスプレイの解像度を落とすという欠点を有している。一方，反射防止（AR）フィルムの一番単純な構成は，表面に低屈折率の膜を設けることである。このフィルムでは図 1 に示すように，表面反射光と界面での反射光とを強度を弱めるように互いに干渉させることで，反射を弱めると

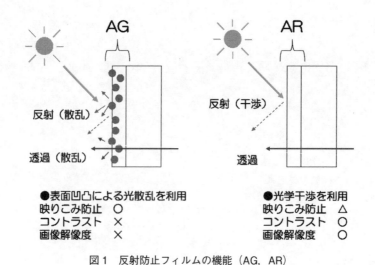

図 1　反射防止フィルムの機能（AG，AR）

＊　Yoshihiro Uozu　三菱レイヨン㈱　横浜先端技術研究所　リサーチフェロー

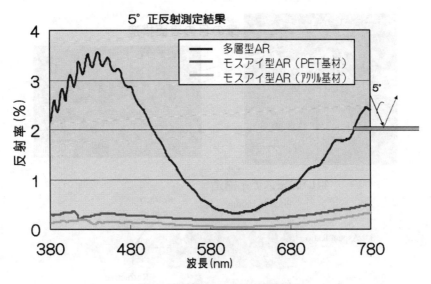

図2　反射防止フィルムの反射率

いう原理である。

　現在各社より上市されている反射防止フィルムは多層構造を有しており，各層の屈折率及び膜厚の制御を行うことで反射光同士が干渉して打ち消しあうように設計されている。この多層タイプのものは多くの層を積み重ねることで，かなり広い波長範囲の光の反射を抑えることが可能である[1]。ただ，一般的にディスプレイ用途で用いられているフィルムは層を重ねることで製造工程が増え製造コストが高くなるため，コストとの折り合いをつけるために2層フィルムであり，図2に示すように広い波長範囲の反射を防止するのではなく，視感度の最も大きな580nm付近の光の反射を強く防止するような設計となっている。

　一方，いわゆるナノオーダーの微細な凹凸構造を表面に形成することで空気と基材の界面で屈折率を連続的に変化させて表面反射を防止できることは，学術的には以前から知られていた[2]。この構造は図3に示す蛾の目の表面構造を模倣したものであり，一般にモスアイ構造と呼ばれ，バイオミメティクスの代表的な例である。従来，このモスアイ構造はレーザー光の干渉露光や電子線描画により金型を作製し，その金型を用いてナノインプリントの手法で作製されていた。しかし，干渉露光で形成される突起のサイズは300nm程度が限界であり，可視光域全域で特性を出すために必要と考えられる200nm以下までの微小化は困難である。また，電子線描画では高精細のパターン形成は可能であるが，パターン形成の時間が非常に長いこと並びにコストが非常に高いという欠点を有している。現状として，ナノオーダーの微細な凹凸構造を大面積で作製することは難しく工業的には実用化されていない[3]。

3.3　自己組織化現象を利用した大面積ナノオーダーの加工技術の開発

　ナノオーダーの微細な凹凸構造を大面積に形成するためのキーワードは「自己組織化」である。

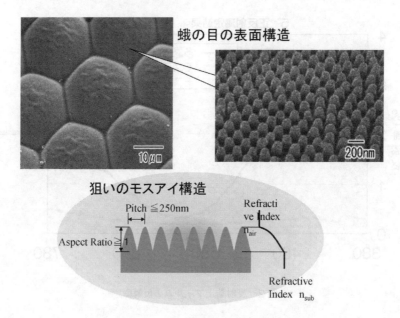

図3　蛾の目の表面構造と狙いのモスアイ構造

電子線描画や干渉露光のようなトップダウンの加工方法とは異なり，ボトムアップの加工方式である自己組織化の手法を利用した新たな材料設計手法に注目が集まっている。トップダウンの加工方式では，加工設備が非常に過大なものとなってきて，研究開発設備でさえ単独の企業ではもてないようなレベルになってきた。それに対し自己組織化の手法による材料設計では，用いる加工設備はかなり安価のもので済ませられるというメリットがある。また，一般的に大面積での構造形成が可能だというメリットも有している。但し，自己組織化による構造形成に際しては，金属の結晶形成と同じように欠陥点が必ず存在することに留意しなければならない。この欠陥点を許容しうるアプリケーションに対してのみ自己組織化の適用が可能である。モスアイ反射防止フィルムは欠陥点があっても光学特性にほとんど影響を及ぼさない点で，自己組織化プロセス適用に最適のアプリケーションと考えられる。現在検討されているモスアイ表面形成への自己組織化現象の適用の例としては，アルミニウムの陽極酸化処理時に形成されるナノ微粒子の自己配列現象があげられる。特にアルミナナノホールアレイは曲面上にも形成できることから，連続生産技術にとって必須の継ぎ目のないロール金型の実現が可能となっている。大型のロール金型を用いた連続光ナノインプリントによる製造方法が実現できると，モスアイ型反射防止フィルムの低コスト化並びに超大面積の反射防止フィルムの作製が実現できる。

3.4　モスアイ表面賦形金型（モスアイ鋳型）の作製

　アルミニウムを酸性電解液中で陽極酸化すると，表面にアルミナナノホールアレイと呼称される多孔性の酸化被膜が形成される。この酸化被膜はアルミニウムに耐食性を付与するための表面

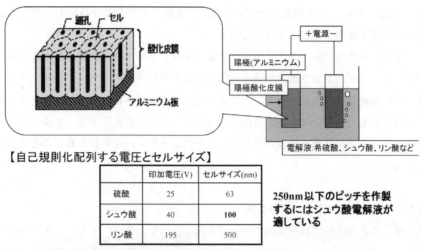

【自己規則化配列する電圧とセルサイズ】

	印加電圧(V)	セルサイズ(nm)
硫酸	25	63
シュウ酸	40	**100**
リン酸	195	500

250nm以下のピッチを作製するにはシュウ酸電解液が適している

いわゆる**アルマイト**のこと。
特定条件下において自己組織化による**規則性構造**をつくる。

図4　アルミナナノホールアレイとその作製方法

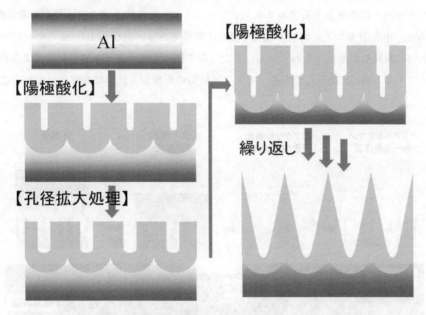

図5　テーパー状アルミナナノホールアレイの作製の模式図

処理として古くから用いられてきた[4]。その構造は，セルと呼ばれる一定サイズの円柱状の構造体が細密充填した構造となっている（図4）。各セルの中心にはセルサイズの約1/3の均一な径の細孔が配置しており，各細孔が膜面に垂直に配向して配列している。また，セルのサイズ（細孔の間隔）は，陽極酸化の際の電圧に比例し，細孔間隔を10nmから500nm程度の範囲で制御

することが可能である[5~7]。各細孔の径は細孔間隔に比較してかなり小さいものであるが，エッチングにより孔径を拡張することが可能である。

テーパー形状を有するアルミナナノホールアレイを有するモスアイ鋳型の形成方法を，図5を用いて説明する。まず，シュウ酸水溶液を電解液として用い定電圧下で，アルミニウムの陽極酸化を行う。次に形成した細孔をエッチングにより拡大する処理を行った。エッチングにより孔径拡大処理を行ったものを，シュウ酸水溶液を電解液として用い定電圧下で，アルミニウムの陽極酸化を行う。この一連の処理を複数回繰り返すことによりテーパー形状を有するモスアイ鋳型が形成される[8]。

3.5　モスアイフィルムの光インプリント

モスアイフィルムの作製プロセスのイメージを図6に示す。まず，アルミナナノホールアレイ鋳型に光硬化性樹脂を充填し，PET等の透明な基材フィルムをかぶせる。基材フィルムは酸素による重合阻害を防止するという役割も持っている。次に，基材フィルム側からUV光を照射し，光硬化性樹脂を硬化させる。最後に基材フィルムと一体化した形状を付与した樹脂を鋳型から剥離することにより，モスアイ型反射防止フィルムが作製される。図6の下側の写真は，左は作製したテーパー形状を有するアルミナナノホールアレイを有するモスアイ鋳型の断面のTEM写真であり，中央がモスアイ鋳型の表面のTEM写真である。直径約100nmのテーパー状の細孔がきれいに配列した形状となっている。また，右の図はUVナノインプリントにより形成したモスアイフィルムのSEM写真である。モスアイ鋳型の形状がきれいに転写されていることが確

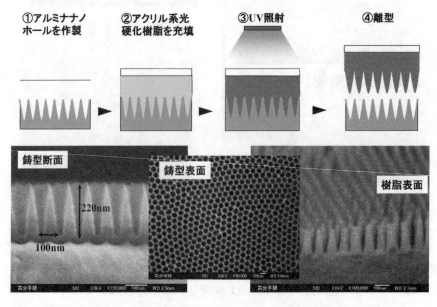

図6　モスアイ反射防止フィルム作製プロセスの模式図

認できる。

3.6　反射率と写り込み

　標準的な5度の角度を持たせた正反射を測定する方法により，反射率の測定を行った。測定結果を図7に示す。従来品のARフィルムは二層タイプのものを用いた。このフィルムは視感度の最も高い570nm付近の反射を選択的に防止するような特性を有しており，570nm付近の波長では反射率は1%を切っているが，それ以外の波長域では反射率は大きくなっていることが分かる。

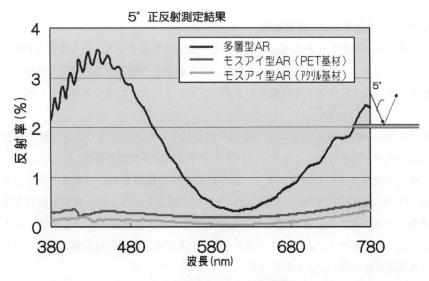

図7　反射防止フィルムの反射率

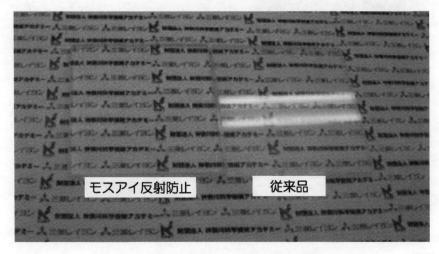

図8　反射防止フィルムの映り込み評価結果

それに対し，モスアイフィルムは570nm付近も含め可視広域全域において，反射率が0.5％以下の値となっているのが分かる。

また，図8はモスアイフィルムを両面に貼り付けた樹脂板（左）と従来の二層タイプの反射防止フィルムを両面に貼り付けた樹脂板（右）との映り込みの比較を行った結果である。右側の樹脂板には蛍光灯の写り込みがはっきりと見える。それに対し，右側の樹脂板では映り込みはほぼ確認できなかった。

このように，モスアイ型反射防止フィルムは可視広域全域での反射率の低減を実現できること，並びに実用時の映り込みの劇的な改善効果が確認されている。

3.7　大型ロール金型を用いた連続賦形

アルミナナノホールアレイが大面積に，しかも，曲面に形成できるという特性を利用して，アルミニウムのロールへの陽極酸化を行い大型のロール鋳型を作製し，このロール鋳型を用いて連続的に樹脂フィルム上にモスアイ構造をナノインプリントにより形成できることが確認されている。

直径約200mm，幅約300mmのロール形状の鏡面加工したアルミニウムを平板と同様に処理し，表面にテーパー形状のアルミナナノホールを有するロール鋳型を得た。

図9に模式図を示すような装置により，得られたロール鋳型を用いて光硬化性樹脂を用いてロールtoロールで連続的に樹脂フィルム上にモスアイ構造を転写した。樹脂表面及び断面を電顕観察結果したところ，100nm周期の均一なサイズのモスアイ構造がナノインプリントされていることが判った。本フィルムの反射率測定を行ったところ，可視光波長域において反射率及び反射率の波長依存性が低いことがわかった。

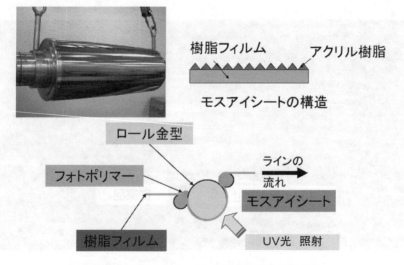

図9　ロールインプリントによる製造方法の模式図

3.8　おわりに

今後も，益々社会における大型ディスプレイの適用範囲は広がっていくと考えられる。大型ディスプレイは家庭内での利用では画質の向上がのぞまれ，デジタルサイネージなど屋外用途では特に反射光の影響の低減が望まれる。これらの実現のためには，高性能で大型の反射防止フィルムの適用が望まれるものと考えられる。反射光低減という課題解決の最も有効な手段がモスアイ反射防止フィルムである。モスアイフィルムを大面積に大量に安価に製造することが望まれており，その課題解決の最有力候補が本稿で紹介したアルミナナノホールアレイを用いた連続光インプリントの技術である。アルミナナノホールアレイの研究は，長年にわたって首都大学東京益田秀樹教授の下に積み重ねられてきたものである。その技術を利用して，神奈川技術アカデミー益田グループと三菱レイヨンとの共同研究において，本技術開発は進められている。

文　　献

1)　小崎哲生，小倉繁太郎："光学薄膜とは何か"，*O Plus E*, Vol.30, No.8, pp. 816-820

2)　P. B. Clapham & M. C. Hultley, *Nature*, **244**, 281 (1973)

3)　都市エリア産学官連携促進事業　【大阪／和泉エリア】光ナノ構造創生技術の研究開発拠点／光ナノ構造創生技術の産学官連携拠点〔成果育成事業 A〕表面無反射構造作製技術の開発　http://www.ostec.or.jp/tec/area/index2.html

4)　H. Masuda and K. Fukuda, *Science*, **268**, 1466 (1995)

5)　H. Masuda, M. Yotsuya, M. Asano, K. Nishio, M. Nakao, A. Yokoo, and T. Tamamura, *Appl. Phys. Lett.*, **78**, 826 (2001)

6)　T. Yanagishita, K. Nishio, and H. Masuda, *Jpn. J. Appl. Phys.*, **45**, L804 (2006)

7)　T. Yanagishita, K. Nishio, and H. Masuda, *J. Vac. Sci. B*, **25**, L35 (2007)

8)　T. Yanagishita, K. Yasui, T. Kondo, K. Kawamoto K. Nishio, and H. Masuda, *Chem. Lett.*, **36**, 530 (2007)

4 発光素子の高効率化

浅川鋼児*

4.1 従来照明の効率

エネルギー問題は，今後人類が向かい続けなければならない大きな問題である。中でも使い勝手の良い電気エネルギーなしでは，我々の生活は成り立たない。しかし，化石燃料を用いた発電は大量の二酸化炭素を排出し，原子力発電は事故の際の大きな危険性から，増設が難しくなっている。水力発電は立地に限りがあり，風力，地熱，太陽光などの自然エネルギーも，我々の需要を本格的に賄うには時間がかかりそうである。このため，使用する電力を削減する必要がある。

各国で多少変わるが，電気エネルギーの消費量のうち，約20％が照明に費やされている。2005年には照明用途に2650TWhが世界で使われた。これを二酸化炭素排出量に換算すると1900Mtという膨大な量であった。これは世界の自動車からの排出量の70％であり，飛行機からの排出量の3倍になる[1]。

OECD全体の照明の平均効率は53lm/Wであり，非OECD諸国では46lm/Wである。日韓では蛍光灯の使用比率が高いため，世界的に見てかなり高く65lm/Wである。世界全体では，白熱灯と蛍光灯の光出力での比率は，家庭用照明において大体半々である。これに対し，産業用，商業用，街灯では，蛍光灯と水銀灯がほとんどになる。このため，まずは効率の低い白熱灯を，より効率の高い蛍光灯や，LEDなどに取り替えることで，消費電力を少なくしようという動きが世界的に始まっている。

白熱灯は1878年に英国のJ. Swanによって発明され，米国のT. Edisonが翌年実用化した。白熱灯は，分光分布が黒体放射に近く，他の光源に比べると特に演色性が優れている。このため，発光効率が低いのにもかかわらず，家庭などで使用される光源として，非常に好まれている。1900年代初頭には，直線をコイルに巻き有効直径を太くすることが考案され，コイル状タングステン線を使用することになった。さらに東芝の三浦は，従来の単一コイルをもう一度コイル化した二重コイル電球を1921年に発明した。二重コイル電球は，単一コイル電球に比較して効率が良く，その後，大量生産技術の確立とともに普及していった。図1に各種照明の効率の変遷を示す。現在まで白熱灯の効率は，20世紀初頭までの効率向上の後は，あまり変わっていない。白熱灯の発光原理が黒体放射であるため，電磁波として放出されるエネルギーのうち，可視光が10％程度であり72％が赤外線として放出され，残りは熱になってしまう。このため，白熱灯の効率は低く，10-15lm/W程度である。

さらに効率を上げるには，フィラメントの温度を上げて，可視光の比率を上げればよい。ハロゲン電球は白熱電球の一種であり，米国のE. Zublerらにより1959年に発明された。ハロゲンを封入ガスに微量混合し，昇華したタングステンをフィラメントへと還元することで寿命が伸びる。白熱灯と同じ輝度であれば寿命が延びるが，寿命を犠牲にしてフィラメント温度を高くする

＊　Koji Asakawa　㈱東芝　研究開発センター　有機材料ラボラトリー

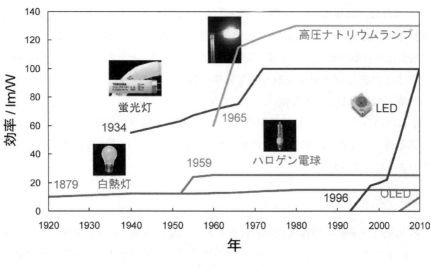

図1　各種照明の効率

と可視光の比率が高くなり，可視光の発光効率が高くなる。このような物が，一般にハロゲン電球と呼ばれる。

　また，蛍光灯は1927年ドイツでE. Germerにより発明され，1934年に米国GEのG. Inmanによって実用化された。蛍光灯は，白熱電球に比べて発光効率がかなり高く，熱放射量が少ない。その後，管径を細くしたり蛍光体の改良が進み，現在では直管型の蛍光灯は100lm/W程度の効率がある。当初は直管型だけだったが，1953年に東芝が環型を，1978年日立が電球型の蛍光灯を開発した。このため，オフィス，商業施設，家庭用の照明器具にも広く使われている。しかし，蛍光灯には水銀が封入されているため，最終処分場が水銀で汚染されてしまう問題がある。

　長きに渡って，白熱灯と蛍光灯が一般照明として使用されていたが，近年，これらに代わる新しい光源としてLEDやOLEDが開発されている。特にLEDは固体光源としての使いやすさから，家電製品の表示など小出力の用途に昔から使われていた。90年代には青色のLEDが開発され，その後効率と出力が向上した結果，近年照明にも使われ始めている。図1に示すようにLEDの効率は近年急速に向上し，最近では蛍光灯を凌駕するような高効率のLEDも開発されている。

4. 2　LEDの効率向上

　この経緯をみても分かるとおり，LEDやOLEDの普及には発光効率と輝度の向上が必要である。そのためには電気エネルギーを効率よく光に変換し，素子外に取り出す必要がある。これらの発光素子の効率は以下のように書き表せる。

　　発光素子の効率＝内部量子収率×光取り出し効率

90年代後半以降は，結晶成長の技術の進歩とともに発光層における発光の量子収率（内部量子収率）が向上し，青系のLEDでは90%を超える物もでてきた。しかし，LEDやOLEDで発光を起こす物質は屈折率が高く，発光層で発生した光が全反射などで素子内に光が閉じ込められるため，光を素子外部に取り出す光取り出し効率が低い。このため，2000年ごろから，LEDやOLEDの光取り出し向上に関する検討が増えてきている。

　発光素子に用いられる半導体は屈折率が高いため，図2のように内部で発光した光が半導体を出る際に臨界角 θ_c 以上の光では全反射が起こり，素子内部に閉じ込められてしまう。臨界角 θ_c は，以下のように定義される。

$$\theta_c = \sin^{-1}(n_0/n_1)$$

ここで，n_1 は発光素子の半導体基板の屈折率であり，n_0 は外部（空気）の屈折率であり，通常は1である。半導体の屈折率は，バンドギャップが小さい材料ほど大きくなる傾向がある。このため赤系のLED材料では特に屈折率が高くGaP系の材料では3.5になる。このため，臨界角は17°程度と非常に狭い。青系でも n_1 は2.5であるから24°程度である。この臨界角の内側が光を取り出せる範囲であり，円錐上の形状をしているためエスケープ円錐と呼ばれる。また，臨界角以内の光もスネルの法則にしたがって，反射されてしまう。

$$R = \frac{(n_0 - n_1)^2}{(n_0 + n_1)^2}$$

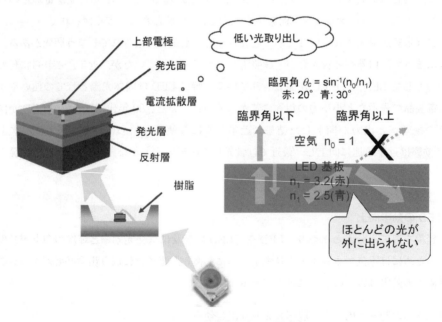

図2　LEDでの光取り出しの問題点

R は反射率であり，GaP の n_1 の 3.5 を入れてみると，38％の光が反射されてしまうことがわかる。このように，臨界角以下の全反射をしない光も，かなりの光が界面で反射されてしまう。

　以上のようなことから，何の対策も施さなかった場合，赤色 LED の取り出し効率は 4％程度であり，非常に低い。また，青色 LED でも，8％の光しか取り出すことができない。このため，図 3 に示すように，様々な光取り出し効率向上技術が LED に採用されている。

　LED 基板を作成する際には，格子定数の近い材料を成長用基板に用い，その上に発光層をエピタキシャル成長させる。この成長用基板は，ガリウムヒ素基板など光に対して透明でない材料を用いていた。図 3 に示すように，発光層で発光した光は上下方向とも同じ光量が放出されると考えられるが，基板側に出力した光は吸収されてしまう。現在では，ガリウム燐基板やサファイアなど LED の発光波長に対して透明な基板が，成長基板に用いられている。このようにすると，発光層から下に出た光も取り出しをすることが，ある程度可能になる。

　LED 素子を裸のまま使うことは少なく，一般的には樹脂に封止した状態で使われる。屈折率が大きな半導体と屈折率が小さな空気の間に中間の屈折率の樹脂があると，半導体素子から空気に直接光を取り出さなくてすむ。この結果，素子と樹脂の間の臨界角は，直接空気に出すより大きくなる。また，臨界角以下での界面での反射も少なくなる。しかしながら，図 3 に示すように，封止樹脂の表面が平らであると，結果として空気と樹脂の界面でも全反射が起こり，実質的な臨界角は大きくならない。このため，多くの LED は封止後の樹脂形状が砲弾型になっていて，図 3 の右図に示す通り，より大きな角度の光まで取り出すことができる。しかし，近年の高輝度タイプ LED では，樹脂の表面形状が平らになっているものも多く，この場合の臨界角は大きくならない。

　半導体から樹脂に光が出る際に臨界角が大きくなる効果は，樹脂の屈折率が高いほど高い。LED の封止に用いられる樹脂は，一般的にエポキシ樹脂である。しかし，発光波長の短い青 LED では，光が樹脂に吸収されたり，樹脂が劣化するなどの問題があり，シリコーン樹脂が多く使われている。シリコーン樹脂は，炭素系のエポキシ樹脂に比較して屈折率が低いため，屈折

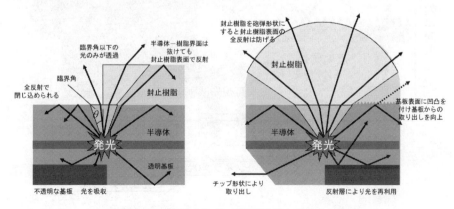

図3　LED に採用されている光取り出し効率向上技術

率を高くする努力がされている。例えば分子構造中にベンゼン環を導入するとか，高屈折率のナノ粒子を入れるなどの施策がなされ，屈折率を向上させている。

LED 素子の形状を幾何光学的に光を取り出せる形状に加工し，取り出し効率を高めることも行われている。例えば，図3の右図の左下のように，LED の下部を斜めに加工をすると，チップ内に閉じ込められてしまう斜め下に発光した光を取り出すことができる。

近年は LED の出力が大きくなるにつれて，チップが大型化している。面積が大きくなっても，発光層を含む半導体部分の厚みは基本的に変わらないため，チップ形状が平らになっている。小さいチップでは，多くの光がチップ側面から取り出されていたが，大型化に従い側面から取り出せる割合が相対的に少なくなる。このため，発光層の下に反射層を作製し，下向きに放出された光を上向きに反射させて，再利用することがある。この反射層は，成長用基板で発光層を成長させた後，他の基板に圧着して発光層を他の基板に貼り直すような工程で作製されている。しかし，反射層を前工程で作成する必要があるため，プロセスが複雑になり，コスト高の要因となる。

4.3　微細凹凸構造による光取り出し

発光デバイスでは発光層の近くに凹凸を付ける方法はテクスチャーなどと呼ばれ，より多くの光を取り出せることが知られている。図4に示すように，凹凸を利用して光取り出しを向上する原理には，大きく分けて3通りの方法がある。

1つめは，数μm 程度の凹凸構造を施して表面積を増大させ，幾何光学的に光を散乱させるものである。この方法は寸法的にも大きくエッチング液などに浸漬するだけで作成できるため，

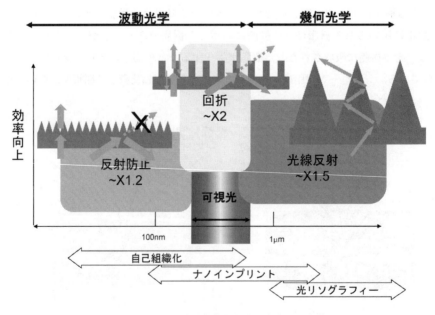

図4　凹凸を利用する光取り出し向上する方法

LEDのみならず太陽電池や液晶ディスプレーなど多くの光デバイスで採用されている。

　2つめは，光の波長に近い間隔で規則的な凹凸を作成することで光を回折させる方法で，特定の波長の光を取り出す際に効果を発揮する。この場合は光の波長に応じた数百nm程度の周期的な凹凸構造が必要である。

　3つめは，Moth Eyeと呼ばれる構造で，光の波長より短い周期の超微細凹凸構造を作成し，界面で屈折率がなだらかに変化するようにしたものである。このような構造があると，光は界面で反射せず透過するようになる。可視光を無反射構造にするには，大体100nm程度以下の凹凸構造を作成する必要がある。この結果，デバイス内で発生した臨界角以下の光を，反射して閉じ込められることなく，取り出すことができる。

　光デバイスは安価に提供する必要があり，凹凸をつけるための用途には，露光機を用いるリソグラフィーではコストが見合わない。研究レベルでは電子線リソグラフィーによってサブμm構造の加工が行われ，デバイス性能の実証に使われてきた。しかし，電子線リソグラフィーの生産性が極端に低く，大量の製品を安価に作ることには向いていない。また，発光デバイス用基板は，微妙な凹凸や欠陥があり，表面が非常に平らなシリコン基板のように，解像度を上げるために焦点深度を浅くすることができない。このため，光リソグラフィーでサブμm以下の大きさのパターンをLED基板上に作るのは難しい。このため，図5に示すような各種の新しい加工法が検討されている。

　トップダウン的なリソグラフィー法の中では，ナノインプリント[2]の適応が検討されている。ナノインプリントは，1995年にChouによって考案されたナノ加工法で，ナノスケールのパターンが刻んであるスタンパーを，基板表面に予め塗布してある樹脂に押し付け，パターンを作成するものである。こうして得られたナノスケールの凹凸パターンが印加された樹脂を，マスクとして使うことでレジストとして機能する。LEDに適応する場合には，LED基板そのものが反っていたりして，硬いスタンパーを押し付ける方法ではパターンを転写できない。このため，硬いマスターモールドから一度フィルムに型押しをしてスタンパーを作る。このスタンパーをLED基板に押し付けることで，パターンを基板上に作成する方法が検討されている。

　一方，光取り出し構造として，ある程度の規則性があれば十分に機能する。このため，自己組織化を利用して凹凸構造をつける方法も検討されている。一番よく使われる方法には，酸などのエッチング液を用いて，発光デバイスの基板表面を荒らす方法である。削られる基板の結晶面が自己組織的に凹凸ができる方向で，かつエッチング液のエッチング速度が適当であれば，非常に安価に数μm程度の凹凸構造が作成される。数μm程度の大きさの凹凸構造があるときには，図4のように光は凹凸の中を幾何光学的に反射しながら，臨界角以下になったときに外部に出て行く。つまり，表面積が大きくなり光が外に出る確率が高くなると考えることができる。

　波長の大きさ以下の凹凸作成では，ウエットエッチングでは制御は難しく，何らかのドライエッチングを使う方法が考案されている。1つの方法として，ポリマーやシリカのナノ粒子の自己組織化現象を利用して，単層のナノ粒子層を作成し，これをマスクにしてドライエッチングを

する方法である[3]。この方法では，数百 nm くらいの規則構造が大面積で作成が可能である。ナノ粒子法の利点は，比較的簡単にサブ μm のパターンを大面積で作成することができることである。しかし，エッチング用のマスクとして使うには，粒子を単層に並べる必要がある。さらに，粒子を密に並べて格子を組めば，回折格子として使うことができる。しかし，一般的には多層に積み重なってしまったり，粒子が全くない領域が存在したりするため，粒子を単層に並べるための様々な方法が提案されている。

サブ μm を下回る場合には，ブロックコポリマーの自己組織化構造をマスクにして，凹凸構造を作成することができる[4]。ブロックコポリマーとは，あるポリマーA が高分子鎖を形成していて，その末端からポリマーB が高分子鎖を化学的に結合されている状態で，-(AA··AA)-(BB··BB)-のような構造を持つ。ブロックコポリマーの概念図を図5右に示す。ブロックコポリマーは，2種のポリマーが化学的に結合しているため，A ポリマーが凝集した A 相と B ポリマーが凝集した B 相が，空間的に離れることができない。このため，nm オーダーの微細な単位胞を有する相分離構造を形成することができる。さらに，これらの微細構造を規則的な形状で形成することができる。

この方法はブロックコポリマーをレジスト溶媒に溶解すれば，一般の光リソグラフィーとのレジストと同じように使えるため，半導体プロセスと親和性が非常によく，既存の半導体工場の加工装置がそのまま使える。

まず，ブロックコポリマーを有機溶媒に溶かし溶液化する。この溶液状態でフォトレジストと同様の使い方ができ，スピンコート法により薄膜を形成する。この後，例えば球状ドメインを形成するポリマーを，ガラス転移温度（Tg）以上で熱アニールを行うと，自己組織的に図5右の

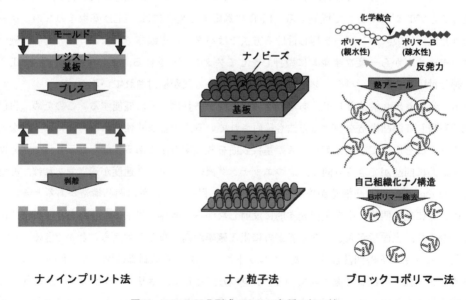

図5　LED の凹凸形成のための各種の加工法

ようなミクロ相分離構造が膜内に形成される。

　ジブロックコポリマーの片方の相を選択的に除去することにより，パターニングしたレジストと同様の構造が得られる。この後は，一般的エッチング工程を経て，凹凸構造が基板上に加工される。

4.4　LED の光取り出し効率

　光取り出し効率は，得られた凹凸の形状によって決まる。特に回折格子を利用する方法では，光の波長に応じたピッチ間隔のナノ凹凸を作製する必要がある。ここでは，ガリウムヒ素（GaAs）／インジウムガリウムアルミニウムリン（InGaAlP）／AlGaAs を発光層に持つ LED を，ブロックコポリマーで発光表面に凹凸加工した例を示す[5]。この LED の発光波長のピークは 590nm であった。エッチング後の LED 表面の走査方電子顕微鏡（SEM）像を図 6 に示す。LED 表面には，直径 100nm，間隔 150nm，高さ 450～500nm の凹凸形状を形成した。基板表面から出てきた光を積分球で集め，光検出器で測定したところ，表面に加工をしていないものに比べ，2.6 倍の光が出ていることが確認された。さらに，発光面に凹凸を形成した LED をチップ化して輝度を評価した。表面を加工していない LED と輝度を比較すると，平均で 1.6 倍の輝度が向上していた。図 6 に試作した LED チップの発光している写真を示す。右側(b)が凹凸構造を作製した LED であり，左側(a)の表面加工をしていない(a)に比べ明るいことが分かる。

4.5　OLED における光取り出し

　OLED における発光層は屈折率が高く，多くの光が OLED 層内に閉じ込められている。もし何も対策をしない場合，発光層に閉じ込められる光が 58％，その上のガラス基板に閉じ込めら

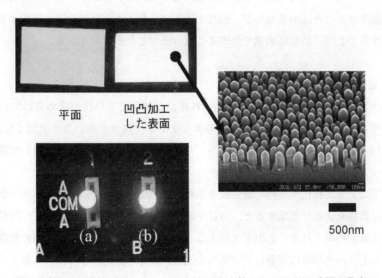

平面　　凹凸加工した表面

500nm

図 6　表面加工を施していない LED（a）と凹凸を施した LED（b）の表面と発光

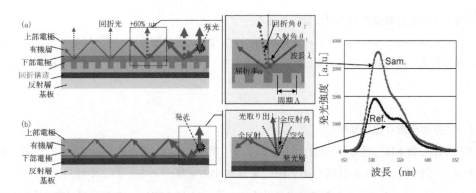

図7　OLEDの光取り出し効率の比較

れる光が26％で，残りの16％のみが取り出される利用できる光となる。これは，図7に示すように，透明電極と有機層からなる発光層と，空気の屈折率差によって，発光層-空気界面で全反射が起こるためであり，全反射で閉じ込められた光は，素子内で導波し熱になって散逸してしまう。

　このため，OLEDの表面のガラスに凹凸をつけると，光を多く取り出すことができる。表面に凹凸をつけると汚れや擦傷性などの問題を解決しないとならない。これに対し，OLEDのデバイス内部に凹凸をつけると，このような問題が起こらない。例えば，発光層のすぐ上下に回折構造を作成すると，全反射により閉じ込められてしまう光を，取り出すことができる。OLEDがLEDと異なるところは，発光層を構成する各層の膜厚が薄く，合計しても厚みが1μm程度であり，全体が数μm程度あるLEDに比べ薄い点である。このため，横に導波する光と効率よく進行方向を上向きに変えることで，外部に取り出すことが重要である。このため，他の手法に比べ，回折格子を用いた光取り出し法が有効だと考えられる。この際，全ての閉じ込め光を全反射角内に回折させることは出来ないが，強度の大きい1次光を全反射角内に回折するよう凹凸周期を最適化することで，閉じ込め光を効率よく取り出すことが可能となる。

4.6　EPM法による微細回折構造の作製

　OLEDは大面積のデバイスであり，凹凸の作成法は簡便で安い物が求められている。大面積のナノ回折構造を作成するため，単粒子層をエッチングマスクに用いたナノ加工技術「EPM法（Embedded Particle Monolayer法）」を適用した。この方法は，露光装置を用いず簡単に大面積のナノパターンを形成できる[6]。

　まず，加熱によって軟化する熱可塑性膜を基板上に形成した。続いて，エッチングマスクとなる微粒子の分散液を塗布・乾燥すると，微粒子間の等方的な分子間力によって，微粒子が密に集合した多粒子層が形成された。基板を加熱すると，毛管現象により微粒子が熱可塑性膜中に埋まり，最下層粒子のみを基板に接着した。基板を洗浄すると，固定化されている最下層粒子以外は除去され，単粒子層が得られる。これをエッチングマスクに用いてドライエッチングを行うと，

粒子配列パターンが基板に転写され，回折構造が形成された。回折構造は，発光層と同等の屈折率を持つ材料を埋め込み平坦化し，その上に通常のプロセスで OLED 素子を形成した。

4.7　OLED の光取り出し効率の評価

　EPM 法を用いて周期 700nm，高さ 300nm の回折構造を有するトップエミッション型 OLED を試作した。発光層下部に SiO_2/SiN からなる回折構造が形成されている。図 7 には，回折構造を持たないリファレンス素子と，回折構造を持つ素子の発光スペクトルを示した。リファレンス素子と比較して，全光束比で 1.6 倍，ピーク波長強度比で約 2 倍の光量であった。

文　　献

1)　International Energy Agency, Light's Labour's Lost- Policies for Energy-efficient Lighting http://www.iea.org/publications/free_new_Desc.asp?PUBS_ID=1695

2)　S. Y. Chou, P. R. Krauss, P. J. Renstron, *Science* **272**, pp.85 (1996)

3)　I. Schnitzer, E. Yablonovitch, C. Caneau, T. J. Gmitter, A. Schere, *Appl. Phys. Lett.* **63**, 2174 (1993)

4)　K. Asakawa, A. Fujimoto, *Appl. Opt.* **44**, 7475 (2005)

5)　A. Fujimoto, K. Asakawa, *J. Photopolym. Sci. Technol.*, **20**, 499 (2007)

6)　T. Nakanishi, T. Hiraoka, A. Fujimoto, S. Matake, S. Okutani, H. Sano, K. Asakawa. *Appl. Opt.* **48**, 5889 (2009)

5 大面積アンチグレア・モスアイフィルム—60インチLCDへの適用—

田口登喜生*

5.1 はじめに

電子ディスプレイの分野において,「ディジタルサイネージ」と呼ばれる新しいアプリケーションが一定の助走期間を経て,今,離陸しようとしている。駅や街頭の看板が電子ディスプレイに置き替わり,動画広告を目にする機会も少なくない。大型ディスプレイを利用したディジタルサイネージ市場は,欧米を中心に2004年頃から拡大し始めた。一時は景気悪化により停滞はみられたものの,景気回復に伴って先進国での大規模プロジェクトが市場を牽引し,2015年には80億ドル市場にまで成長するという予測もなされている[1]。ディジタルサイネージは照明や外光に照らされた明るい環境に設置されることが多いため,表示画面に風景（周囲光）が映り込んで視認性が低下するケースが多い。風景の映り込みは表示デバイスでの不要な反射に起因し,大型の液晶ディスプレイ（LCD）やプラズマディスプレイ（PDP）では,表示パネルの低反射化が精力的に取り組まれてきた。例えば,ある種のLCDでは,最前面に配置される偏光板の表面にLow-Reflection（LR）処理と呼ばれるコーティングが施されており,その表面反射率は1%未満に抑えられている。しかしながら,照度500ルクス程度のリビングで使用される液晶テレビと異なり,数千〜数万ルクスにも達する環境で使用されるディジタルサイネージの用途には,従来のLR処理の反射防止性能では十分とは言い難い。一般に,反射防止性能が強く求められる用途には光学薄膜を積層して反射防止効果を向上させたAnti-Reflection（AR）処理が適用されるが,価格下落の激しい大型ディスプレイへの適用はコスト面で困難であった。この様な状況下で,モスアイ技術は優れた反射防止性能を低コストで実現することが期待され,注目を集めている。

蛾の目の表面に存在するナノ構造（モスアイ構造）が低反射性能を示すことが1967年に発見されて以来[2],人工的にモスアイ構造を作製する手法が様々なアプローチで開発されてきた。例えば,電子線描画,干渉露光,ブルーレイディスク技術を応用したレーザー描画による方法[3,4]は,いずれもレジストを感光・現像して構造を得るものである。また,単層ナノ粒子マスクを用いたエッチングを利用した方法[5],アルミニウムの陽極酸化を利用した方法[6~9]は,いずれもナノ構造の自己組織化を駆動力としたものである。特に,アルミニウムの陽極酸化を利用したモスアイ構造の作製方法は,大面積で繋ぎ目の無いロール金型の作製が可能であるという点,反射防止効果の高性能化（ナノ構造の形状制御性）,艶消し（Anti-Glare）機能の付与が容易である点で非常に優れた手法といえる。本節では,アルミニウムの陽極酸化を利用して製造した当社のモスアイフィルムについて,その反射防止性能,艶消し機能を付加した応用例,および大型ディスプレイにも適用可能な大面積フィルムの製造方法について概説し,電子ディスプレイ分野へのモスアイ技術の応用事例についても紹介する。

---

* Tokio Taguchi　シャープ㈱　ディスプレイデバイス開発本部　要素技術開発センター
表示技術開発部　主事

5.2　モスアイ構造と反射防止効果の高性能化

　モスアイ構造とは，可視光波長よりも十分に小さなサイズの錐体構造が集合配列したものであり，その反射防止特性は単位構造の形状に依存する。すなわち，単位構造の形状を制御することで反射防止性能を改善することができる。具体的には，凸構造は円錐形状のやや太ったベル状であることが好ましく，隣接する凸構造は互いに重なり合って，空気界面での「凸構造」と基材界面での「凹構造」が共存する形状が好ましい[10]。ここで，図1に示した2つのモスアイ構造を比較しながら，モスアイ構造とその反射特性について説明する。図1(a)のモデルはベル型の凸構造が隣接して最密充填配列した典型例であり，基材界面には平坦部が存在する。対して，図1(b)は隣接する凸構造が互いに重なり合い，「鞍部」すなわち「山の尾根と谷にはさまれた馬の鞍（くら）状になっている部分」と，基材界面において尖った「凹構造」を有するモデルである。図2は，図1に示した2つのモデルについて，モスアイ構造の特徴を有効屈折率の変化で示したものである。図1(a)のモデルでは基材界面における平坦部に起因した屈折率変化の不連続性が存在するのに対し，図1(b)のモデルでは基材界面での屈折率変化の連続性が担保されている点が大きく異なる。図3は，これら両モデルのモスアイ構造について，周期と高さが同じ条件での反射率特性をRCWA法を用いて計算した結果である。結果を比較すると，図1(b)のモデルの方が反射率は低く，波長依存性も小さくなっており，色付きのない優れた反射防止効果が得られている。

　ナノインプリントに用いるモールド（金型）のパタン形状は，所望のモスアイ構造を反映させて設計される。図1(b)に示した高性能なモスアイ構造を転写するためのモールド形状は図4に示す形状となる。すなわち，成型後のモスアイ構造が有する特徴的な「鞍部」と尖った「凹構造」を作るため，それらの反転形状である「鞍部」と尖った「凸構造」がモールドに必要となる。図5は，アルミニウムの陽極酸化を用いて，上記のモスアイ用モールドを製造する工程の概略図で

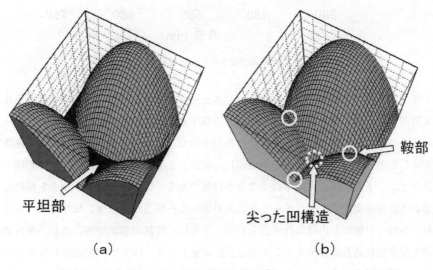

(a)　　　　　　　　　　　　　　　　(b)

図1　モスアイの単位構造

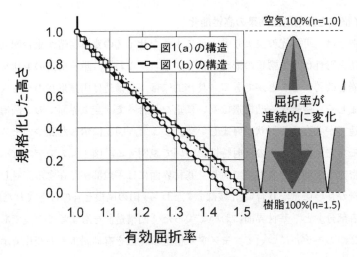

図2　モスアイ構造の有効屈折率の変化

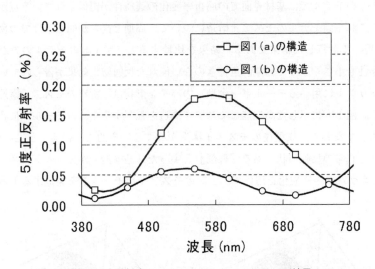

図3　５度反射率スペクトルのシミュレーション結果

ある．アルミニウムの陽極酸化で生成するナノスケールの微細孔に対し，適切な細孔形成処理と孔径拡大処理を繰り返して形状を制御しつつ，隣接する微細孔を重ね合わせて表面に尖った突起と鞍部形状を形成する．また，図6は実際に作製されたモールドの電子顕微鏡による鳥瞰写真である．完成したモールドの形状は，その表面に「鞍部」と尖った「凸構造」が密に形成され，あたかもクラウン（王冠）状の表面を持つことが特徴である．このようなモールドを使用してナノインプリント成型を実施すると，モールド表面の尖った凸構造が成型物に転写され，モスアイ構造と基材の界面での屈折率の連続性が得られる．さらに，鞍部の形状制御により，モスアイ構造の屈折率変化を比較的容易にデザインすることが可能となる．図7は上記設計を反映したモスアイフィルムの電子顕微鏡写真であり，その反射特性を図8に示す．5度正反射率のスペクトルは，

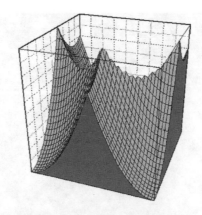

図4　図1(b)のモスアイ構造を反転させたモールド形状

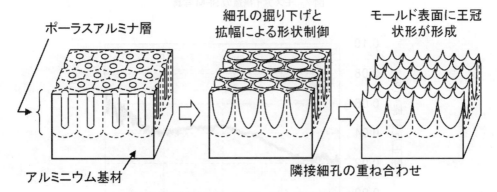

図5　AL陽極酸化法による高性能モールドの製造方法

図6　作製モールドのSEM写真

可視波長域において最小値0.02％，平均値0.04％を達成し，波長依存性も少なく色付きのない反射防止特性を達成している[11]。

図7　モスアイ構造の SEM 写真

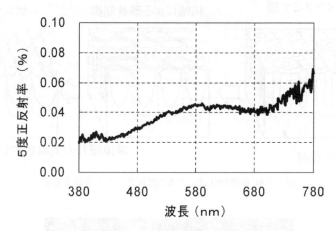

図8　モスアイフィルムの5度正反射率スペクトル

5.3　アンチグレア（AG）機能の付与

　モスアイ技術は非常に優れた低反射性が特長の一つである。しかし，僅かながら反射率が残存するため，非常に強い光が入射する場合（例えば照度が数万ルクスに達する日中屋外など），風景の映り込みが無視できなくなる場合がある。そこで，光散乱を用いた艶消し処理である Anti-Glare（AG）技術とモスアイ技術を組み合わせることで正反射を極限まで低減すると，風景の映り込みを軽減することが可能となる。艶消し（AG）機能を有するモスアイ構造（以下，AG モスアイ構造という）の作製方法の概略を図9に示す。アルミニウムの陽極酸化法によるモールド作製において，アルミニウム基材そのもの，またはアルミニウムを成膜する下地基材に対して適度なミクロンサイズのうねり形成することで，艶消し機能の付与が実現できる。ナノサイズのモスアイ構造はミクロンサイズの AG 構造の上に形成されており，一回の転写プロセスで AG 構造とモスアイ構造を同時に作製することが可能であり，この手法は生産性にも非常に優れたもので

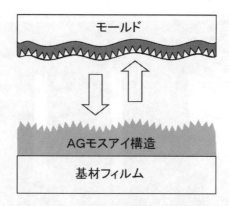

図9　AG モスアイ構造の作製方法

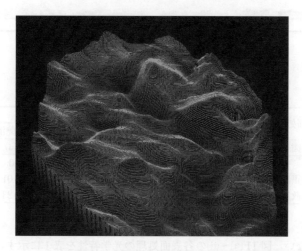

図10　AG 構造の表面プロファイル

ある。図10 はモスアイ構造の下地となる AG 構造の表面プロファイルの一例である。この AG
構造のサイズは，幅方向に 50 μm 程度で高さ方向に 3 μm 程度の緩やかなうねりとなっており，
適度な艶消し効果が得られた。なお，付加的な AG 構造はモスアイ構造とは独立して形成が可能
なため，AG モスアイの艶消しの強弱は下地の AG 構造の表面粗さによって制御することが可能
である。図11 は AG モスアイ処理の効果を示す写真であり，各種表面処理フィルムを黒色アク
リル板に貼り付け，同一の光源（蛍光灯）を写り込ませて撮影した写真である。ここで，図11
(a)は従来の AG-LR，(b)は艶消し効果のないモスアイ，(c)は艶消しの弱い AG モスアイ，(d)は艶
消しの強い AG モスアイである。従来の AG-LR では艶消し効果はあるものの，反射防止効果が
不十分であるために全体的に白くぼやけている。また，(b)艶消し効果のないモスアイには僅かな
がら蛍光灯の映り込みが確認できる。一方，(c)および(d)の AG モスアイフィルムでは，艶消しの
程度に応じて蛍光灯の映り込み像が徐々に消滅し，(d)艶消しの強い AG モスアイでは蛍光灯の輪

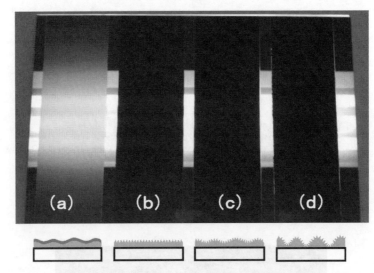

図11　AGモスアイ処理の低反射効果

表1　図11(a)〜(d)の各種表面処理の光学特性

表面処理のタイプ	AG-LR	AGの無い モスアイ	AGモスアイ	
			弱い艶消し	強い艶消し
図11との対応	(a)	(b)	(c)	(d)
ヘイズ（%）	1.34	0.7	1.7	30
正反射率（%）	1.48	0.03	0.02	0.01
拡散反射率（%）	1.90	0.18	0.18	0.23

郭は殆ど視認されない。図11(a)〜(d)の各表面処理の光学特性を表1に示す。なお，ヘイズ値は艶消し効果の度合いを表し，正反射率は入射角5度での絶対反射率であり点光源の映り込みの指標である。また，拡散反射率とは積分球を用いて全方位から光を入射させたときの正反射を含む反射率であり，均一な照明環境における映り込みの指標である。

5.4　モスアイフィルムの大面積化

　ナノインプリントにおける最大の課題はモールドの大面積化であるが，アルミニウムの陽極酸化を利用するモールド作製方法は，ポーラスアルミナ被膜の細孔成長を駆動力とするため大面積化に非常に有利である。60インチLCDに適用できるサイズのモスアイフィルムを作るにあたり，2つの異なるナノインプリント手法を試みた。

　第一の手法は，平板モールドを用いて枚様方式で転写を行うものである。約1000mm×1500mmの大判ガラス基板を準備し，高純度アルミニウムを物理蒸着法により製膜する。艶消し（AG）機能を付与する場合は，アルミニウムの製膜前にガラス基板表面を粗面化し，ミクロンサイズのAG凹凸構造を作製する。続いて，電解液中でアルミニウムの陽極酸化処理を施し，酸化

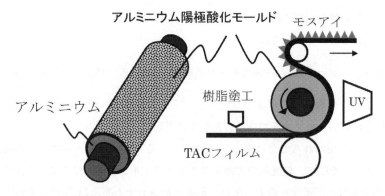

図12　ロール to ロール転写プロセスの概略図

図13　ロールモールドで作製した AG モスアイフィルム

アルミニウム皮膜内の細孔形成とエッチングによる孔径拡大処理を行い，ナノスケールの細孔を前述した高性能モスアイ構造とする。この大面積平板モールドを使用し，モスアイフィルムの枚様方式による UV ナノインプリントに成功した。第二の手法は，シームレス・ロールモールドを用いたロール to ロール転写方式である。この方式ではフィルムの連続生産による低コスト化が実現できる。円筒状のアルミニウム基材に対して，平板モールドと同様の金型化処理を適用することで，ロール全面に継ぎ目なくモスアイ構造を形成することができる。図12は，ロールモールドを用いた UV ナノインプリント工程の概略図である。光硬化性樹脂をフィルム基材（TAC）に塗布し，AG モスアイ構造を有するロールモールドを用いて光ナノインプリントを実施した結果，パタン有効幅 900mm で長さ 2500m のモスアイフィルムの連続作製に成功した。なお，基材フィルムとして偏光板構成部材である TAC フィルムを使用しており，モスアイフィルム原反を使って LCD 用偏光板を製造することができる。図13は，ロールモールドを用いて作製した AG モスアイフィルムの一部（約 50m の抜き取りロール）の写真である。

5.5　AG モスアイフィルムの LCD への適用

　大面積化に成功したモスアイフィルムを 60 インチ LCD へ適用した事例について紹介する。モスアイ技術を LCD へ適用する目的は，明るい周囲環境（明所）でも美しい画質を維持するこ

とにある。明所における画質の指標としては「明所（環境）コントラスト」が用いられ[12]，実験的には下式で見積もることができる。

明所コントラスト＝(表示の白輝度＋反射光輝度)/(表示の黒輝度＋反射光輝度)

コントラストとは，白輝度と黒輝度の対比として「くっきり感」を表す指標である。LDC本来の黒輝度は非常に低いため，明所では反射光輝度の影響で「明所コントラスト値」は大きく低下し，画質の鮮明さが失われることになる。LCDにおける不要な反射成分の1つは前面偏光板での表面反射である。そこで，偏光板の表面にモスアイフィルムを適用することで，表面反射を極限まで低減させることが可能となる。また，他の反射成分として，LCDパネルの内部に配置された部材（ITO電極や金属配線など）からの反射，いわゆる内部反射も存在する。内部反射を削減する手法としては円偏光板を使用する方法が挙げられる。円偏光板を通過後に各種部材で反射して戻ってくる光（偏光）は，再び円偏光板で吸収されるためである。このため，円偏光板にモスアイを用いることで，LCDに残存する不要な内部反射と表面反射を極限まで低減することが可能となる。これらの設計思想のもと，ディジタルサイネージを想定した60インチLCDの試作品を作製した。UV^{2}A技術を用いた第10世代フルハイビジョンLCDとローカルディミング・バックライトユニットを使用し，広視野角円偏光板[8]およびAGモスアイフィルムを貼付して試作品を作製し，同じ構成のLCDに直線偏光板および従来の表面処理であるAG-LR処理を施した従来品とで比較を行った。なお，UV^{2}A（Ultraviolet induced multi-domain Vertical Alignment）技術とは，光照射によって液晶分子の並びを高精度に制御するLCDパネルの製造技術を指し，ローカルディミング・バックライトとは表示画像の輝度情報をもとにバックライト強度をダイナミックに制御する技術であり，いずれもLCD本来の（暗室）コントラストを向上させる技術である。図14はこれらの液晶ディスプレイを晴天屋外に設置した写真である。従来品（左）は風景が映り込んで表示映像の視認性が悪化しているが，試作品（右）は風景の移り込みが殆どなく，良好な表示映像の視認性を保っていることがわかる。このとき，パネル法線方向に照度計を設置したときの照度は約2万ルクスであった。外光反射の低減効果について測定した結果，AGモスアイ貼付後の表面反射は拡散反射率で約0.2％であり，広視野角円偏光板を使用した際の内部反射は拡散反射率で約0.1％未満に低減しており，両者を合計しても拡散反射率で0.3％を下回ることが確かめられた。図15は人工的に周囲環境の照度を10ルクスから10000ルクスまで変化させた時の，周囲環境の明るさ（照度）に対するコントラスト（明所コントラスト）の関係を示している。試作品（○）の明所コントラストは，従来品（△）の明所コントラストよりも常に1桁高い値を示している。この結果は，LCDの外光反射率と周囲光照度からシミュレーションした結果（実線）とよく一致しており，モスアイフィルムと円偏光板の効果によって明所コントラストが格段に向上したと結論づけることができる。

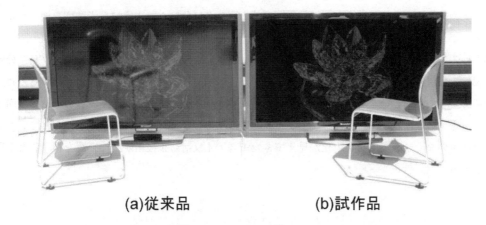

(a)従来品　　　　　　　(b)試作品

図14　屋外に設置した60型液晶ディスプレイの外観写真
(a) AG–LR 表面処理，(b)モスアイおよび円偏光表面処理

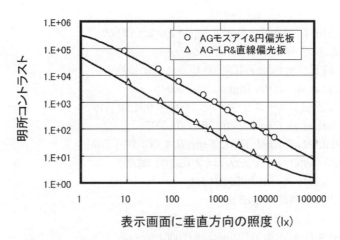

図15　試作品と従来品の明所コントラスト

5.6　まとめ

　ナノ構造光学素子として古くから様々なアプローチがされてきたモスアイ技術は，工業的な実用化が目前となった今，連続生産を如何に低コストで実現するかが問われる段階にきている。低コストを実現するための高い生産性を前提とすれば，ロール to ロールによる光硬化型樹脂を使用した光ナノインプリント法が最も有力で，そのためにはロール状シームレスモールドを作製することが必須となる。その点において，アルミニウムの陽極酸化を利用した方法は大変に有用であり，既に本プロセスを用いたモスアイフィルムの生産が始まりつつある。近い将来，コスト面で見合うアプリケーションから順次適用が開始され，小型から大型まで様々な電子ディスプレイにも適用されていくものと考えられる。特に，ディジタルサイネージ用途の大面積ディスプレイは，性格上，明るい周囲環境にて使用されることが多い。目を惹く表示画質を実現するためには，

自発光型ディスプレイの宿命として，周囲環境の明るさに負けないように発光強度を増す必要があったが，当然ながら消費電力の増加を伴い，グリーンテクノロジーの観点では好ましくない。いわゆるエコフレンドリーな解決方法が，まさに上述した低反射技術である。ディスプレイ分野における反射防止技術は，消費電力を抑制しながらも明るい環境での視認性向上が図れるため，極めて重要な技術といえる。新しい市場拡大が期待されるディジタルサイネージの今後の展開として，きれいな画質を維持したまま消費電力を削減するといった王道の技術が求められていくことは間違いなく，工業的な実用化が見えてきたモスアイ反射防止技術がその一翼を担うことが期待される。

文　　献

1) 氷室英利，The 17th DisplaySearch Japan Forum（2009）

2) Bernhard, C. G., *Endeavour*, **26**, 79（1967）

3) S. Endoh and K. Hayashibe, IDW'08 Digest, 731（2008）

4) K. Hayashibe *et al.*, SID'09 Digest, 303（2009）

5) 王子製紙株式会社ニュースリリース　2009年6月10日付

6) T. Yanagishita *et al.*, *Chem. Lett.*, **36**, 530（2007）

7) T. Yanagishita *et al.*, *Appl. Phys. Express*, **1**, 067004（2008）

8) T. Yanagishita *et al.*, *Phys. Express*, **2**, 022001（2009）

9) T. Sawitowski, US Patent 7,066,234 B2

10) 田口登喜生ほか，特許第4368384号

11) T. Taguchi *et al.*, SID'10 Digest, 1196（2010）

12) E. F. Kelley, SID ADEAC06 Digest, 1（2006）

第4章　計測・センサー・加工のためのナノ構造素子

1　微細構造光学素子と光センサー

伊佐野太輔*

1.1　はじめに

　CD や DVD のピックアップ光学系や光通信関連，光センサーなど，レーザーを使用する製品には回折素子や偏光板，波長板などの様々な光学素子が組み込まれている。製品の小型化や高性能化が進むにつれて光学素子も小型化し，波長板で使用されている水晶のようなバルク素子を精密に組み込むことが難しくなってきている。そこで，複数の光学素子がモジュール化されたものやアレイ化された素子が望まれている。

　回折光学素子はリソグラフィーとエッチング技術の発展とともに進歩してきた。従来は矩形の格子形状しか製作できず低い回折効率しか得ることができなかったが，近年では格子断面が1ピッチ内で階段状になっているものや，ブレーズド（鋸歯状）格子になっているものが製作されている。さらに，製作技術の進歩に伴い光の波長よりも短いピッチを持つ回折素子を作ることが可能になってきた。このような構造はサブ波長構造：Subwavelength Structures（SWS）と呼ばれている。微小ピッチを持つ素子の利点は，偏光を制御できることである。バイナリーな微細格子は，要求される製作精度は高いが，露光→エッチングが一度だけで良いので，プロセスは非常に短いという利点がある。このような光学素子は，従来の光学素子の代替物になるだけではなく，更なる独特の特徴を付加するものとして，まったく新しい光学装置を誕生させるポテンシャルを持っている[1]。その特徴としてもっとも重要なものは，微細かつ精密に並列配置された光学デバイスが実現できることである。SWS 光学素子の場合，微細構造を並列配置することで，従来のバルク素子では困難であったアレイ化された光学デバイスの作製が可能である。さらに半導体製造プロセスを応用して大量にかつ精密に製造することもできる。今回，光センサーに使用されている SWS 光学素子および，開発された様々な素子を紹介する。

1.2　製造プロセス

　SWS 光学素子のパターンを作製するには高度な技術が必要とされ，電子ビーム描画（EB)，レーザー描画等を含む半導体露光装置，そしてナノインプリント法[2]などが用いられている。EB 描画は，細く絞った電子ビームをスキャンしていくため，スループットが悪く，安価な光学素子を大量に製造することは不可能である。量産には半導体露光装置が最も優れているが，装置自体が非常に高価であるためコスト回収に時間がかかる可能性がある。そしてナノインプリント法は

＊　Taisuke Isano　キヤノン㈱　光学機器事業本部

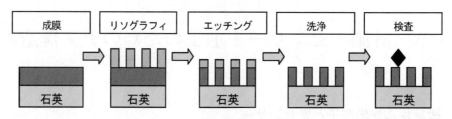

図1　光学素子製造工程

最近注目されている技術で，スループットは EB と半導体露光装置の中間に位置する。そのため小ロット多品種に適していると考えられている。

　我々は，以前からエンコーダー用の素子を製造するために，i 線露光装置を使用していた。半導体プロセスの技術の進歩とともに，100nm 以下の線幅を露光できる KrF 露光機や ArF 露光機が登場し，可視光あるいは近紫外光領域における SWS 光学素子の作製が可能となった。そこで我々は KrF 露光機を導入し，以下のプロセスで光学素子を作製している（図1）。ワイヤグリッド偏光板の場合，Cr や Al などの金属を石英ウエハに成膜し，それをパターニングすることで作製する。波長板の場合は，石英を直接パターニングするか，TiO_2 や Al_2O_3 などの酸化膜を成膜して，その酸化膜をパターニングすることで作製する。半導体露光装置を用いることで，高精度な位置合わせが可能となり，これまでに大面積化や多段化，複層化された素子の開発をおこなってきた。装置は全て8インチ石英ウエハに対応しており，光学素子など透明基板を使用する素子を量産することが可能である。

1.3　エンコーダー用光学素子

　半導体レーザーを光源に，光の回折・干渉現象を利用して角度を検出するレーザーロータリーエンコーダーは高精度回転角度センサーとして用いられている。このようなエンコーダーを小型化しながら高パルス化を実現するためには，光学素子の小型化や高精度な組み込み技術が必要となる。しかしながら，□1mm 程度の波長板や偏光素子の偏光方向を合わせながら，高精度に組み込むことは容易ではなく，スループットと歩留まりが悪化する要因となっていた。そこで，素子をアレイ化してワンチップ化することで，高精度な偏光制御と組み込み精度の向上および組立工程の簡易化を図った（図2）。SWS 光学素子は，Cr ワイヤグリッド偏光板と石英ウエハを加工した位相差が $\lambda/8$ の波長板が用いられている（図3）。レーザーの波長：$\lambda=785nm$ に対して，SWS 光学素子のピッチは 260nm とした。この偏光板は，8インチ石英ウエハ上に Cr を成膜し，それをパターニングすることで作製する（図4a）。要求される消光比は 10dB 以上であるため，膜厚は 160nm とした。センサーの受光側の場合は，この程度の消光比で充分である。波長板は石英ウエハをエッチング（1.5 μm）することで作製する（図4b）。アスペクト比が高いため，格子の側壁がボウイング（Bowing）形状になりやすく，矩形形状を得ることは難しい。設計時には矩形形状を仮定して計算をおこなっており，設計値と同じ格子高さでは求める位相差が得られ

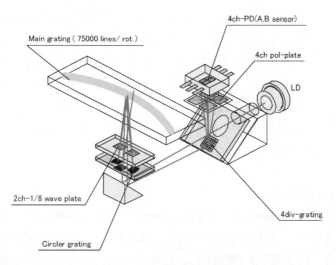

図2　エンコーダー光学系概略

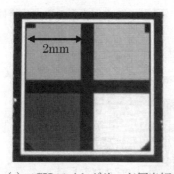 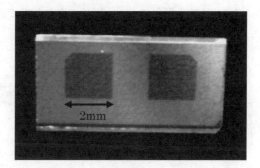

(a) 4CH ワイヤグリッド偏光板　　　　　　　(b) 2CH λ/8 板

図3　アレイ化された SWS 光学素子

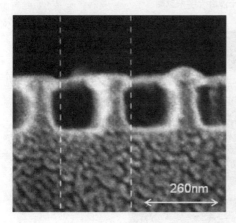 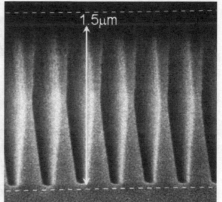

(a) 偏光板　　　　　　　　　(b) 波長板

図4　SWS 光学素子の断面 SEM 像

ないことがある。その場合は，時間などのエッチング条件を変更して，位相差が45度になる格子高さになるように制御することで，求める位相差を有する波長板を得ることができる。上記エンコーダーには，これらのSWS光学素子の他にも複数の機能を有する光学素子が使用されている。これにより，小型化と高パルス化を同時に達成することができた。このエンコーダーは，高速・高精度なガルバノスキャナーに使用されており，レーザーVIAホールなどのレーザー加工機や3次元造型機などに搭載されて，携帯電話などの高密度基板の加工や，フラットパネルディスプレイ，太陽電池パネルの生産などに使用されている。

1.4　レーザー干渉計用光学素子

　レーザー干渉計は，光反射面をもつ対象物の運動状態（変位や振動）をレーザー光を使用して非接触で測定するセンサーとして使用されている。我々のレーザー干渉計はマイケルソン干渉方式を採用しており，SWS光学素子を用いることで，小型化，高速化，高分解能化を同時に実現している（図5）。3方向の偏光方向を持つ3CH偏光板など様々な小型化された素子を用いることで，デバイスの小型化に大きく寄与することができた（図6）。この偏光板の要求仕様は消光

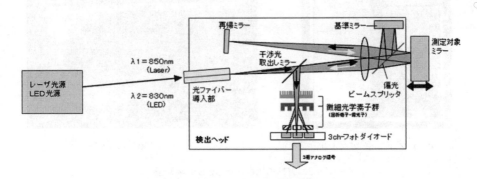

図5　レーザー干渉計光学系概略

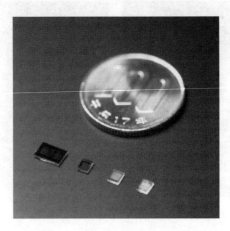

図6　レーザー干渉計用光学素子

比 12dB で，先述のエンコーダー用偏光板よりも大きくなっている。そこで，Cr の膜厚を180nm に変更することで対応した。この干渉計は，物体の振動 / 変位を 0.2nm という超高精度でありながらワーキングディスタンスが ±1mm 程度と広く測定できるという特徴をもつ。小型でありながら超高分解能を有するため，各機器組み込み時のスペース効率を大幅に向上させることができる。この干渉計は，半導体露光装置のレンズやステージを制御するために，1 台あたり数十個使用されており，装置の安定化や高精度化に大きく寄与している。

1.5　その他の SWS 光学素子

　SWS 光学素子は，使用する波長により，最適な材料やピッチ，フィルファクターを選択する必要がある。波長板の場合，一般的に波長が長くなると，得られる位相差が小さくなる（図7）。したがって SWS 波長板の場合，波長が長いほど格子を高くする必要がある。反対に，波長が短くなるほど格子高さは小さくなるが，回折光の発生を抑えるためピッチを細かくする必要がある。また，材料によっては，ある波長で吸収が大きくなり適用できない場合がある。そこで我々は，各波長（赤外〜紫外）に対応できるように，様々な材料を用いて光学素子を開発してきたので，以下に紹介する。

1.5.1　光通信波長帯域用波長板

　光通信で主に使用されている 1.5 μm 帯では，波長が長いため格子高さが大きくなる。例えば，λ/4 板（λ=1550nm）を石英ウエハを加工して作製する場合，深さは約 6 μm 必要となる。このときのアスペクト比は約 46 となり，技術的に難しいこと，生産にかなりの時間を要してしまうことから製品としては適していない。位相差を大きくするためには，屈折率が大きい格子材料を選択すれば良い。そこで屈折率が高く，かつ透過率が高い TiO_2 を選択した。

　エンコーダー用波長板と同様に λ=1550nm での λ/4 板の設計を行い，実際に作製した[3]。完

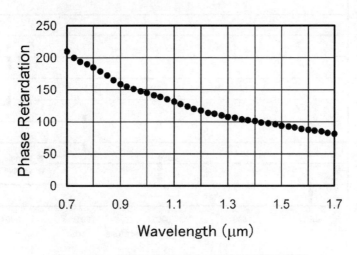

図7　260nm 周期の格子に対する波長と位相差の関係

成したλ/4板の断面SEM像を図8(a)に示す。また，このときの各波長における位相差の測定値とRigorous Coupled Wave Analysis（RCWA）による計算値を図8(b)に示す。計算は，図8(a)の断面SEM像から波長板の形状に近い形状になるように分割して行った。若干の差異はあるものの，計算値と実測値がほぼ一致している。差が生じている部分は，TiO_2の残膜部分で干渉がおきていることが原因であると考えている。

　波長板を作製する際に，TiO_2のように成膜してそれを格子形状にする場合，エッチング後に熱処理を行うことで位相差を補正することが可能となるので紹介する。通常，成膜されたTiO_2膜はアモルファスもしくは，微結晶が存在する状態である。そこで，熱処理をすることで，膜中

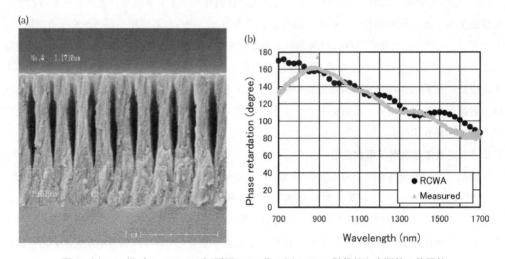

図8　(a)λ/4板（λ＝1550nm）断面SEM像，(b)RCWA計算値と実測値の位相差

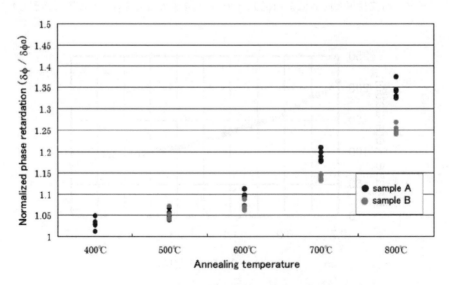

図9　熱処理温度と規格化された位相差の関係

の結晶化された粒子を増やすことで膜の屈折率を上げることができる。屈折率は温度に依存して大きくなるため，位相差が仕様に足りない素子を最適な温度で熱処理することで，仕様の位相差にすることが可能である[4]。熱処理温度と規格化された位相差の関係を図9に示す。位相差の増加率は格子形状に依存するが，ほぼ同一の格子形状になる同一ウエハ内であれば，同様の増加率を示すことがわかった。これにより，ウエハ内のすべての素子を規格内の位相差にすることが可能であるため，歩留まりの向上に大きく寄与することができる。

1.5.2　青紫～紫外用波長板

短波長帯域での構造複屈折を高めるためには，格子ピッチをより小さくする必要がある。そこで，弊社が所有するKrF露光機の解像限界に近い150nmピッチで格子構造を作製した。材料としては，SiO_2を選択し石英ウエハを直接加工した。この理由として，TiO_2は短波長帯域での減衰係数が大きいことが挙げられる。図10(a)に格子段差1.5μm（アスペクト比20）の断面SEM像を示す。このときλ＝405nmで90度の位相差を持つ。また図10(b)にそのウエハを偏光フィルムで挟んだ図を示す。円偏光になっているため，偏光フィルムが直交になっていても光が透過していることがわかる。この波長板は紫外用の波長板としても適用可能である。しかし，この格子ピッチ150nmの波長板の場合，λ＝230nm以下の波長では透過率が低下するという問題がある。これを改善するためには，より小さい格子ピッチにする必要がある。

(a)

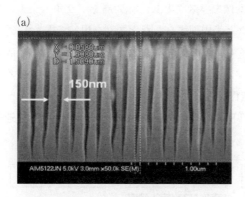

(b)

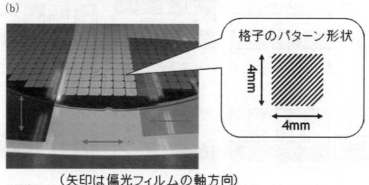

格子のパターン形状

（矢印は偏光フィルムの軸方向）

図10　(a)λ/4板断面SEM像，(b)ウエハレベル波長板

1.5.3 ArF 用偏光素子

　半導体リソグラフィー分野では，露光光源の短波長化によって微細化が進められてきた。現在では，露光波長は深紫外帯で193nm（ArF）になり，さらには偏光成分も制御することで解像力向上を進めている。そのため，このような波長帯での偏光制御，偏光計測が必要であり，それに対応した偏光子が望まれている。一般に，ArF 用偏光子としてグラントムソンのようなプリズム型偏光子を用いるが，装置上に組み込むと大型になり装置化には不向きである。ArF 用ワイヤグリッド偏光板を Al，Ag を用いて実現させるには，格子ピッチを非常に細かく，アスペクト比を非常に大きくした構造となり現実的ではない。そこで，我々は ArF 用ワイヤグリッド偏光板として，Al，Ag に替わる材料を検討し，酸化クロム Cr_2O_3 を選定した。RCWA でシミュレーションした結果，格子ピッチ $p=90nm$，媒質高さ $d=120nm$ としたとき，フィルファクター $f=0.2 \sim 0.6$ の格子構造で消光比 20dB 以上を得られることがわかった。しかしながら，我々が所有する KrF 露光機では，前述したように格子ピッチ 150nm が解像限界となる。そこで，ダブルパターニングの手法を用いてピッチ 90nm のパターニングを行った。この際，Cr_2O_3 をエッチングするために SiO_2 をハードマスクとして使用した。図 11 に ArF 用偏光板の作製プロセスを示す。Cr_2O_3，SiO_2 を成膜した石英ウエハ上にレジストを塗布する。次に，格子ピッチを倍にしたマスク（$p=180nm$）を用いて，適正露光量より小さい露光量で露光し，抜き幅の細いレジスト像を形成する（1st 露光）。そのレジスト像をマスクとし，SiO_2 層をドライエッチングする（1st エッチング）。1st 露光で使用したマスクと半周期ずらしたマスクを用いて露光する（2nd 露光）。1st エッチングと同様に SiO_2 層をドライエッチングすることで，$p=90nm$ の SiO_2 格子を形成する（2nd エッチング）。この SiO_2 格子をマスクとし，Cr_2O_3 層をドライエッチングする。上記の手法により，Cr_2O_3 のワイヤグリッドを製作した。

　作製した Cr_2O_3 のワイヤグリッドに TE 波，TM 波を垂直入射させ，それぞれの透過率を測定

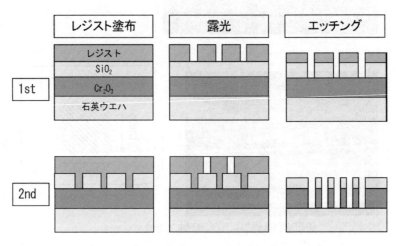

図 11　ダブルパターニングによる ArF 偏光板作製フロー

SEM image of Cross Section	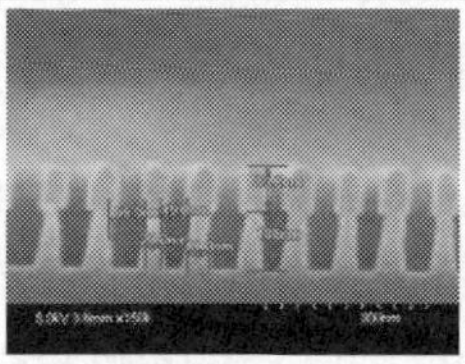	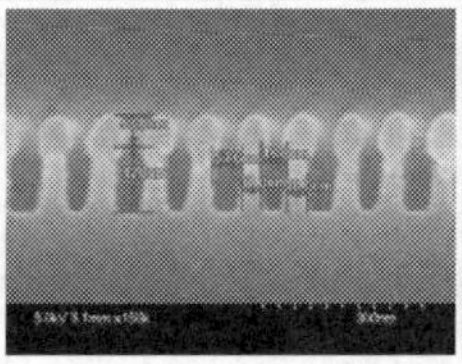	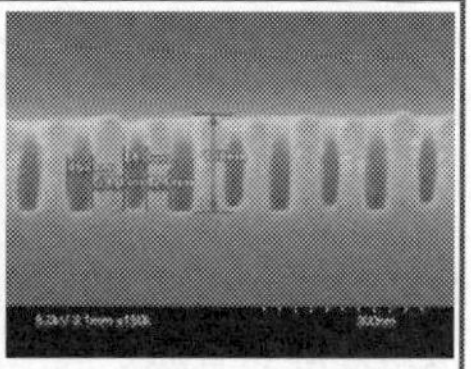
Fill Factor	0.38	0.42	0.53
TE Transmission	0.225 %	0.134 %	0.067 %
TM Transmission	27.7 %	18.6 %	14.4 %
Extinction Ratio	20.9 dB	21.4 dB	23.3 dB

図12　断面 SEM 像およびその光学特性

した。素子の断面の SEM 観察像と，透過率の測定結果を図12に示す。消光比は，シミュレーション結果と同様に 20dB 以上得られており，ArF 用偏光子として機能している。また，ハードマスクの SiO_2 層が上部に残っているが，透過率に影響を与えないことを RCWA によるシミュレーションで確認している。

1.6　おわりに

　光センサーに用いられている，我々が開発した SWS 光学素子を紹介し，構成や性能について説明した。半導体露光装置で開発・生産することで，小型でありながら超高精度な SWS 光学素子を各種センサーに提供することができている。反対に，つなぎ露光技術と高均一エッチング技術を組み合わせることで，大面積な素子を生産することも可能である。ダブルパターニングなど超解像技術と TiO_2 をはじめとする酸化物の高屈折率材料のエッチング技術を積極的に取り入れることで，紫外から赤外まで幅広く素子を実用化できた。今後も様々な分野で SWS 光学素子を用いたシステムが開発されることを期待する。

文　　　献

1)　菊田久雄，岩田耕一：「回折光学素子入門」P261〜271
2)　前納良昭：「ナノインプリント応用事例集」P517〜536
3)　Isano *et al.*：Fabrication of Half-Wave Plates with Subwavelength Structures：*Jpn. J. Appl. Phys.* **43** (2004) 5294-5296.
4)　Isano *et al.*：Improvement of Phase Retardation of Wave Plate with Subwavelength Structures by the Heat Treatment：*Jpn. J. Appl. Phys.* **44** (2005) 4984-4988

2 無反射構造を一体化した回折ビームスプリッタ

尼子　淳[*]

2.1　はじめに

　回折光学素子（DOE：Diffractive Optical Element）を応用したレーザー加工技術が，ものづくりの生産性や品質の向上に貢献している[1~3]。DOE を用いると分岐や整形といった加工に有用なビーム制御を簡単に手にすることができる。図1に，DOE を載せたレーザー加工機の構成を示す。この例では，DOE で発生させたビーム列でワーク上の複数部位を同時にスクライブする（図中，ビームの回折角は誇張されている）。こうすると加工スピードが上がり，製造ラインの合理化による経済的効果が期待できる。

　実用で問題となるのが DOE の表面反射である。紫外から近赤外のレーザー加工へ用いる DOE の基材は一般に石英ガラスであり，7-8％の光が表面で反射される。表面反射は光エネルギーの損失である。と同時に，ガラス中での多重反射によりビーム列の強度分布がくずれる，反射光が DOE の傍にあるレンズ等の光学部品へ損傷を与える，といった弊害もある。表面反射を抑える手段として，反射防止膜が知られている。しかし，レーザー加工へ反射防止膜を用いる場合には，レーザーの出力や波長に課題がある。孔開け等の除去加工には高出力レーザーが使われるため，長期における膜の耐久性が問われる。紫外や赤外の波長では，反射防止効果の高い薄膜は得難い。多層膜にすれば反射はかなり減るが，厚膜のせいで DOE の精細な凹凸が変形した場合，その機能も失われる。

　DOE の表面反射を減らすために，筆者らはサブ波長構造（SWS：Sub-Wavelength Structure）が有する無反射機能を検討した[4]。DOE の基材である石英ガラスの表面へ直に SWS を形成するので，耐光性に優れた反射防止層を実現でき，波長の制約も少ない。このような SWS を一体化

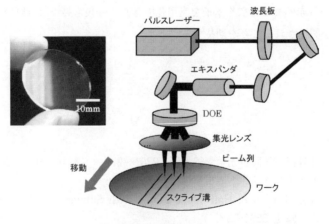

図1　レーザー加工機の構成例と DOE の外観（挿入写真）

　＊　Jun Amako　セイコーエプソン㈱　技術開発本部　コア技術開発センター　主任研究員

した DOE（SWS/DOE と記す）を実現するためには，回折面の機能を損なうことなく，その上に SWS を形成しなければならない。

2.2　SWS の設計と作製

　断面が矩形のバイナリ型 DOE を例としてとりあげ，その回折面へ重ねる SWS のレイアウト，設計そして作製の順で説明する[4]。レーザー加工へ DOE を用いる場合は，特定の波長と偏光をもったビームを DOE へ垂直にあてるのが普通である。こうした状況では，一次元の SWS を用いて反射光を消すことができる[5]。傾斜構造をもつ二次元の SWS（moth eye と呼ばれる）ならば，広い波長域で使えて偏光にも鈍感な反射防止が可能となる[6]。しかし，二次元構造は一次元構造よりもだいぶ深くなるため，回折面へ精度よく形成するのは難しい。

2.2.1　レイアウト

　回折面へ重ねる一次元 SWS の方位が問題となる。面に刻まれた溝が SWS の作製に影響を与えるためである。図2に，三通りの重ね方の例を示した。図2(a)(b)(c)の順で，SWS が溝と交差する角度は 0°，45°，90°である。また，回折面へ重ねる SWS はできるだけ浅くしたい。深くなるほど SWS の作製誤差も大きくなり，回折面が本来もつべき位相変調深さが設計値からずれてしまうからである。その結果，DOE の作用が損なわれ，高次回折ビームへ配分されるエネルギーの割合がくるってしまう。図2には溝の並びが一次元の回折面を示したが，二次元の場合には，交差角 0°と 90°の間に区別はない。

　以後の説明のために，直線偏光の方位を定義しておく。SWS を基準にして，光の電場ベクトルが SWS の溝と平行な場合を TE 偏光，垂直な場合を TM 偏光とする（図2(a)参照）。筆者らがレーザー加工へ用いる DOE では，その周期が波長と比べてはるかに長いため，回折効率特性

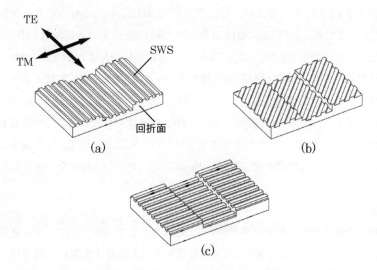

図2　回折面における SWS のレイアウト：回折溝と SWS の交差角(a) 0°，(b) 45°，(c) 90°

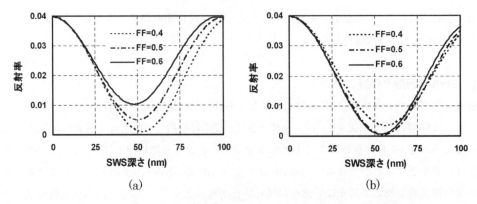

図3　反射率とSWS深さの関係（理論予測）：(a)TE偏光，(b)TM偏光

は入射光の偏光状態に依存しない[7]。したがって，SWSの方位に合わせて偏光方位を決めても，DOEの光利用効率が上下することはない。

2.2.2　設計

　設計では，無反射となるSWSの深さと幅を求める。波長λの光が周期pのSWSへ垂直入射したときに回折が生じない条件は$p < \lambda/n$で与えられる。ここで，nはSWSの基材の屈折率である。この条件を満足するように周期pを選ぶ。SWSの光反射特性を予測するには，厳密結合波解析（RCWA：Rigorous Coupled-Wave Analysis）等の手法で，構造内部のエバネッセント波を考慮した連立波動方程式を数値計算で解くことが望ましい。

　図3に，RCWAによる解析例を示す。図の縦軸は反射光強度，横軸はSWSの深さ，パラメータはFill Factor（FF）である。この解析では，SWSの周期を140nmとし，波長266nmの直線偏光を空気側からSWSへ入射させた。回折面の効果はあえて考慮していない。基材である石英ガラスの屈折率は$n=1.50$であるから，$p < 177$nmであればよい。これらの計算条件は，後述する実験条件に合わせてある。TE偏光では，FF=0.4，深さ55nmのときに反射が消える（図3(a)）。他方，TM偏光では，FF=0.5-0.6，深さ55nmのときに反射が無くなる（図3(b)）。図示していないが，無反射となる深さはほぼ周期的に現れる。入射光の偏光方位により無反射となるFill Factorの条件が異なる点に留意したい。

　上述の解析では，"平面上でも回折面上でも，SWSの光反射特性は同じ"と仮定している。回折面の溝周期がSWSの周期と比べて十分に大きいという状況であれば，そう仮定しても実用上の問題はない。しかし，溝周期が波長に近い場合には，SWSと回折面を一体とした解析が必要である。

2.2.3　作製

　液浸レーザー干渉露光でレジストパターンをDOE上へ建て，ドライエッチングでこのパターンを転写することによりDOE表面へSWSを形成する。干渉露光を用いる理由は，広い回折面の上に，いろいろな方位でレジストパターンすなわちSWSを建てるためである。ガスとその混

合比の適当な条件を選ぶことにより，レジストパターンをマスクにして石英ガラスを深く掘ることができる。DOE の全面へ SWS を形成する場合には，回折面とその裏面のどちらへ先に SWS を形成しても結果に差はない。

　図4に，干渉露光の配置を模式的に示す。パターニングには，波長 266nm の連続発振レーザーと化学増幅ポジ型レジストを用いている。回転塗布したレジスト膜の表面には，回折面の凹凸に起因する起伏が現れる（図4，挿入写真）。この起伏の影響を低減するために，レジスト膜上に石英平板を置き，その間を液体で充たして干渉露光を行う。ガラス／液体界面及び液体／レジスト界面で屈折率整合がとれるため，コントラストの高い干渉場でレジストを露光できる。筆者らが実験に用いたレーザーの出力は 200mW であり，ビームを広げれば直径〜4 インチ程度の領域を均一に露光できる[8]。

　図5に，回折面へ建てたレジストパターンの例を示す。パターンの周期は 140nm，線幅はおよそ 70nm，露光時の干渉ビームの入射角度（図4の θ）は 72°である。図5(a)は，液浸を用いない場合の結果である。レジスト膜表面の起伏により膜中の干渉場が乱れてしまい，満足なパターンは得られない。図5(b)では液浸を用いている。干渉場の乱れがないため，テーパが小さく深い

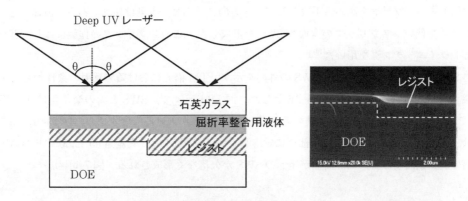

図4　液浸レーザー干渉露光の配置と回折面へ塗布されたレジスト膜の断面（挿入写真）

(a)　　　　　　　　　　　　(b)

図5　回折面へ建てたレジストパターン：(a)非液浸露光，(b)液浸露光

パターンが回折面上に得られている。これらの結果から，液浸露光の効果は明らかである。回折面の段差の近傍でパターンの一部が倒れることがある（図5(b)）。現像後の乾燥過程で，表面張力の均衡がくずれるためである。これを避けるには，干渉場の光強度分布と回折面の溝が交差するようにレジスト基板を配置して露光すればよい。

2.3 SWS/DOE の事例

　波長266nmの深紫外パルスレーザーで使う回折ビームスプリッタの例を紹介する[4]。ガウシアン強度分布のパルスビームをスプリッタで分岐して加工へ用いるビーム列をつくる。スプリッタの表面へ無反射SWSを形成すれば，スプリッタの光利用効率は理論予測値まで上がる。深紫外パルスレーザーは，高分子，ガラス，セラミック，金属等々，さまざまな材料へ，熱影響の少ない微細な加工を可能にする[9]。

2.3.1 素子形態

　図6に，SWSを形成する前のスプリッタの回折面を示す。回折面には多数の溝が刻まれており，その周期は100μm，深さは266nm（位相変調深さπに等しい）である。このスプリッタは1本のビームを等しい強度で13本に分岐する作用をもっており，効率の理論予測値は78%である。加工スループットを高める手段として，一方向に並ぶビーム列は便利である。前節で述べたプロセスを使い，スプリッタの全面へSWSを形成した。このスプリッタの作製にはレーザー描画とドライエッチングを用いた[10]。

　図7に，回折面へ形成されたSWSの外観を示す。TM偏光における無反射の条件から，SWSの深さを55nm，Fill Factorを0.5-0.6とした。図7(a)(b)(c)で，SWSと溝の交差角は0°，45°，90°である。交差角0°の場合は，溝の近傍でSWSの一部が欠けることがある（図7(a)）。この欠けは，レジストパターンが倒れた部位に対応している（図5(b)）。交差角45°と90°の場合は，回折面の溝を横断するように，断面が矩形のSWSが欠落なく形成される（図7(b)(c)）。

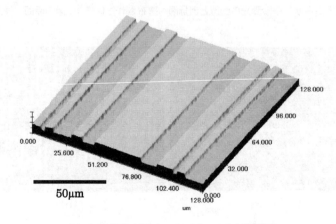

図6　深紫外光用ビームスプリッタの回折面

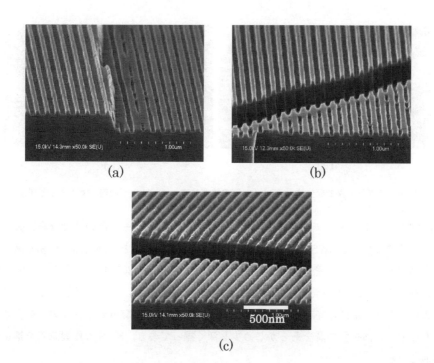

図7　バイナリ型回折面（図6）へ形成したSWS：回折溝とSWSの交差角(a) 0°，(b) 45°，(c) 90°

　レジストプロセスの性質から，SWSの形状には分布が生じる。SWSの線幅は，回折面の凸部では狭く，凹部では広い。回折面の凹凸がレジスト膜厚に分布を与え，適正な露光条件が場所により異なるためである。干渉露光で回折面へ建てたレジストパターンは凸部では細く，凹部では太くなる。このパターン幅の差は転写されたSWSにも残るが，Fill Factorを調整すれば表面反射を十分小さくできる。平らな裏面へ形成したSWSの線幅はどこでも同じである。なお，レジストが残るようにエッチングするため，SWSの深さに分布はない。

2. 3. 2　光学性能

　スプリッタ表面へ形成したSWSの反射防止作用により，ビーム分岐の効率は向上する。SWSを形成する前後で，TM偏光に対する効率の実測値はそれぞれ70％と78％である。反射損失は片面あたり4％である。回折面へのSWSのレイアウトにより（図2参照），効率にわずかな差が生じることがある。TE偏光に対する効率はTM偏光のそれよりもわずかに低いが，この傾向は両偏光の間で反射光が消えるFill Factorが異なるためである（図3参照）。

　図8に，実測したビーム列の強度分布を示す。図8(a)はSWSを形成する前，図8(b)はSWSを形成した後である。強度分布の均一性に関し，両者の間に優劣は認められない。この事実から，SWSを重ねる前後で，回折面の機能が保存されていることがわかる。回折面における溝数が増える，あるいは，溝幅が狭くなると，そこへSWSを形成することが難しくなる。このことが，スプリッタのビーム分岐数を制限する要因となっている。

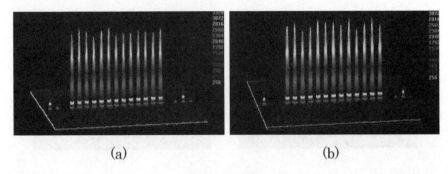

(a)　　　　　　　　　　　　　(b)

図8　スプリッタで発生させたビーム列の強度分布：(a) SWS 形成前，(b) SWS 形成後

　SWS の線幅誤差は，ビーム分岐の効率よりも，分岐されたビーム間の強度分布に大きな影響を与える。誤差のせいで SWS の等価屈折率が設計値からずれると，回折面の位相変調深さが所要値 π からずれてしまう。その結果，0 次透過光の強度がビーム列の中で突出し，強度分布の均一性が低下する[11]。Fill Factor にして〜0.1 以下の誤差ならば，ビーム強度分布への影響は無視してよい。深さに比例して誤差は増えるため，一次元 SWS のほうが二次元のものよりも回折面へ重ねやすい。回折面の溝をあらかじめ少し深く掘っておき，SWS の作製誤差を補正することは可能である。

2. 4　課題

　光の波長と回折面の形状，これらふたつの視点から，無反射 SWS を DOE の表面へ一体化するときの課題について述べたい[4]。先の事例では，深紫外の波長で機能するバイナリ型 DOE の説明に終始した。

2. 4. 1　光の波長

　可視から近赤外の任意の波長に対して SWS/DOE を実現できれば，レーザー加工への応用範囲は格段に広がる。バイナリ型 DOE に限れば，回折面へ建てるレジストパターンのアスペクト比が鍵となる。ここでは，アスペクト比を h/p と定義する：h は凹部におけるパターンの高さ，p は周期である。この比が $h/p \geq n/2\,(n-1)$ を満足するようにパターンを形成すればよい。ただし，n は DOE の基材の屈折率である。もちろん，回折光が現れないくらいに周期 p は短い。可視から近赤外の波長で，石英ガラスの屈折率は $n = 1.45$-1.46 である。この数値を上式へ代入すると，アスペクト比の条件は $h/p \geq 1.6$ となる。この条件を満足するようにレジストパターンを建てることは難しくない。

　図 9 は，波長 532nm の条件で建てたレジストパターンの例である。溝深さ 578nm のバイナリ型 DOE の回折面へ，周期 280nm のレジストパターンを溝と直交するように建てた。パターンの高さは，回折面の凸部で〜250nm，凹部で〜550nm である（h/p〜2.0）。このパターンを DOE へ転写し，その回折面へ深さ 110nm の SWS を形成した。試作した SWS/DOE を評価し，3.5% の反射損失がほぼ消えることを確認している。SWS の周期が〜500nm を超える場合には，レジ

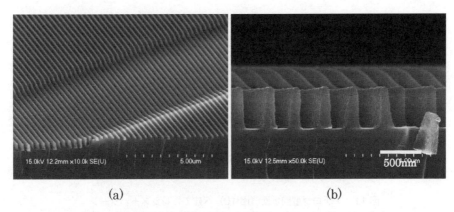

(a)　　　　　　　　　　　　　　　(b)

図9　可視光用ビームスプリッタの回折面へ建てたレジストパターン：(a)平面，(b)断面

図10　アナログ型ビームスプリッタの回折面

スト膜が厚くなるため，化学増幅レジストよりもノボラック樹脂系レジストのほうが使いやすい。

2.4.2　回折面の形状

　バイナリ型以外の回折面へも SWS を形成できると，いっそう高い光利用効率が得られるので，レーザーエネルギーを加工へ有効に使えるようになる。例として，滑らかな断面形状を有するアナログ型 DOE をとりあげる[12]。アナログ型のほうがバイナリ型よりも効率は〜20％高く，実用上の利点も大きい。その一方で，形状誤差の許容値が小さく，アナログ型の作製は難しい。図10 に，アナログ型 DOE の回折面の例を示す。これは19分岐のスプリッタであり，理論上の効率は99％である。波長532nm で設計された回折面の最大深さは2141nm である。連続的な回折面へ SWS を形成する場合，局所的な曲率が問題となる。（回折面の形状が2回以上微分可能であれば，曲率を計算できる。）

　図11 に，このアナログ型回折面へ建てたレジストパターンの例を示す。パターン周期は280nm である。回折面の曲率に分布があるため，その上に塗布したレジスト膜の厚さにも分布

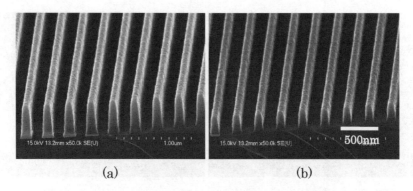

(a) (b)

図11 アナログ型回折面（図10）へ建てたレジストパターン：
(a)曲率が大きい凹部，(b)曲率が大きい凸部

が生じる。膜中の露光強度は深さ方向に傾斜をもつため，レジストパターンの高さと幅も場所により異なる。例えば，曲率が大きい凹部ではパターンは深く太くなり（図11(a)），曲率が大きい凸部ではパターンは浅く細くなる（図11(b)）。図11(b)に示した程度のアスペクト比を確保すれば，パターン転写工程のエッチレート比を利用して，所要の深さでSWSを形成できる。ただし，表面の曲率によりSWSの線幅は分布をもつ。試作したSWS/DOEの効率を測定し，およそ3%向上することを確かめている。大規模なビーム分岐を実現するには，回折面の凹凸が大きな曲率（すなわち，高い空間周波数成分）をもたなければならないが，曲率が大きいほどSWSの形成は難しくなる。

　干渉露光リソグラフィでSWS/DOEを作製するときの重要な課題は，どのようにして回折面へレジスト膜を一定の厚さでつけるか，ということである。これが解決すれば，対象となるDOEの種類もふえ，SWS/DOEの用途も広がる。段差のある表面へサブミクロンの厚さで均一にレジスト膜を塗布する技術が研究されており，実用化が期待される[13]。回折面の形状に制約されないSWS/DOEの実現手段として，インプリントには可能性がある[14,15]。電子ビーム描画を用いれば，ナノ構造とミクロ構造が一体となった精密モールドを作製できる。超短パルスビームを適当な条件で素材表面へ照射すると微細周期構造が誘起されるが，この現象をSWS/DOEの製造へ応用できればおもしろい[16]。

　屈折面や回折面へSWSを重ねた構造の応用がレーザー加工以外の分野でも検討されており，いくつか紹介したい。表示デバイスに使用されるアンチグレア構造の上にmoth eyeを重ねると，鏡面効果を抑制しつつ表面反射を減らすことができる[17]。オーバヘッドプロジェクタ等へ使われるフレネルレンズの表面へ無反射SWSを形成すれば，反射迷光を減らす効果が期待できる[18]。偏光分離作用を有する金属細線を重畳したDOEを液晶プロジェクタへ用い，反射光に起因する表示品位の低下を抑えようとする試みもある[19]。共鳴フィルタとして機能する誘電体格子へ重ねた金属ナノ構造に生じる増強電場は，ラマン分光センシングに有効である[20]。これらの構造を作製する手段として，フォトリソグラフィ，ドライエッチング，インプリント，斜方蒸着などが活

用されている。

2.5　おわりに

　無反射 SWS を一体化したレーザー加工用 DOE に関する筆者らの研究を紹介した。DOE の基材である石英ガラスの表層を SWS とすることにより，高出力ビームへの耐久性が担保され，効率低下や迷光の発生等，表面反射の諸弊害も解消される。DOE の回折面へ SWS を形成するときに設計形状からの誤差が生じるが，許容範囲内ならば DOE のビーム分岐作用への影響はない。今後は，回折面の形状に左右されない SWS/DOE の形成プロセスが望まれる。

　レーザー加工を支える光源の進歩はめざましく，深紫外から近赤外の高出力パルスレーザーが孔開け，切断，接合等の加工へ普及している。加工技術のブレークスルーを可能にする高度な光波制御の手段が切望されており，DOE や SWS が活躍する場面が増えつつある[21]。ビーム列の発生にとどまらず，偏光制御，分散制御そしてパルス整形もレーザー加工には欠かせない技術である。他の光学素子では真似ができない，微細周期構造に特有の機能や使い方がもっと注目されてよい。ディスプレイ，記憶メディアそして光入出力の分野では DOE や SWS の応用検討が早くから進んだが，レーザー加工がそれに並ぶことを期待したい。

文　　献

1) J. Amako, T. Shimoda and K. Umetsu, Photon Processing in Microelectronics and Photonics, *Proc. SPIE.*, **5339**, p.475 (2004).
2) X. Liu, *Proc. SPIE.*, **5713**, p.372 (2005).
3) A. Schoonderbeek, V. Schutz, O. Haupt, and U. Stute, *J. Laser Micro/Nanoeng.*, **5**, 248 (2010).
4) J. Amako, D. Sawaki, and E. Fujii, *Appl. Opt.*, **48**, 5105 (2009).
5) T. K. Gaylord, W. E. Baird, and M. G. Moharam, *Appl. Opt.*, **25**, 4562 (1986).
6) H. Toyota, K. Takahara, M. Okano, T. Yotsuya, and H. Kikuta, *Jpn. J. Appl. Phys.*, **40**, L747 (2001).
7) 塩野照弘, 光学, **493**, 26 (2003).
8) 尼子　淳, 澤木大輔, 精密工学会誌, **74**, 789 (2008).
9) S. Paul, K. Lyon, S. I. Kudryashov, and S. D. Allen, *Proc. SPIE.*, **6107**, 610709-1 (2006).
10) 尼子　淳, 回折光学素子入門, p.219, オプトロニクス社 (2006).
11) 尼子　淳, *O plus E*, **21**, 551 (1999).
12) 尼子　淳, レーザー研究, **35**, 315 (2007).
13) K. Yamazaki and H. Yamaguchi, *Appl. Phys. Express*, **3**, 106501 (2010).
14) 入沢美沙子, クラウス・ヴェルナー, 伊藤直樹, 小舘香椎子, 第 54 回応用物理学会学術講

演会講演予稿集，3, p.1056（2007）.

15) 西井準治，田中康弘，波多野卓史，応用物理，**78**, 655（2009）.

16) G. Miyaji and K. Miyazaki, *Opt. Express*, **16**, 16265（2008）.

17) A. Gombert, B. Blasi, C. Buhler, and P. Nitz, *Opt. Eng.*, **43**, 2525（2004）.

18) A. Disch, J. Mick, B. Blasi, and C. Muller, *Microsyst. Technol.*, **13**, 483（2007）.

19) 特開 2006-133275

20) S. M. Kim, W. zhang, and B. T. Cunningham, *Opt. Express*, **18**, 4300（2010）.

21) 布施敬司，レーザー研究，**35**, 309（2007）.

3　フォトニック結晶を用いた偏光制御と計測技術

佐藤　尚[*1]，川嶋貴之[*2]，井上喜彦[*3]，川上彰二郎[*4]

3.1　はじめに

　偏光という光の性質は，光伝搬の制御や物体の性質を測るため日常的にも工業的にも広く利用されている。偏光素子や偏光計測技術はそれを支える技術として重要であり，これまでに様々な研究開発と共に発展してきた。ここで述べるフォトニック結晶は独自の薄膜積層技術を元にした偏光光学素子であり，従来の光学素子と比べた最大の特徴は，光軸方向の異なる微小素子を高密度集積化できるところにある。本稿では偏光制御の応用例として軸対称偏光ビームの生成について，計測技術の応用例として駆動部なしの2次元偏光情報の実時間計測について述べる。

3.2　フォトニック結晶偏光素子

　図1は自己クローニング型フォトニック結晶およびその形成方法の概念を示している。使用波長の1/2以下の周期をもつ凹凸パタンを形成した基板の上に，屈折率の異なる2種類の誘電体材

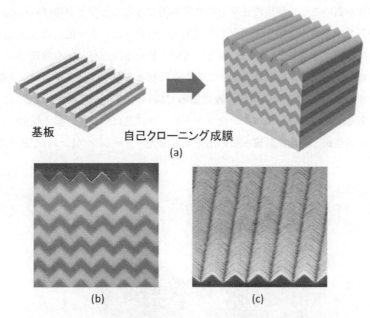

基板　　　　自己クローニング成膜
(a)

(b)　　　　　　　(c)

図1　自己クローニング型フォトニック結晶の構造。(a)作製法の概念，
　　　(b)断面の SEM 写真。(c)表面の SEM 写真。

＊1　Takashi Sato　　㈱フォトニックラティス　取締役　技師長

＊2　Takayuki Kawashima　㈱フォトニックラティス　専務取締役

＊3　Yoshihiko Inoue　㈱フォトニックラティス　取締役副社長

＊4　Shojiro Kawakami　㈱フォトニックラティス　取締役ファウンダー

料を交互に積層する。成膜をスパッタリング法で行うこと，さらに成膜条件を適切に選ぶことで，図1(b)に示すような安定な三角形状が自己形成され，繰り返される。この三角形状は，基板表面で起こる堆積とエッチング効果のバランスによって安定的に形成され，これまでに百層以上の積層までも実現している。このように複雑に見える構造でも，本フォトニック結晶は再現性の高いプロセスで製造することができ，工業的な利用を可能にしている。

　上記のフォトニック結晶は，構造異方性を持つことから偏光依存性を有する光学素子，例えば偏光子や波長板（位相子）を実現することができる。図2はフォトニック結晶偏光素子の動作概念を表している。(a)に示す偏光子では，溝の垂直方向に電界成分をもつ波（TM波）が透過し，溝の方向に電界成分をもつ波（TE波）が遮断（反射）されるものである。また(b)に示す波長板では，溝に平行／垂直どちらの電界成分も透過するが，実効的な屈折率が異なるために溝の方向が光学軸に相当する波長板として動作するものである。使用する波長に対して周期構造を決めることで両者を選択することができる。また，積層周期数によって偏光子では消光比が，波長板では位相差量を任意に調整することができる。

　これらの素子の一般的な特徴は，素子厚が薄いこと，安定的な誘電体材料からなるために耐パワー性や耐熱性が高いこと，使用波長をUVまで適用できることなどが挙げられる。

　しかしながらフォトニック結晶光学素子を従来素子と比べたときの最大の特長は，軸方向の異なる素子を一括集積できることにある。図3に方向の異なる凹凸パタンや曲線パタンを有する基板上に形成したフォトニック結晶を示す。このように様々なパタン化フォトニック結晶を容易に実現することができる。領域間の境界の幅は極めて狭い（$0.1\,\mu$m程度）ことから，高密度の集積化が可能である。次項以降ではパタン化フォトニック結晶について，偏光制御への応用である軸対称偏光ビーム生成と，偏光計測への応用である偏光イメージングについて述べる。

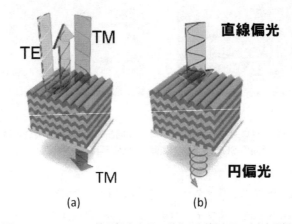

図2　フォトニック結晶偏光素子の動作。(a)偏光子，(b)波長板。

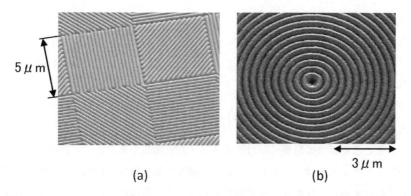

図3 パタン化したフォトニック結晶。(a)格子状パタン，(b)同心円パタン。

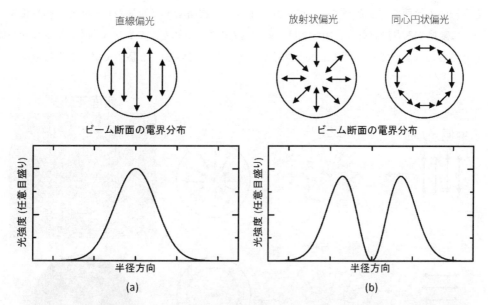

図4 ビーム断面における電界方向と半径方向の強度プロファイル。(a)一般のレーザ（直線偏光），(b)軸対称偏光ビーム。

3.3 軸対称偏光ビームの生成

　一般のレーザ光は，ビーム断面における偏光状態は均一であるが（図4(a)），近年になって偏光状態が空間的に分布をもつ特異なレーザビームが着目されている。特に図4(b)に示すような，偏光軸が放射状のラジアル偏光もしくは同心円状のアジマサル偏光である軸対称偏光ビームは理論解析から生成技術，応用技術に関する研究が盛んにおこなわれている。

　軸対称偏光ビームの応用の一つはレーザ加工である。レーザ光が孔を形成する際，軸対称偏光の場合では全成分が孔の側壁全面に対してp波もしくはs波のように同じ偏光状態になる。これを利用して均質な加工を実現しようとするものである[2]。また放射状のラジアル偏光ビームを集

光する場合，焦点付近では光軸に平行な電場成分が発現することから新しい分析・評価技術の研究もおこなわれている[3]。更に軸対称偏光ビームでは，図4(b)で示されるように光軸中心が強度ゼロとなるドーナッツ状の強度分布を有することから，光ピンセットの効率を高める効果としても期待される[4]。

これまでは軸対称偏光ビームを実現するには，共振器内に特殊なプリズムを挿入することなどが必要であり，安定的に生成することは難しかった。これに対し，パタン化したフォトニック結晶素子を用いることで極めて簡便に軸対称偏光ビームを実現することが可能になる。例えば同心円状に溝を加工したフォトニック結晶は，放射状偏光あるいは同心円偏光を反射させる偏光依存ミラーとして動作する。これをレーザ共振器内のミラーと置き換えるだけで，軸対称な偏光モードを直接発振させることが可能となる[5]。

もう一つの簡便な方法として，一つのフォトニック結晶素子で通常のレーザ光を軸対称偏光ビームに変換する方法がある。図5(a)は，直線偏光の光ビームを，ラジアル偏光とアジマサル偏光のどちらにも変換できるフォトニック結晶素子を示している。12個のセグメントに分割され

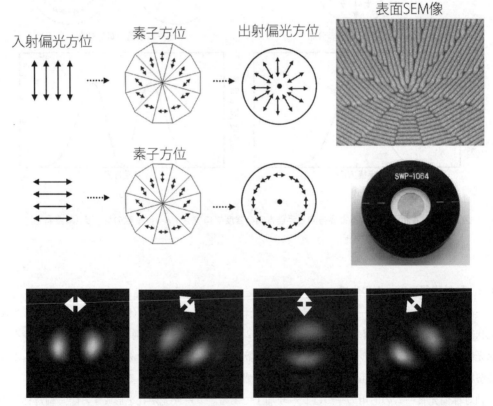

放射状偏光の生成（波長532nm）．矢印は検光子の方向

図5　軸対称偏光変換素子の構造と動作

ており，それぞれが1/2波長板となっている。光軸方向は隣り合う領域で15°ずつ，12セグメントで一回転する。図5(b)は素子の外観と中心部分の表面SEM写真を示しており，軸方向の異なる波長板が高精度に集積化されていることが分かる。

　この素子の12時方向の直線偏光を入射すると放射状偏光に，3時方向の直線偏光を入射すると同心円偏光に変換することができる。厳密には12分割した偏光分布になるが，完全な放射状や同心円偏光とのミスマッチは小さく，実用上も影響はないと考えられる。波長532nmのレーザと素子を用いて軸対称偏光を実現した結果を図5(c)に示す。検光子を回転させてビーム強度分布を観察すると，中心付近は強度ゼロとなる特異点であるため，図5(c)に示すように二つのピーク位置の方向が検光子の方位によって回転し，軸対称偏光であることがわかる。動作波長はUVから近赤外までフォトニック結晶素子の設計により選ぶことができ，様々なレーザ光源に対応することが可能である。

3.4　偏光イメージングデバイス

　次にもう一つのパタン化フォトニック結晶の応用例としての偏光計測について述べる。図6は偏光イメージングセンサの概念図である。図中の集積偏光子はフォトニック結晶からなり，同一基板上に高密度集積化されたものである。偏光子一つの大きさはCCDの画素と同じ約5μm角であり，透過軸が45度ずつ異なる4領域が交互に形成されている（細かい筋が偏光軸方向を表す）。ここでは100万画素のCCDセンサと1：1で組み合わせるため，偏光子も100万画素分形成されている。各偏光子を透過した光の強度がCCDカメラの出力として得られ，PCで解析をすることで可動部なしで偏光画像を取得することが可能となる。通常の偏光計測では，光センサ

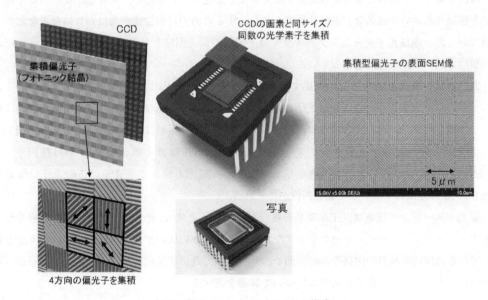

図6　偏光イメージングカメラの構成

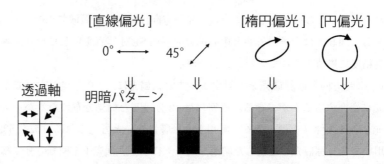

(a) 入射光偏光方向と、ＣＣＤ画素の輝度パタン

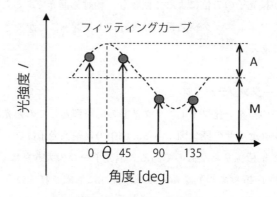

(b) 偏光解析の元となるグラフ

図7　偏光イメージングカメラの偏光計測の概念

の前面で偏光子を回転させながら透過する光強度を測定しているため，瞬時性がないことや偏光子を回転（あるいは液晶など電気的制御も含む）するための付帯設備が大掛かりになるなどが問題であった。本偏光イメージングカメラでは，瞬間の偏光測定が可能であり，PCとカメラだけの極めてシンプルな構成となっている。

　偏光解析の概念を説明する。隣接する4種類の偏光子に対応する4画素のカメラ出力を1ユニットとしておこなう。ここで偏光子の透過軸方位は0°，45°，90°，135°であり，偏光状態に対応して輝度パタンが図7(a)のように変化する。受光強度Iを縦軸にとりプロットすると，図7(b)のような正弦波にフィッティングできる。変動成分の振幅Aと直流成分Mから楕円率$\varepsilon = \sqrt{(M-A)/(M+A)}$が，また最大値を与える角度から偏光方位$\theta$が求まる。このような偏光情報を約25万点出力することで偏光画像が得られる。

　偏光イメージング技術は，工業製品の検査やロボティクス[6]，光学部品・デバイスの検査やバイオテクノロジー，リモートセンシングなど幅広い分野への応用が期待される。特に我々が着目しているのは透明材料の内部歪みの評価であり，次項で既に製品化している2次元の複屈折（あるいはリターダンス）計測システムについて詳細を述べる。

3.5　2次元リターダンス計測への応用

　ここでは偏光イメージングを利用した透明材料（ガラスやプラスチック）の評価システムを紹介する。透明材料では応力を受けて歪みが生じているとき，歪みの方向に平行／垂直な2つの偏光が材料を透過する間に波面に差が生じる。これを nm 単位で表したのがリターダンスである。従ってリターダンスは偏光の変化として観察することができる。リターダンスを2次元的に測定することができれば，ガラス製品（液晶パネルや自動車用のガラスなど）や樹脂成型品（プラスチックレンズ）などの製造工程中に歪みを定量的に管理したいというニーズに応えることができ，工業的にも意義は大きい。

　図8(a)に2次元リターダンス分布を測定するための構成を示す。円偏光を照射する面光源の上方に，偏光イメージングカメラを配置したシンプルな構成である。予め光源の偏光状態（楕円率 ε_0，長軸方位 ϕ_0）の分布を計測し，次いでサンプルを光源の上に置き，サンプルを透過してきた光の偏光分布（楕円率 ε，長軸方位 θ）を測定する。各画素における偏光状態の変化量から，リターダンス ρ と光軸方向 ϕ の2次元分布を求めることができる。ここで光源の偏光状態を円偏光にしていることで，任意の軸方位の歪みに対しても位相差と軸方向を同時に求めることができる。数秒程度の測定時間で25万点（繰り返し再現性 0.1nm 以下）の2次元測定が可能である。本システムでは，リターダンスの測定範囲は $\lambda/4$（約 130nm）に制限されるが（これを改善し

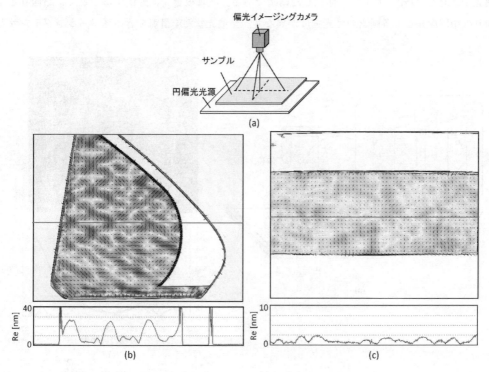

図8　2次元リターダンス測定システムの概念と測定結果。(a)測定の構成，(b)自動車用の強化ガラス，
　　　(c)FPD 用ガラス板。

たシステムについては後述する），微小なリターダンスに対する測定感度が高い。

図8(b)，(c)に測定結果を示す。(b)は自動車用ガラス，(c)はリターダンスが1nm程度と小さい
ガラス板の測定結果である。濃淡がリターダンスの大きさを，画像内の線が光軸方向を示している。それぞれの特徴的な分布が一目でわかる。(c)はガラス板のリターダンスであるため値は小さいが，画像の積算数を増やすことでノイズを低減し精度良く測定することができる。一般的に用いられるレーザを用いたポイント計測機とも比較し良い一致を確認している[7]。ポイント計測では時間の制約で測定点が限られてしまうが，本手法により空間的に連続的な分布を得ることができ，これまで見えなかった細かい分布を逃さずに検出することが可能になる。オフラインでの実用がなされており，インラインに向けての検証も始まっている。

3.6 大きなリターダンスの2次元分布計測

上述のシステムではリターダンスの測定範囲が$\lambda/4$に制限される。しかしながら樹脂の成形品ではリターダンスが$\lambda/4$よりも大きいものも少なくなく，測定レンジ拡大が望まれていた。そこで偏光イメージングセンサを改良し，さらに複数波長で測定・解析することで，波長λオーダーの大きなリターダンスの2次元分布が測定できるシステムを開発・製品化した。図9(a)に概略を示す。本センサは光軸方向が異なるフォトニック結晶波長板アレイと，均一な軸方向をもつ偏光子とをCCDセンサ上で一体化した構造である。波長板を先に配置することで，右回りと左回りの楕円偏光とで各画素の受光強度が異なり，全偏光状態を計測できるイメージングセンサと

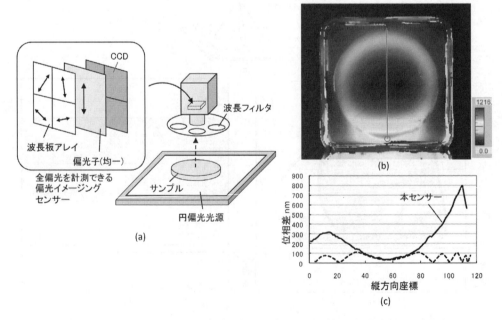

図9　波長オーダーのリターダンスが測定可能な2次元リターダンス測定システムと測定結果。
(a)測定の構成，(b)樹脂成形レンズの測定結果，(c)リターダンスのグラフ。

なっている[8]。

　波長オーダーのリターダンスをもつ実際のサンプルとして樹脂レンズを測定した例を図9(b)に示す。図9(c)はセンサーの違いによる結果をグラフ表示したものである。本方式では130nmでの折り返えしがなく，数百nmと大きいリターダンスまで連続して測定できることがわかる（数千nmまで実現されている）。本システムは，成形プロセスやアニールの条件の適正化や，歪みが集中している箇所から割れなど不具合箇所の早期発見の手段として有用である。また測定レンジが広いことから，光学部品以外の樹脂成形品への適用も期待される。

3.7　まとめ

　本稿では，フォトニック結晶偏光素子を用いた偏光制御技術と偏光計測技術を紹介した。前者の例である軸対称偏光素子は，これまで生成が困難であった軸対称偏光ビームを簡便に実現，工業的な利用を可能にするキーデバイスと期待される。また後者の例である偏光イメージングカメラは，2次元リターダンス分布を計測するシステムに適用されている。本稿で述べたように1nm程度の微小なリターダンスから，波長オーダーの大きなリターダンスまで2次元分布計測を実証しており，既に広い分野で製品検査に適用されている。その他にもフォトニック結晶を用いた偏光計測技術はエリプソメータをはじめ応用展開[9~11]が進んでおり，様々な産業分野にて市場参入が拡大している。

文　　　献

1)　川上彰二郎：“積層型フォトニック結晶の産業的諸応用”，応用物理，**77**，(2008) 508-514.

2)　M. A. Ahmed, A. Vob, M. M. Vogel, A. Austerschulte, J. Schulz, V. Metsch, T. Moser, and T. Graf, "Radially polarized high-power lasers," *Proc. of SPIE*, vol. 7131, 71311I, 2009.

3)　Y. Saito, N. Hayazawa, H. Kataura, T. Murakami, K. Tsukagoshi, Y. Inouye, and S. Kawata, "Polarization measurements in tip-enhanced Raman spectroscopy applied to single-walled carbon nanotubes," *Chem., Phys. Lett.*, **410**, 136-141, 2005.

4)　M. Michihata, T. Hayashi, and Y. Takaya, "Measurement of axial and transverse trapping stiffness of optical tweezers in air using a radially polarized beam," *Applied Optics*, Vol. 48, Issue 32, pp.6143-6151 (2009)

5)　Y. Kozawa, S. Sato, T. Sato, Y. Inoue, Y. Ohtera, and S. Kawakami, *Appl. Phys. Express*, **1**, 022008, 2008.

6)　山本正樹，津留俊英：“正反射による物体表面の傾斜エリプソメトリー　—精密実時間形状計測への基本概念—”，光学，**38**，(2009) 204-212.

7)　佐藤尚，千葉貴史，川嶋貴之，川上彰二郎：“偏光イメージングを用いた低リターダンス2次元分布の一括計測，” Photonics & Optics Japan, paper 5pD2, (2008) 304-305.

8) 菊田久雄："微細加工による構造複屈折材料の作製と解析"，光技術コンタクト，**43**，(2005) 692–699.

9) T. Sato, T. Araki, *et al.*, "Compact ellipsometer employing a static polarimeter module with arrayed polarizer and wave-plate elements," *Appl. Opt.*, **46**, (2007) 4963–4967.

10) 中田俊彦，渡辺正浩："フォトニック結晶偏光子を参照ミラー及び位相シフタに用いた超小形・高感度共通光路位相シフト干渉計,"Photonics & Optics Japan, paper 6aC4, (2008) 468–469.

11) N. Hashimoto, Y. Homma, T. Sato, T. Aoyama, T. Chiba, H. Uetsuka and S. Kawakami："A compact and highly accurate DOP monitor," Pro. Eur. Conf. Optical Communication, Glasgow, vol. 2 (2005) 177.

第5章　表面プラズモンおよび太陽電池分野のナノ構造素子

1　プラズモニックナノ構造を用いた有機 EL 素子

岡本隆之[*]

1.1　はじめに

　表面プラズモンを応用した工学はプラズモニクスと呼ばれ，今では光学およびフォトニクスの 1 つの分野を形成するに至っている[1]。表面プラズモンは図 1 に示すように，大きく次の 2 種類に分類される。1 つは局在型表面プラズモン（図 1a）で同じ周波数を持つ伝搬光の波長より小さな金属粒子に担持される。もう 1 つは伝搬型表面プラズモン（図 1b）で，金属と誘電体の界面を伝搬する。いずれも，金属中の自由電子の集団的な振動に由来する。これらの電子の集団的な振動に伴って，前者では近接場が，後者ではエバネッセント波が金属の表面近傍に付随する。いずれの表面プラズモンも適当な光学系や金属構造を採用することで伝搬光と結合する。

　局在型表面プラズモンでは担持する金属の大きさそのものが既にナノサイズである。最近になってリソグラフィ等を用いてトップダウン的にナノ粒子が作製されるようになってきたが，これまで多くの研究が化学的に合成された金属ナノ粒子を用いてなされてきた。そのため，粒子の大きさや形状は統計的に扱われることが多かった。それに対して，伝搬型表面プラズモンの応用では初期から，より規定された構造が用いられてきた。ここでは，規定されたプラズモニック構造とその応用例として，著者らが行っているプラズモニック結晶の有機 EL 素子の光取り出しへの応用について述べる。プラズモニクスとその種々の応用については，これまで Nature シリーズ誌や Science 誌だけでも多くのレビュー記事が掲載されているので，それらを参考にされたい[2〜15]。

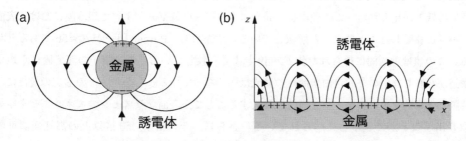

図 1　(a)局在型表面プラズモンと(b)伝搬型表面プラズモンの概念図

＊　Takayuki Okamoto　㈱理化学研究所　基幹研究所　河田ナノフォトニクス研究室　　　　先任研究員

1.2 表面プラズモンを利用した発光ダイオードからの光取り出し

　金属表面に導入した凹凸回折格子を利用して，表面プラズモンを自由空間中の伝搬光として取り出すことは表面プラズモン研究の極初期から行われてきた[16, 17]。しかし，この原理を積極的に発光ダイオード（LED）の発光効率の向上に利用されるのは1990年のKöckら[18]の発表まで待たねばならなかった。彼らはAlGaAl/GaAsのダブルヘテロ構造からなるLEDの表面にエッチングで1次元凹凸格子を作製し，その上に厚さ25nmの銀を蒸着した素子を作製した。この素子の発光効率は格子と金属薄膜のない従来の素子と比較して1.51倍に向上した。その理由として，従来の素子で半導体／空気界面での全反射により外に取り出されなかった発光成分を金属／空気界面の表面プラズモンに変換し，それを回折によって伝搬光に変換することでなされていると述べている。しかし，効率の向上の理由がこれだけであるならば，金属を使用せずとも，素子の表面に凹凸格子を設けるだけで同じ高効率化がなされるはずである。この構造でも，回折により全反射成分が空気中に取り出されるからである。しかも，金属による吸収を受けないので金属を用いたときよりも効率が向上すると考えられる。このことは同じグループによるその後の実験によって示されている[19]。この実験では2次元格子が用いられているが，効率は金属薄膜が厚くなるにしたがって低下している。

　LEDにおける発光で重要になるのはPurcell効果である。これは1946年にPurcell[20]によって予言された効果で，分子や原子の自然放出レートがそれらの置かれた環境に依存するというものである。Purcellによって与えられた理論式は単一モードの微小共振器を仮定したものである。LEDでも誘電体共振器で同様の効果が得られているが，その大きさは小さい。しかし，分子の近傍に金属が存在すると，この効果は非常に大きくなる[21]。これは表面プラズモンの影響による[22]。

　"LED構造"で表面プラズモンによるPurcell効果を初めて観測したのは1999年のGontijoら[23]（Yablonovitchのグループ）である。厚さ3nmのInGaNの単層量子井戸活性層の上に厚さ12nmのGaN層を挟んで厚さ8nmの（構造のない）銀薄膜が蒸着された素子を作製している。光励起による発光を測定した結果，銀薄膜がある素子ではない素子と比較して，56分の1の発光強度の低下が見られた。この理由を，発光エネルギーの低下分がすべて銀薄膜における表面プラズモンに移動したことによると解釈している。すなわち，Purcell因子が$F_p = 56$であるとしている。この値は理論的に得られた値$F_p = 49$とよく一致している。この素子の銀薄膜は平坦で微細構造が存在しないので，自由空間への発光は弱くなっている。しかし，この論文の最後には，銀薄膜に効果的なアンテナ・ナノ構造を導入することで，表面プラズモンのエネルギーを空気中に取り出すことができると述べられている。さらに，その結果，50倍以上の高速変調可能なLEDが得られるとしている。この論文では，発光効率の向上に関しては述べられていない。このことはここで扱われている高い（＞90％）内部量子効率を持つ無機LEDでは全く正しい理解である。また，表面プラズモンの利用は（内部量子効率の低い素子における）非輻射過程との競合に打ち勝つのに有効であるだろうと述べている。

　同じ年（投稿日は1ヶ月遅れ）に，Barnes[24]はLEDの光取り出しで，エネルギー移動先となる導波モードを無くすのではなく，発光エネルギーをある導波モードに集中させ，周期構造によりそれを回折（散乱）し，取り出すことを提案している。そして，このモードとして表面プラズモンを提案している。また，そのための種々の金属構造を提案している。この論文ではPurcell効果という言葉は出てきていないが，同等のことを古典論的に述べている。

　Vuckovicら[25]は2000年にInGaAsの多重量子井戸の両側を銀薄膜でコートしたマイクロキャビティを作製している。この素子では片側の銀は200nmと十分厚くもう片側は数10nmの厚さの薄膜である。さらにこの薄膜には周期的な1次元のスリットがアルゴンイオンミリングによって刻まれている。素子の励起は光ポンプによって行われている。格子ピッチ250nmの素子からの発光は波長986nmにおいて46倍増強している。この内，4倍の増強は共振器の効果による入射光の増強であると述べている。同時に得られている波長930nmの増強はPurcell効果であると述べているが，986nmの増強の理由ははっきりとは述べられていない。また，この論文では増強度がPurcell因子に比例するように述べられているが，これは正しくない。

　無機LEDの場合は，金属電極は単に半導体層にオーミック接続されているだけでよく，発光面全体を覆う必要はなかった。しかしながら，有機LED（有機EL素子）の場合，状況は異なってくる。電子の効率的な注入のため，陰極には銀やアルミニウムなどの仕事関数の低い金属を使うことがほぼ必須である。さらに，金属陰極は発光領域全体を覆う必要がある。したがって，有機ELの発光効率を考える場合，好むと好まざるにかかわらず金属陰極における表面プラズモンによるPurcell効果（エネルギー移動）を考慮に入れる必要がある。

　実際の有機EL素子の構造において，最初に発光層から表面プラズモンを含む導波路モードへのエネルギー移動を定量的に求めたのはHobsonらである[26]。さらに，彼らは金属陰極に1次元の周期的な凹凸構造を設けることによって，表面プラズモンと導波路モードから自由空間へ光としてエネルギーを取り出している。またこの結果は初めての電流注入励起による励起子からの表面プラズモン経由の発光の観測例である。本素子では，表面プラズモンと導波路モードの分散関係に対応する周波数と角度で格子のない素子と比較して発光効率が増強している。本素子の発光増強度は測定されていないが，次の論文[27]で，理論計算によって，格子のない素子での発光効率が20%であるのに対して，2次元の格子を導入した場合，47%まで発光効率が向上すると述べている。

　一方，Gifford and Hall[28]は平坦な基板上に堆積した色素（Alq$_3$）薄膜からの発光強度と，1次元凹凸格子基板上に同じ厚さで堆積し，さらにその上に厚さ50nmの銀薄膜を堆積した素子からの銀薄膜側からの発光強度を測定した。そして，後者の発光強度が前者と比較して10倍にも増強されていることを示した。彼らは直後に，実際に有機EL素子の陰極に同じ構造を導入し，電流注入により，銀陰極を通した発光を観測している[29]。これは有機EL素子において，金属陰極を通して発光が観測できることを示した最初の論文である。

1.3 表面プラズモンへのエネルギー散逸

　有機 EL 素子では陰極から注入された電子と陽極から注入された正孔が発光層で励起子を形成し再結合により発光する。励起子からの発光は双極子輻射と見なすことができる。有機 EL 素子において励起子のエネルギーは面内波数（光子の波数の界面に平行な成分）の小さい方から自由空間への伝搬光，基板モード，有機層（透明陽極を含む）をコアとした導波路モード，表面プラズモン，損失表面波（lossy surface wave）へ散逸する。損失表面波は金属中の電子‐正孔対の生成に対応する。通常の平坦な界面からなる有機 EL 素子の場合，自由空間への伝搬光成分だけが取り出せる。一方，表面プラズモンは金属そのものによる吸収により減衰するが，その寿命は比較的長い（ピコ秒オーダー）。したがって，種々の微細構造を金属陰極表面に施すことにより，再び光として取り出すことができる。この効率を上げることにより，高効率な有機 EL 素子が実現できる（図 2 参照）。

　さて，実際の素子ではどの位の割合の発光エネルギーが表面プラズモンに移動するのだろうか。励起子のエネルギー散逸は励起子を振動双極子で近似することで古典電磁気学的に求められる[30]。双極子のエネルギー散逸はその双極子モーメントを μ とすると，$\wp = (\omega/2)\mathrm{Im}(\mu^* \cdot E)$ で与えられる。ここで，E は双極子の位置における双極子自身の輻射電場である。これには，界面からの反射電場が含まれる。有機 EL 素子のように金属界面が近傍にある場合は，励起された表面プラズモンの電場も加わる。表面プラズモンの寿命の長さにより，その電場は著しく大きくなる。その結果として，励起子からのエネルギーの散逸も一様な媒質中におけるそれと比較して非常に大きくなる。

　励起子からのエネルギー散逸の面内波数およびエネルギー依存性を計算した例を図 3 (a)に示す。真空蒸着で堆積した低分子系の発光材料の場合，励起子の双極子の向きはランダムとなるので，それを考慮に入れた。素子の層構成は Air/Ag[50nm]/Alq$_3$[50nm]/NPB[50nm]/ITO[150nm]/SiO$_2$ となっている。発光位置は Alq$_3$ と NPB との界面から 5nm，Alq$_3$ 内に入ったところに取った。エネルギー散逸の極大値の軌跡が各モードの分散曲線に対応している。2 つの導波路モードと 1 つの表面プラズモンモードがこの素子には存在することが分かる。図 3 (b)はエネルギー

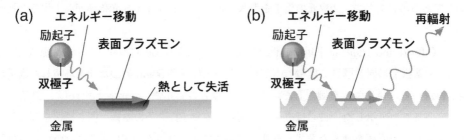

図 2　有機 EL 素子における表面プラズモンからの光取り出しの概念図。(a)プラズモニック構造がない場合，表面プラズモンに移動したエネルギーは熱として失活するが，(b)プラズモニック構造が存在する場合，光として取り出せる。

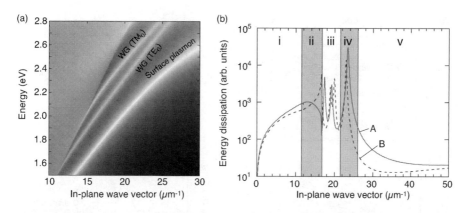

図3　(a)有機EL素子における発光層内の励起子からのエネルギー散逸の面内波数およびエ
ネルギー依存性。Air/Ag[50nm]/Alq₃[50nm]/NPB[50nm]/ITO[150nm]/SiO₂, (b)
図(a)のエネルギー2.25eV（波長550nm）における断面A，BはAlq₃とNPBの厚さ
を共に100nmとして計算したもの。

2.25eV（波長550nm）における散逸を表したものである。曲線Aは図3(a)と同じ素子構成で，
曲線BはAlq₃とNPBの厚さが共に100nmの素子の場合の計算結果がでる。上に述べたように
有機EL素子では，このエネルギー散逸は図3(b)に示すように，面内波数の大きさにより5つの
領域に分けることができる。面内波数の小さい方から順に(i)自由空間への輻射，(ii)基板モード，
(iii)導波路モード，(iv)表面プラズモン，および(v)電子正孔対に散逸する。このエネルギー散逸の面
内波数依存性を各モードに対応する波数範囲で積分すると，各モードへの散逸の大きさが与えら
れる。発光層であるAlq₃の厚さが50nmのときは自由空間へ輻射されるエネルギーの割合は
高々14%であり，実に52%のエネルギーが表面プラズモンとして散逸する。表面プラズモンへ
のエネルギー散逸は励起子と金属陰極との距離に大きく依存し，距離が大きくなると小さくな
る。これは，表面プラズモンの電場が金属表面から遠ざかるにしたがって，指数関数的に減衰す
るためである。Alq₃の厚さが100nmの場合，表面プラズモンへのエネルギー散逸は27%まで低
下する。

1.4　プラズモニック結晶による光取り出し

　著者らは有機EL素子において，表面プラズモンを伝搬光に変換する構造として，図4(a)に示
すようにプラズモニック結晶を金属陰極に導入することを提案した[31]。プラズモニック結晶と
は，図4(b)に示すような金属表面に2次元表面凹凸格子を刻んだ構造に付けられた名前であり，
フォトニック結晶との類似性に由来する。有機EL素子の光取り出しには，プラズモニック結晶
の持つバンドギャップの効果ではなく，2次元格子による回折の効果が用いられる。回折により，
導波路モードや表面プラズモンモードは伝搬光に変換される。

　導波路モードや表面プラズモンモードの波数ベクトルを k_{sp} とする。2次元周期構造が持つ2
つの基本逆格子ベクトルを K_1, K_2 とすると，回折の結果得られる光波の面内波数ベクトル $k_\parallel$

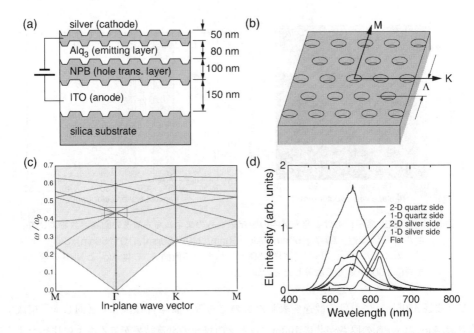

図4 (a)プラズモニック結晶を導入した有機 EL 素子の層構造。(b)円筒開孔を 2 次元三角格子状に周期的に並べたプラズモニック結晶。(c)振幅が無限小の三角格子プラズモニック結晶の分散関係。金属はドルーデモデルにしたがう損失のない理想金属，誘電体は空気または真空を仮定した。ω_p はプラズマ周波数。基本逆格子ベクトルの大きさは $K = \omega_p/2c$ とした。また，式 1 で $m, n = -1, 0, 1$ のみをプロットした。影のついている部分の表面プラズモンが自由空間中に伝搬光として取り出せる。(d)発光スペクトル。比較のため同じ条件で作製した 1 次元プラズモニック結晶を用いた素子と金属界面が平坦な従来型の素子の測定結果も示した。また，金属陰極を通して観測した結果も示した。

は次式で与えられる。

$$\boldsymbol{k}_{\parallel} = \boldsymbol{k}_{sp} + m\boldsymbol{K}_1 + n\boldsymbol{K}_2 \tag{1}$$

ここで，m, n は整数である。面内波数ベクトルが $k_{\parallel} = |\boldsymbol{k}_{\parallel}| < k_0$（$k_0$ は空気中の伝搬光の波数）となるとき，導波路モードや表面プラズモンモードは空気中に伝搬光となって取り出される。

　図4(b)に示されるような三角（六方）格子からなるプラズモニック結晶を考える。この構造は図4(a)の金属陰極を発光層側から見たものに等しい。図では円筒開孔を並べた形状（凹）であるが，円柱を並べた形状（凸）でも同じである。この格子の基本逆格子ベクトルの大きさは $|\boldsymbol{K}_1| = |\boldsymbol{K}_2| = 2\pi/\Lambda$ で与えられる。図4(c)は金属がドルーデモデルにしたがう損失のない理想金属で金属に接する誘電体が空気または真空の場合の表面プラズモンに対する式1で与えられる $\boldsymbol{k}_{\parallel}$ をプロットしたものであり，プラズモニック結晶の分散関係に対応する。ω_p は理想金属のプラズマ周波数。基本逆格子ベクトルの大きさは $K = \omega_p/2c$ とした。図の影をつけた部分がライトコーンの内側に対応し，表面プラズモンが伝搬光と結合する領域である。

　図 4(a)に示す膜厚構成で，実際に素子を作製した。三角格子は He-Cd レーザー（波長：325nm）による 2 光束干渉縞の 2 重露光によるホログラフィック露光法により作製した。石英基板上のレジストに作製された格子をマスクとして，反応性イオンエッチングにより格子を刻んだ。格子のピッチと溝の深さはそれぞれ，550nm および，70nm である。この基板上に，陽極としての ITO 層をスパッタリングで，正孔輸送層としての NPB，電子輸送層・発光層としての Alq$_3$，そして，陰極としての銀を真空蒸着により堆積した。

　素子の法線方向から測定した発光スペクトルを図 4(d)に示す[31]。プラズモニック結晶を採用した場合，基板側への発光パワーは平坦な素子と比べて約 4 倍となっている。また，銀陰極側への発光パワーは平坦な素子のそれと同程度となっており，プラズモニック結晶の効果が分かる。銀陰極の厚さは 50nm あるので，通常，ほとんど光は透過しない。しかしながら，銀表面に周期的な凹凸がある場合は両界面の表面プラズモンの相互作用により，光が透過する。このような共鳴透過現象は次のように説明できる。すなわち，発光層で生成された励起子が金属薄膜の片側の界面の表面プラズモンを励起し，さらにこのプラズモンが反対側の界面の表面プラズモンを励起する。最終的にこのプラズモンが伝搬光となって放射される。このような共鳴透過現象は 1 次元格子においては，古くから観測されてきた[32~34]。しかしながら，1 次元格子では，面内を自由な方向に伝搬する表面プラズモンの内，約半分の表面プラズモンだけが共鳴透過に寄与する。これに対して，2 次元プラズモニック結晶では全ての方向に伝搬する表面プラズモンが共鳴透過に寄与するため[35]，発光強度が大きくなる。

1. 4. 1　RCWA 法による解析

　図 4(c)は格子の振幅が無限小である場合の分散関係を示したものであるが，振幅が有限の場合の分散関係はこの曲線からずれてくる。より正確な分散関係を求めるためには厳密結合波解析（Rigorous Coupled Wave Analysis：RCWA）法[36]を用いるのが便利である。

　図 5 は図 4(b)に示したプラズモニック結晶に p 偏光(a)および s 偏光(b)平面波を入射したときの

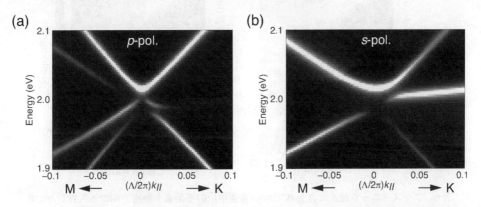

図 5　(a) p 偏光および(b) s 偏光平面波に対するプラズモニック結晶の反射率。結晶構造は図 4(b)と同じで，ピッチと円筒の半径はそれぞれ Λ = 600nm と r = 228nm である。明るい部分が反射率の低い部分である。

反射率を RCWA で計算した結果をプロットしたものである。計算領域は図4（c）の小さな長方形で囲まれた部分である。金属は銀で，ピッチと円筒の半径はそれぞれ $\Lambda = 600$nm と $r = 228$nm である。明るい部分が反射率の低い部分である。反射率が低いということは入射波のエネルギーが表面プラズモンに変換されているということで，伝搬光と表面プラズモンの結合効率が高いことを意味する。反射率の極小値の軌跡がプラズモニック結晶の分散関係を表す。振幅が無限小のときと比較して，（プラズモニック）バンドギャップが生じていることが分かる。

プラズモニック結晶の格子の振幅の最適値を考える。ローレンツの相反定理から，伝搬光から表面プラズモンへの変換効率の最も高い構造が表面プラズモンから伝搬光への変換効率の最も高い構造でもある。したがって，プラズモニック結晶に平面波を入射し反射率が最も低くなる構造が有機 EL 素子には最適な構造となる。図6は図4（b）の構造に垂直方向から平面波を入射したときの反射率を開孔の中心間隔 $p = (\sqrt{3}\,\Lambda/2)$ と開孔の深さ d の関数としてプロットしたものである。図6（a）は偏光方向が ΓM 方向と平行な場合で，（b）は ΓK 方向と平行な場合である。反射率が最小になる振幅は ΓM 偏光の場合で 20nm，ΓK 偏光の場合で 18nm である。この値は経験から得られている最大の取り出しを与える振幅より小さい。この違いの原因の1つは凹凸構造の形状の違いである。光取り出し効率は表面プラズモンの1次回折光の回折効率で決まる。垂直方向への光取り出しに寄与するのは格子のもつ波数成分の内 k_{sp} と一致する成分である。回折効率はこの成分の振幅によって決まる。もう一つ忘れてならない原因は，上でローレンツの相反定理が成り立つように述べたが，これは正確には伝搬光と双極子との間で成り立つ関係であり，伝搬光と表面プラズモンとの間で成り立つ関係ではない。プラズモニック結晶に平面波が入射した場

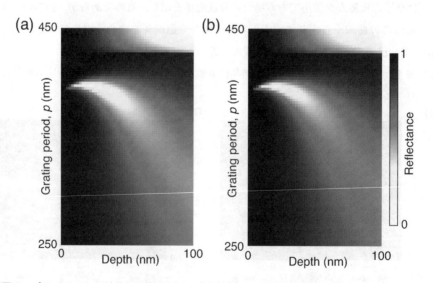

図6　プラズモニック結晶に波長 630nm（真空中）の平面波を垂直方向から入射したときの反射率の格子凹部の中心間隔 $p(=\sqrt{3}\,\Lambda/2)$ と格子の振幅 d に対する依存性。誘電体の屈折率は $n = 1.7$ とした。(a)偏光方向が ΓM 方向と平行な場合と(b) ΓK 方向と平行な場合。

合，そのエネルギーの一部は金属表面で表面プラズモンに変換される。残りのエネルギーは表面プラズモンを励起することなく直ちに反射される。一旦表面プラズモンとなったエネルギーはその伝搬と共に，一部は金属に吸収され残りは再び自由空間へ伝搬光として放射される。放射の方向は反射光の方向と同じである。反射光は直接反射光と再放射光とのコヒーレントな和で表される。反射率が0の状態は直接反射光と再放射光の振幅が同じで位相がπだけずれている状態である。したがって，表面プラズモンから伝搬光への変換効率が最も高い格子の振幅は反射率が0を示す格子の振幅からずれる。

1.5　おわりに

　本節では有機EL素子において金属陰極にプラズモニック結晶構造を採用することで光取り出しの効率を向上する方法について述べてきた。誘電体層のみの誘電率の変調によっても光取り出しの効率は生じるが，金属表面を直接変調した方がはるかに効果は大きい。有機EL素子で用いられる誘電体の比誘電率の範囲は1～4程度であり，誘電率の変調振幅を大きくとれないからである。そのため回折効率が小さい。金属の比誘電率は−10程度あり，金属表面に凹凸を設けることではるかに変調振幅を大きくとれるため，回折効率が大きくなる。

文　　　献

1)　岡本隆之，梶川浩太郎，「プラズモニクス―基礎と応用」，(講談社サイエンティフィク，2010).

2)　W. L. Barnes, A. Dereux, and T. W. Ebbesen, "Surface plasmon subwavelength optics," *Nature* **424**, 824-830 (2003).

3)　E. Ozbay, "Plasmonics：Merging Photonics and Electronics at Nanoscale Dimensions," *Science* **311**, 189-193 (2006).

4)　N. Engheta, "Circuits with Light at Nanoscales：Optical Nanocircuits Inspired by Metamaterials," *Science* **317** 1698-1702 (2007).

5)　C. Genet, T. W. Ebbesen, "Light in tiny holes," *Nature* **445**, 39-46 (2007).

6)　S. Lal, S. Link, and N. J. Halas, "Nano-optics from sensing to waveguiding," *Nature Photonics* **1**, 641-648 (2007).

7)　J. N. Anker, W. P. Hall, O. Lyandres, N. C. Shah, J. Zhao, and R. P. Van Duyne, "Biosensing with plasmonic nanosensors," *Nature Materials* **7**, 442-453 (2008).

8)　S. Kawata, Y. Inouye, and P. Verma, "Plasmonics for near-field nano-imaging and superlensing," *Nature Photonics* **3**, 388-394 (2009)

9)　J. A. Schuller, E. S. Barnard, W. Cai, Y. C. Jun, J. S. White, and M. L. Brongersma, "Plasmonics for extreme light concentration and manipulation," *Nature Materials* **9**, 193-

204 (2010).

10) H. A. Atwater and A. Polman, "Plasmonics for improved photovoltaic devices," *Nature Materials* **9**, 205-213 (2010).

11) B. Luk'yanchuk, N. I. Zheludev, S. A. Maier, N. J. Halas, P. Nordlander, H. Giessen, and C. T. Chong, "The Fano resonance in plasmonic nanostructures," *Nature Materials* **9**, 707-715 (2010).

12) D. K. Gramotnev and S. I. Bozhevolnyi, "Plasmonics beyond the diffraction limit," *Nature Photonics* **4**, 83-91 (2010).

13) M. L Juan, M. Righini, and R. Quidant, "Plasmon nano-optical tweezers," *Nature Photonics* **5**, 349-356 (2011).

14) L. Novotny and N. van Hulst, "Antennas for light," *Nature Photonics* **5**, 83-90 (2011).

15) S. J. Tan, M. J. Campolongo, D. Luo, and W. Cheng, "Building plasmonic nanostructures with DNA," *Nature Nanotechnology* **6**, 268-276 (2011).

16) Y. Y. Teng, and E. A. Stern, "Plasma radiation from metal grating surfaces," *Phys. Rev. Lett.* **19**, 511-514 (1967).

17) R. H. Ritchie, E. T. Arakawa, J. J. Cowan, and R. N. Hamm, "Surface-plasmon resonance effect in grating diffraction," *Phys. Rev. Lett.* **21**, 1530-1533 (1968).

18) A. Köck, E. Gornik, M. Hauser, and K. Beinstingl, "Strongly directional emission from AlGaAl/GaAs light-emitting diodes," *Appl. Phys. Lett.* **57**, 2327-2329 (1990).

19) S. Gianordoli, R. Hainberger, A. Köck, N. Finger, E. Gornik, C. Hanke, and L. Korte, "Optimization of the emission characteristics of light emitting diodes by surface plasmons and surface waveguide modes," *Appl. Phys. Lett.* **77**, 2295-2297 (2000).

20) E. M. Purcell, "Spontaneous emission probabilities at radio frequencies," *Phys. Rev.* **69**, 681 (1946).

21) K. H. Drexhage, M. Fleck, H. Kuhn, F. P. Schäfer, and W. Sperling : "Beeinflussung der Fluoreszenz eins Europiumchelates durch einen Spiegel," Ber. Bunsenges. *Phys. Chem.* **70**, 1179 (1966).

22) W. H. Weber and C. F. Eagen, "Energy transfer from an excited dye molecule to the surface plasmons of an adjacent metal," *Opt. Lett.* **4**, 236-238 (1979).

23) I. Gontijo, M. Boroditsky, E. Yablonovitch, S. Keller, U. K. Mishra, and S. P. DenBaars, "Coupling of InGaN quantum-well photoluminescence to silver surface plasmons," *Phys. Rev. B* **60**, 11564-11567 (1999).

24) W. L. Barnes, "Electromagnetic crystals for surface plasmon polaritons and the extraction of light from emissive devices," IEEE J. Lightwave Tech. **17**, 2170-2182 (1999).

25) J. Vuckovic, M. Loncar, and A. Scherer, "Surface plasmon enhanced light-emitting diode," IEEE J. *Quantum Electron.* **36**, 1131-1144 (2000).

26) P. A. Hobson, J. A. E. Wasey, I. Sage, and W. L. Barnes, "The role of surface plasmons in organic light-emitting diodes," IEEE J. Sel. Top. *Quantum Electron.* **8** 378-386 (2002).

27) P. A. Hobson, S. Wedge, J. A. E. Wasey, I. Sage, and W. L. Barnes, "Surface plasmon mediated emission from organic light-emitting diodes," *Adv. Mater.* **14**, 1393-1396 (2002).

28) D. K. Gifford and D. G. Hall, "Extraordinary transmission of organic photoluminescence through an otherwise opaque metal layer via surface plasmon cross coupling," *Appl. Phys. Lett.* **80** 3679-3681 (2002).

29) D. K. Gifford and D. G. Hall, "Emission through one of two metal electrodes of an organic light-emitting diode via surface-plasmon cross coupling," *Appl. Phys. Lett.* **81**, 4315-4317 (2002).

30) G. W. Ford and W. H. Weber, "Electromagnetic interactions of molecules with metal surfaces," *Phys. Rep.* **113**, 195-287 (1984).

31) J. Feng, T. Okamoto, and S. Kawata, "Enhancement of electroluminescence through a two-dimension corrugated metal film via grating-induced surface-plasmon cross coupling," *Opt. Lett.* **30**, 2302-2304 (2005).

32) I. Pockrand, "Coupling of surface plasma oscillations in thin periodically corrugated silver films," *Opt. Commun.* **13** 311-313 (1975).

33) R. W. Gruhlke, W. R. Holland, and D. G. Hall, "Surface-plasmon cross coupling in molecular fluorescence near a corrugated thin metal film," *Phys. Rev. Lett.* **56** 2838-2841 (1986).

34) R. W. Gruhkle and D. G. Hall, "Transmission of molecular fluorescence through a thin metal film by surface plasmon," *Appl. Phys. Lett.* **53** 1041-1042 (1988).

35) P. T. Worthing and W. L. Barnes, "Efficient coupling of surface plasmon polaritons to radiation using a bi-grating," *Appl. Phys. Lett.* **79** 3035-3037 (2001).

36) L. Li, "New formulation of the Fourier modal method for crossed surface-relief gratings," *J. Opt. Soc. Am. A* **14**, 2758-2767 (1997).

2　シリコン太陽電池表面の反射率低減技術

松本健俊[*1]，小林　光[*2]

2.1　はじめに

　太陽エネルギーが豊富である，発電時に二酸化炭素を排出しない，安全性が高いなどの理由から，太陽電池は，次世代の自然エネルギー利用技術，そして，屋内での環境発電（エナジーハーベスティング）技術として，生産量を拡大してきており，2010年には16GW（100万kWの原子力発電所16基分）の太陽電池が世界で生産され，年率50％の伸び率を示している。特に，シリコンの埋蔵量が多いこともあり，シリコン太陽電池は，全太陽電池市場のうち約90％のシェアを占める。

　シリコン太陽電池の理論エネルギー変換効率は約30％であるが，現在市販されている太陽電池の変換効率は15～21％しかない。変換効率の向上に重要な技術に，光生成する電子とホールの再結合中心の消滅，コンタクト抵抗の低減，集光型や多接合型などの新規構造の開発などがある。

　これらと並んで重要かつ近年盛んに研究されている課題に，シリコン太陽電池表面での反射率の低減がある。シリコン太陽電池のエネルギー損失の原因の中でも，太陽電池表面での反射損失は約5％と大きな割合を占める[1]。この問題を解決すべく，極低反射率を持つブラックシリコンの形成プロセスやシリコン表面上の反射防止膜の開発が行われている。また，集電電極では，細線化[2]，基板内への埋め込み[3]，裏面のみに配置するバックコンタクト方式[4]などが研究されている。その他にも，太陽電池セルのカバーガラスの屈折率を徐々に変えるモスアイ構造などの利用[5]，太陽電池の裏面への反射金属膜の形成[6]などがある。本節では，近年，高付加価値技術の集光型太陽電池への応用や低コスト薬液プロセスの研究・開発に伴って注目を集めている極低反射率を有する新規シリコン表面構造の形成法と，併用効果の大きい反射防止膜の形成法の現状について紹介する。

2.2　シリコン表面での光閉じ込め技術

　シリコン表面でのマットテクスチャー構造は大きく分けて二種類ある。一つは，数ミクロンの大きさの構造を有するもので，シリコン表面で複数回反射させたり，シリコン内部での光路長を長くする効果がある。例えば，単結晶シリコンには，形成プロセスの単純なピラミッド構造が主に利用されるが，より反射率の低い逆ピラミッド構造やハニカム構造なども利用されている。もう一つは，ナノ構造を利用したもので，光の波長より小さい幾何構造を形成し，シリコン基板と空気の屈折率の中間の屈折率を持たせるものである。ナノワイヤ構造，ナノホール・ナノハニカム構造などがあり，ブラックシリコンの形成を目指す。また，複数回の光散乱が起きる数ミクロンの大きさのポアー構造と屈折率が変わるナノシリコン構造が混在するポーラスシリコン層も報

＊1　Taketoshi Matsumoto　大阪大学　産業科学研究所　助教

＊2　Hikaru Kobayashi　大阪大学　産業科学研究所　教授

告されている。

　シリコン太陽電池には，単結晶型，多結晶型，多接合型，薄膜型などの様々な種類がある。これらの種類によって，反応機構やコストの面から利用が困難な光閉じ込め技術もある。そこで，現在も，シリコン太陽電池のエネルギー変換効率を改善するために，様々な研究・開発がなされている。

2.2.1　アルカリエッチング

　単結晶型シリコン太陽電池では，一般的にシリコン表面をアルカリ水溶液でエッチングし，ピラミッド構造を形成する。これにより，一度反射した光が再びシリコンに入射することによって，シリコン表面での実効的な反射率を低減できる。通常，平坦なシリコン表面での反射率は，入射光の波長や表面状態にもよるが30〜50％と高く，この表面にピラミッド構造を形成すると10〜20％まで低減でき，反射防止膜と組み合わせるとさらに低減することができる（図1）[7〜10]。しかし，表面積が増加すると共に，SiO_2との界面準位密度が高いSi(111)表面[11]が主になり，表面再結合速度が増加するため，光電流と逆の方向に流れる暗電流密度が高くなり，光起電力が低下するという問題点がある。

　ピラミッド構造をもつマットテクスチャー面を形成するには，まず，1〜10％のNaOHやKOHなどのアルカリ性水溶液中でSi(100)単結晶を約80℃に加熱して，インゴットをスライスしてシリコンウェーハを作製する際に形成されたダメージ層をエッチングで除去したのち，1〜10％のイソプロピルアルコール等を加えたアルカリ性水溶液中で，異方性エッチングを行う[7,8,12,13]。イソプロピルアルコール等をアルカリ性水溶液に加えることによって，エッチング速度が減少し，最も原子密度が高くエッチング速度が遅い(111)面が露出してピラミッド構造となる[7,14]。

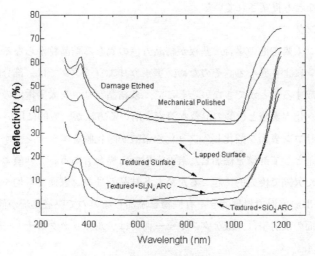

図1　アルカリテクスチャーの反射率の低減効果[10]（© Elsevier, 2001）
上から，機械研磨面，ダメージ層除去エッチング面，鏡面研磨面，アルカリテクスチャー面，アルカリテクスチャー形成後に窒化シリコン反射防止膜を堆積した表面，アルカリテクスチャー形成後に熱酸化反射防止膜を形成した表面。

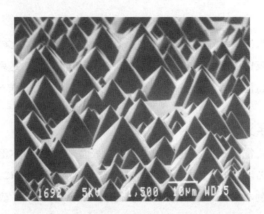

図2　アルカリエッチングにより形成したピラミッド構造の
走査型電子顕微鏡像[12]（© Elsevier, 1999）

図2にこの方法により形成したマットテクスチャー構造の走査型電子顕微鏡像を示す。10～50μmのピラミッド構造が形成され，ピラミッドの側面はすべて Si(111) 面に対応する。アルカリエッチングには，以下の様な反応機構が考えられている[15]。

$$Si + 2H_2O + 2OH^- \rightarrow 2H_2 + Si(OH)_2O_2^- \tag{1}$$

$$3Si + 2H_2O + 2OH^- \rightarrow 2Si\text{-}H + H_2 + Si(OH)_2O_2^- \tag{2}$$

他にも，IPA の添加が不要な K_2CO_3[16]や Na_2CO_3[17]，加熱アンモニア水の異方性エッチングを利用したブラックシリコン表面の形成[18]やアルカリ金属汚染を防止するために TMAH を用いたエッチング方法[19]なども提案されている。

2.2.2　酸エッチング

多結晶型シリコン太陽電池の場合，基板が結晶方位の異なる結晶粒からなるため，シリコン表面の方位もドメインにより異なる。そのため，アルカリエッチングでは，部分的にしかマットテクスチャー面を形成することができない。そこで，多結晶シリコン太陽電池のテクスチャー面形成技術として，フッ化水素酸と硝酸の混合水溶液を用いる方法が一般的に用いられている[8, 20～23]。これは，硝酸がシリコン表面を酸化し，フッ化水素酸が酸化膜をエッチングする反応機構によるものである。希釈剤として酢酸を添加した溶液を用いる場合もある。この酸エッチングは，スライス時に形成された欠陥で優先的に起こるため，多結晶シリコン表面でも均一にテクスチャー面を形成できる（図3）。室温で処理でき，有機物を添加しないので廃液処理が低コストでもある。多結晶シリコン表面の反射率は，酸テクスチャー面ではアルカリテクスチャー面よりも低く，10～30％である（図4）。

2.2.3　ドライエッチング

反応性イオンエッチング（reactive ion etching, RIE）法により，シリコン表面にピラミッド構造，ピラー構造やナノワイヤ構造（図5）などを形成する方法が報告されている。片面のみエッ

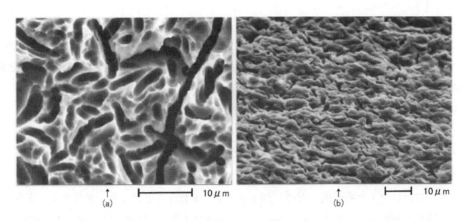

図3　多結晶シリコン表面で，混酸エッチングにより形成したテクスチャー構造(a)と as-slice ウェーハ(b)の走査型電子顕微鏡像[9]（©表面技術協会，2005）

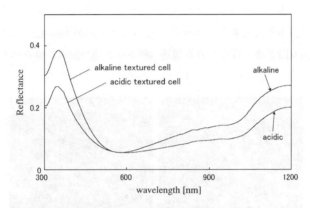

図4　多結晶シリコン表面に形成した酸テクスチャーとアルカリテクスチャーによる反射率低減効果の比較[9]（©表面技術協会，2005）

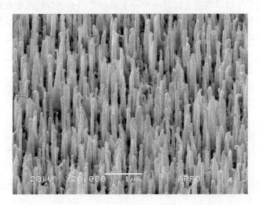

図5　RIE を用いて形成したシリコンナノワイヤの走査型電子顕微鏡像[23]（© Elsevier, 2009）

チングされるので，極薄の結晶型太陽電池では強度が保たれ，歩留まりを改善できる[15,24]。一般的には，SF_6 と O_2 の混合ガスを用いる[15,25~27]。SF_6 は Si や SiO_2 をエッチングする F ラジカル，O_2 は側壁を保護する SiO_2 や SiOF を生成する O ラジカルの原料となる。Cl_2 を添加すると保護膜の成長が促進され，プラズマダメージが減るとの報告もある[28]。比較的高コストであり，SF_6 が温室効果ガスであるという問題があるが，高付加価値太陽電池への利用が期待される。H_2 ガスを用いたリモート水素プラズマエッチングによっても，ピラミッド構造を形成したり[29]，単に ClF_3 ガスに曝露するのみでハニカム構造を形成できるとの報告もある[30]。

2.2.4 マスクを利用したエッチング法

　シリコン表面にマスクを形成したのち，エッチングを行うことにより，逆ピラミッド構造[9]やハニカム構造などのより反射率の低い表面構造を形成できる。マスクによりエッチングの反応サイトや反応種の拡散を制御することで，より複雑な構造を作製できる。マスクには，SiO_2 薄膜をフォトリソグラフィーでパターン形成したもの[31,32]や SiN_x 薄膜をレーザーパターニングしたもの（図6)[33]などが報告されている。この後，アルカリエッチング，酸エッチングやドライエッチングによりシリコン基板の選択的エッチングを行う。単結晶太陽電池では逆ピラミッド構造（図7)と[31]，多結晶太陽電池ではハニカム構造（図8)[6]と他の要素技術を組み合わせることによ

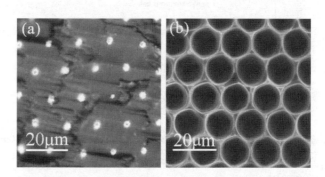

図6　多結晶シリコン表面上にレーザーを用いてパターン形成した窒化シリコンマスクの光学顕微鏡像(a)と，これを用いてエッチングしたシリコン基板表面のハニカム構造の走査型電子顕微鏡像(b)[33]（© Elsevier, 2010）

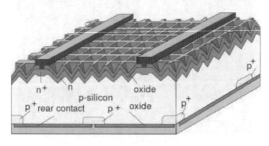

図7　フォトリソグラフィーを用いて形成された逆ピラミッド構造をもつ単結晶シリコン太陽電池（UNSW, Univertisy of New South Wales)[30]（© John Wiley and Sons, 2008）

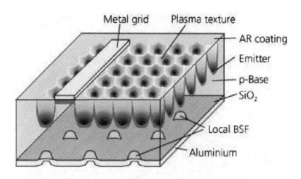

図8　フォトリソグラフィーを用いて形成されたハニカム構造をもつ多結晶シリコン太陽電池（Fraunhofer-ISE）[6]（© John Wiley and Sons, 2004）

り，AM1.5，1sun 照射下で世界最高のエネルギー変換効率（単結晶：25%，多結晶：20.4%）を記録している。マスク工程の低コスト化をねらい，自己組織化した安価なポリスチレンや SiO_2 の微粒子をマスクとして利用する研究も行われている[34〜36]。

2.2.5　金属ナノ粒子を利用したエッチング法

金属塩とフッ化水素酸の混合水溶液に 40〜60℃でシリコン基板を浸漬し，析出した金属ナノ粒子でシリコン基板をエッチングし，シリコンナノワイヤを形成することができる[37,38]。金属ナノ粒子の原料には，一般的に $AgNO_3$ が用いられ，K_2PtCl_6，$KAuCl_4$，$Cu(NO_3)_2$，$Fe(NO_3)_2$，$Mn(NO_3)_2$ なども利用可能である[39]。

$$AgNO_3 + e^- \rightarrow Ag_{(ad)} + NO_3^- \tag{3}$$

$$Si + 6HF + 4h^+ \rightarrow H_2SiF_6 + 4H^+ \tag{4}$$

(3)式で無電解メッキにより形成された Ag 原子は Si 表面上でクラスター化し，陰極として働く[40,41]。Ag クラスターは負に帯電し，溶液に接している部分で優先的に Ag が析出する。Ag クラスターと接している Si は陽極酸化されてその後 HF によってエッチングされる（(4)式）。これにより，シリコンナノワイヤが形成され，析出した Ag は硝酸で除去する。30 分で 2〜10μm のシリコンナノワイヤを形成でき，反射率は 5% 以下になる（図9）[37,41]。

また，シリコン基板上に無電解メッキにより金属ナノ粒子を担持し，フッ化水素酸と過酸化水素水の混合水溶液に浸漬すれば，ナノホール構造が形成される[43〜46]。この場合，金属ナノ粒子は，陰極として働き，

$$H_2O_2 + 2e^- \rightarrow 2OH^- \tag{5}$$

一方，シリコンは陽極として働き，

$$Si + 6HF + 4h^+ \rightarrow H_2SiF_6 + H_2 + 2H^+ \tag{6}$$

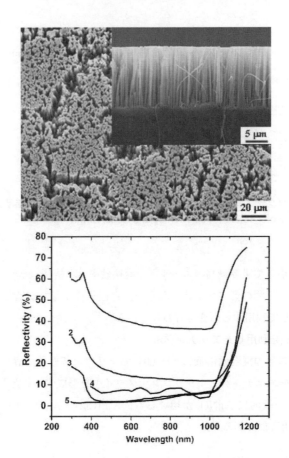

図9　無電解メッキ法により形成したシリコンナノワイヤー[40]（© Elsevier, 2010）
（上）表面と断面の走査型電子顕微鏡像。（下）Si 基板表面の反射率。1：研磨面，2：
アルカリテクスチャー面[10]，3：アルカリテクスチャー面＋反射防止膜[10]，4：ポーラ
スシリコン層形成面[42]，5：シリコンナノワイヤー形成面。

　の電極反応が起こる。このエッチング速度は，2.6 μm/min に達する。この時，ナノホールと同時にポーラスシリコン層（ステイン層）も形成され，反射率を5%以下に低減できる。抵抗値の高いポーラスシリコン層をアルカリエッチングにより除去し，μm サイズのポーラス構造にすると，反射率は20〜40%になる（図10）[47, 48]。

　他にもシリコン表面上に，スクリーン印刷法で金属ナノ粒子を塗布したり[49]，自己組織化により作製したマスクを利用して金属ナノ粒子を配置してポアーを形成する[50, 51]ことによって反射率を低減する方法も報告されている。

　ただ，これらの方法は，6〜8インチサイズの太陽電池への適用が困難である，完全な金属除去が困難で少数キャリアライフタイムが減少する，ポーラスシリコン層の厚さの制御が困難である，pn接合や電極形成が困難であるなどの欠点があり，これらを改善する技術の開発が必要である。

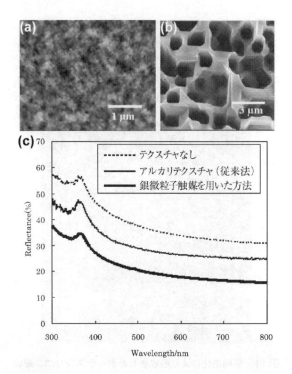

図 10　銀ナノ粒子を無電解メッキにより担持してエッチングした多結晶シリコン表面の走
　　　査型電子顕微鏡像と反射率[9]（©表面技術協会，2005）
(a)銀ナノ粒子を触媒としてエッチングして形成したナノホールを含むポーラスシリコン表面
の走査型電子顕微鏡像，(b)表面(a)をアルカリエッチングした後の走査型電子顕微鏡像，(c)テ
クスチャーのない表面，アルカリテクスチャー表面および表面(b)の反射率の比較。

2. 2. 6　電気化学的方法

　フッ化水素酸水溶液中で，シリコン表面を陽極酸化することによりポーラスシリコン層（図
11)[52]を形成し，太陽電池に応用する研究も多く行われてきた。この方法により反射率を10%以
下に低減できる（図12)[52, 53]。しかし，シリコン基板に電圧を印加する機構は複雑で，大量生産
には用いられていない。

　また，シリコン表面を陽極酸化する際に，金属ナノ粒子を触媒としたり[54]，ポリスチレンナノ
粒子をマスクとしたり[55]することにより，ナノハニカム構造を形成できる。シリコン基板の裏面
から侵入長の短い短波長の光を照射しながら陽極酸化を行うと[56]，光照射によって生成したホー
ルがシリコンの酸化反応に寄与し，これがナノホールの先端に集中するため，そこでエッチング
が速く進む。これにより，表面に垂直で径が均一なナノホールを形成することもできる。

2. 2. 7　VLS 機構によるシリコンナノワイヤの成長

　金属微粒子触媒を用いて，Vapor-Liquid-Solid（VLS）機構により，シリコンナノワイヤを形
成する方法が開発されている[57~64]。これは，①プラズマ気相成長（PECVD）法などにより SiH_4
を分解するなどして生成する気相のシリコン化合物が金などの金属微粒子に吸着する，②シリコ

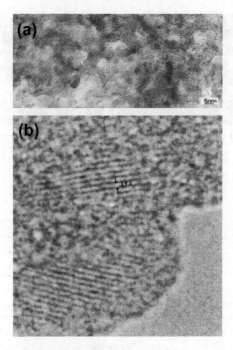

図11　陽極酸化により形成されたポーラスシリコン層の
透過型電子顕微鏡像[52] (© Elsevier, 1999)
(a)広範囲像。(b)高分解像。

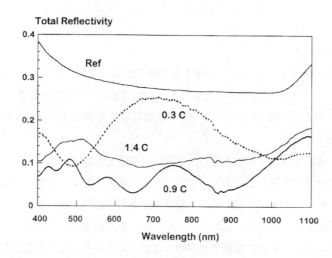

図12　陽極酸化により形成されたポーラスシリコン層を持つシリコン表面の反射率[52]
(© Elsevier, 1999)
Ref：陽極酸化前，他は各電荷量での陽極酸化後。

ンと金属の共晶混合物が生成する，③過飽和になったシリコン原子が微粒子表面に析出する，④金属微粒子表面を鋳型として結晶成長が始まる，⑤余剰シリコンがワイヤ状で析出するという反応機構によると考えられている。反射率は，20％以下に低減できる。しかし，触媒金属が Si 内に溶解して欠陥準位を生成する可能性がある，pn 接合や電極形成が困難であるなどの問題を解決する技術の開発が重要である。

2. 2. 8　物理的形成方法

　極薄のブレードを用いて，多結晶シリコン表面を機械的に研磨し，平行な V 字の溝を均一に形成したマットテクスチャー構造も形成できる[65]。単純な構造ではあるが，反射防止膜と組み合わせれば，反射率を 10％以下に抑えることができる。

　窒素，SF_6，H_2S などの気相中でパルスレーザーを用いてレーザーアブレーションを行い，シリコン表面にマットテクスチャー構造を形成する方法も報告されている。ナノピラミッド構造（ナノスパイク）[66~71]，トレンチ構造[72]，ハニカム構造[73]などが形成されており，反射率は 10％以下にできる。

2. 2. 9　表面構造転写法

　極低反射率を実現する最適な構造を形成するために，モールドを作製しこれをシリコン表面に転写する方法である[8]。モールドは，高価なものを利用しても繰り返し使えるので，結果的にはコストは問題にならない。例えば，シリコンマットテクスチャー面に白金膜を堆積したものをモールドとして用いて，これをフッ化水素酸と過酸化水素の混合水溶液中でシリコン基板に接触させるだけで，逆ピラミッド構造をシリコン表面の面方位に関係なく容易に作製することができる（図 13）。多結晶シリコン表面にも，逆ピラミッド等の構造を形成することによって，モールドのシリコンマットテクスチャー面よりも低い反射率が得られる。

2. 3　反射防止膜

　シリコン表面に，シリコンと空気の中間の屈折率をもち光の透過率の高い薄膜を堆積することにより，反射率を低減できる。市販の結晶シリコン太陽電池，特に多結晶シリコン太陽電池には，主に PECVD 法で形成する窒化シリコン膜が使用される。シラン（SiH_4）とアンモニア（NH_3）を主な原料ガスとする PECVD 法によって形成される窒化シリコン膜には多くの水素が含まれ，それがシリコン表面や多結晶シリコンの粒界の界面に拡散して，そこに存在するシリコンダングリングボンド等の欠陥準位と結合して Si-H 結合を形成する結果，欠陥準位が消滅するというパッシベーション効果もある。また，n 層の形成も兼ねて，リンを含む TiO_2 膜を塗布法によりp 型シリコン基板に堆積する方法もある[74]。

　空気，反射防止膜およびシリコン基板の屈折率をそれぞれ n_0，n_1，n_2，反射防止膜の膜厚を d，光の波長を λ とし，垂直入射していると仮定すると，シリコン表面での反射率 R が最小となるのは，

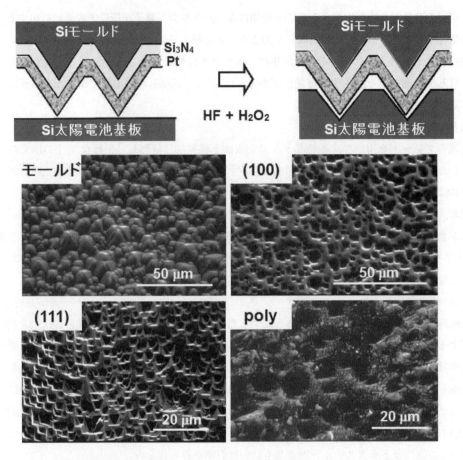

図13　表面構造転写法の原理と，この方法により Si(100)，Si(111) および poly-Si 表面
　　　上に形成された逆ピラミッド構造の走査型電子顕微鏡像

$$\cos(4\pi n_1 d/\lambda) = -1 \tag{7}$$

つまり，

$$d = (1+2m)\,\lambda\,/(4n_1)\quad(m=0,\,1,\,2,\,3,\,\cdots\cdots) \tag{8}$$

となる時である。すなわち，光の1/4波長の奇数倍の膜厚をもつ反射防止膜を形成することに
よって，反射率は極小となる。しかし，低反射率が得られる波長領域は限られた範囲となる。ま
た，極小となる場合の反射率は，

$$R = (n_1{}^2 - n_0\,n_2)^2/(n_1{}^2 + n_0\,n_2)^2 \tag{9}$$

で与えられる。したがって，反射率が最も低減する反射防止膜の屈折率は，n_0（空気）＝1，n_2（シ
リコン）＝3.5 とすると，

表1　反射防止膜に使用される化合物の屈折率

化合物	屈折率
TiO_2	2.4〜2.8
ZnS	2.1〜2.4
WO_3	〜2.0
Si_3N_4	〜1.9
SiO	〜1.9
Al_2O_3	〜1.8
SiO_2	〜1.5
MgF_2	1.3〜1.4

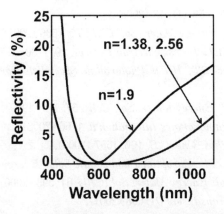

図14　1層からなる反射防止膜（屈折率：1.9）を形成した時と屈折率の異なる反射防止膜
（屈折率：1.38，2.56）2層を積層した時のシリコン太陽電池の反射率の比較

$$n_1 = (n_0 \, n_2)^{1/2} \sim 1.9 \tag{10}$$

であり，窒化シリコン膜の屈折率に近い（表1）[7]。また，2種類の反射防止膜を形成し，より広い波長領域で反射率を低減することもできる（図14）。

2.4　今後の展開

　シリコン太陽電池のエネルギー変換効率の向上のために，様々な要素技術が開発されてきた。太陽電池は，多くの工程の積み重ねで完成するので，これらのマッチングが次の重要な課題になる。また，本稿では述べなかったが，量子サイズ効果を利用した太陽電池などプロセス開発が未熟であるものも多く，これからも新しいアイデアに基づく太陽電池が提唱されていくものと考えられる。化合物半導体や有機半導体に偏らず，日本でもシリコン太陽電池の高効率化の研究を他国と同レベルかそれ以上に進めていく必要がある。これにより，日本企業の太陽電池産業の競争力を高め，世界のエネルギー問題と環境問題の解決に貢献していかなくてはならない。

文　　献

1) 松谷壽信, シャープ技報, **70**, 37 (1998).

2) 川本訓裕ほか, SANYO TECHNICAL REVIEW, **34**, 205 (2002).

3) J. C. Zolper *et al., Appl. Phys. Lett.* **55**, 2363 (1989).

4) 中村京太郎ほか, シャープ技報, **93**, 11 (2005).

5) http://www.nikkan.co.jp/news/nkx0820110204aaad.html

6) O. Shultz *et al., Prog. Photovoltaics,* **12**, 553 (2004).

7) H. Tsubomura *et al., Critical. Rev. Solid State Matter. Sci.,* **18**, 261 (1993).

8) T. Fukushima *et al., Electrochem. Solid-State Lett.,* **14**, B13 (2011).

9) 西村陽一郎, 表面技術, **56 (1)**, 13 (2005).

10) P. K. Singh *et al., Sol. Energy Mater. Sol. Cells,* **70**, 1506 (2001).

11) M. H. White *et al., IEEE Trans. Electron Devices,* **19**, 1280 (1972).

12) D. L. King *et al., Proc. 22nd IEEE Photovoltaic Specialists Conference World Conference,* 303 (1991).

13) E. Vazsonyi *et al., Sol. Energy Mater. Sol. Cells,* **57**, 179 (1999).

14) G. Beaucarne *et al., Photovoltaics International,* **1**, 66 (2008).

15) R. A. Wind *et al., J. Phys. Chem. B,* **106**, 1557 (2002).

16) R. Chaoui *et al., Proc. 14th European Photovoltaic Solar Energy Conference,* 812 (1997).

17) Y. Nishimoto *et al., Sol. Energy Mater. Sol. Cells,* **61**, 393 (2000).

18) C. Mihaelcea *et al., Transducers'01,* 608 (2001).

19) P. Pal *et al., J. Microelectromech. Syst.,* **18**, 1345 (2009).

20) A. Hauser, *Pre-print of WCPEC* 3, (2003).

21) E. Ryabova, *Photovoltaics World,* May June, 12 (2009)

22) B. González-Díaz *et al., Mater. Sci. Eng.,* B159–160, 295 (2009).

23) K. Kim *et al., Sol. Energy Mater. Sol. Cells,* **92**, 960 (2008).

24) 佐藤宗之ほか, Ulvac Technical J., **74**, 6 (2011).

25) J. Yoo *et al., Mater. Sci. Eng.,* B159–160, 333 (2009).

26) S. H. Zaidi *et al., IEEE Trans. Electron Devices,* **48**, 1200 (2001).

27) D. H. Macdonald *et al., Solar Energy,* **76**, 277 (2004).

28) K. S. Lee *et al., Sol. Energy Mater. Sol. Cells,* **95**, 66 (2011).

29) 小川圭祐ほか, 第 57 回応用物理学関係連合講演会講演予稿集, 19a-TG-4 (2010).

30) Y. Saito *et al., Sol. Energy Mater. Sol. Cells,* **91**, 1800 (2007).

31) M. A. Green *et al., Prog. Photovoltaics,* **17**, 183 (2009).

32) O. Shultz, *Abstract of WCPEC 3,* 4P-C4-10 (2003).

33) H. Morikawa *et al., Current Appl. Phys.,* **10**, S210 (2010).

34) W. A. Nositschka *et al., Sol. Energy Mater. Sol. Cells,* **80**, 227 (2003).

35) T. Sato *et al., Jpn. J. Appl. Phys.,* **46**, 6796 (2007).

36) K. Wang *et al., Optics Express,* **18**, A568 (2010).

37) K. Peng *et al., Small,* **1**, 1062 (2005).

38) C. Chen *et al.*, *J. Appl. Phys.*, **108**, 094318 (2010).

39) K. Q. Peng *et al.*, *Adv. Mat.*, **14**, 1164 (2002).

40) K. Peng *et al.*, *Adv. Funct. Mater.*, **16**, 387 (2006).

41) S. K. Srivastava *et al.*, *Sol. Energy Mater. Sol. Cells*, **94**, 1506 (2010).

42) B. C. Charkravarty *et al.*, *Sol. Energy Mater. Sol. Cells*, **91**, 701 (2007).

43) X. Li *et al.*, *Appl. Phys. Lett.*, **77**, 2572 (2000).

44) H.-C. Yuan *et al.*, *Appl. Phys. Lett.*, **95**, 123501 (2009).

45) K. Tsujino *et al.*, *Electrochem. Solid-state Lett.*, **8**, C193 (2005).

46) K. Tsujino *et al.*, *Electrochim. Acta*, **53**, 28 (2007).

47) K. Tsujino *et al.*, *Sol. Energy Mater. Sol. Cells*, **90**, 100 (2006).

48) 辻野和也ほか，表面技術，**56**, 843 (2005).

49) K. Tsujino *et al.*, *Sol. Energy Mater. Sol. Cells*, **90**, 1527 (2006).

50) H. Aso *et al.*, *Electrochim Acta*, **54**, 5142 (2009).

51) S. Bauer *et al.*, *Electrochem. Commun.*, **12**, 565 (2010).

52) S. Bastide *et al.*, *Sol. Energy Mater. Sol. Cells*, **57**, 393 (1999).

53) A. Krotkus *et al.*, *Sol. Energy Mater. Sol. Cells*, **45**, 267 (1997).

54) X. Wang *et al.*, *J. Appl. Phys.*, **108**, 124303 (2010).

55) H. Asoh *et al.*, *Jpn. J. Appl. Phys.*, **43**, 5667 (2004).

56) X. Wang *et al.*, *Phys. Status Solidi*, **A208**, 215 (2011).

57) M. D. Kelzenberg *et al.*, *Nature Mater Lett.*, **14**, 267 (2010).

58) M. D. Kelzenberg *et al.*, *Nano Lett.*, **8**, 710 (2008).

59) M. Jeon *et al.*, *Mater. Lett.*, **63**, 777 (2009).

60) O. L. Muskens *et al.*, *Nano Lett.*, **8**, 2638 (2008).

61) R. Wehrspohn *et al.*, *Chem. Sus. Chem.*, **1**, 173 (2008).

62) J. Červenka *et al.*, *Phys. Status Soliditi*, **4**, 37 (2010).

63) C. Y. Kuo *et al.*, *Sol. Energy Mater. Sol. Cells*, **95**, 154 (2011).

64) Y. Wu *et al.*, *Topics in Catal.*, **19**, 197 (2002).

65) M. McCann, *Abstract of WCPEC 4*, **1**, 894 (2003).

66) B. K. Nayak *et al.*, *Appl. Surf. Sci.*, **253**, 6580 (2007).

67) C. H. Crouch *et al.*, *Appl. Phys.*, **A79**, 1635 (2004).

68) M. Y. Shen *et al.*, *Appl. Phys. Lett.*, **85**, 5694 (2004).

69) M. A. Sheehy *et al.*, *Chem Mater.*, **17**, 3582 (2005).

70) J. Zhu *et al.*, *Appl. Surf. Sci.*, **245**, 102 (2005).

71) A. J. Pedraza *et al.*, *Appl. Phys. Lett.*, **74**, 2322 (1999).

72) J. C. Zolper *et al.*, *Appl. Phys. Lett.*, **55**, 2363 (1989).

73) M. Abbott *et al.*, *Prog. Photovoltaics*, **14**, 225 (2006).

74) 佐賀達男ほか，シャープ技報，**79**, 49 (2001).

第6章　ナノ構造光学素子を支える材料の最新動向

1　ガラス材料

北村直之[*1]，福味幸平[*2]

1.1　はじめに

　次世代のナノ構造光学素子の開発のためには，ナノ構造の寸法精度や光学特性の安定性などが要求される。現在のナノ構造光学素子の研究において，プレス成形用光学ガラス，光硬化レジストや無機・有機のゲルなどの材料を用いたインプリント成形が試みられている。インプリント成形は省エネルギー・省コストで大量生産が期待できる革新的製造方法であり，企業・大学・研究者から注目されている方法である。報告されている光学材料の中でもプレス成形用光学ガラスは十数年前より精密な非球面レンズなどの生産に供してきた実績があり，化学的にも熱的にも安定した材料である。ナノレベルの微細な表面レリーフの形成が必要なナノ構造光学素子では，より成形性・生産性に富み，素子として要求される特性を持ったガラスが必要になってきている。本節では，現在までのプレス成形用ガラスの動向を概観するとともに，ナノインプリントやモールド成形を目的として進められているガラスの研究開発の状況を扱う。

　高性能のナノ構造光学素子をインプリントで実現するためには，高アスペクト比のナノ構造を転写する技術が必要である。既存のガラスではすでにサブ波長程度の構造が成形可能であるがその構造高さは大きくなく，光学的効果は小さい。高アスペクト比の構造を作製する場合，なだらかな曲面の成形に比べて，微細な凹凸のある金型とガラスの界面の面積は数倍になるとともに，複雑な構造は金型から離型しにくい。金型との反応の少ない低温での成形が必要となってくるであろうし，ガラスと金型の膨張係数の大きな差異は金型とガラスの力学的な噛み合いの原因となるため適切な膨張係数を選択する必要がある。さらに，当然ながら光学素子の設計上，適切な屈折率，波長分散を選択する必要がある。たとえば，構造複屈折型の波長分離素子では高屈折率と高い透過特性が要求され，撮像系のレンズでは種々の屈折率と分散が必要となる。現在商用となっているプレス成形用の硝種は低屈伏点化を目指した結果，ホウ酸塩（ホウケイ酸塩）ガラスとリン酸塩ガラスが主流となっている。ちなみに，低 Tg ガラスと称される低融点ガラスは Tg＜600℃が目安とされている[1]。しかしながら，ナノ構造を熱インプリントで成形し製品として供する場合，既存のモールド成形用光学ガラスが利用できるかどうかは未だに不明であると言え

＊1　Naoyuki Kitamura　㈱産業技術総合研究所　ユビキタスエネルギー研究部門　光波制
　　　　御デバイスグループ　主任研究員

＊2　Kohei Fukumi　㈱産業技術総合研究所　ユビキタスエネルギー研究部門　光波制御デ
　　　　バイスグループ　主任研究員

る。なぜなら，ナノ構造の金型やガラスが力学的に耐えうる特徴を有しているのか，ガラスの粘弾性が微細構造の形成に適しているのかなど多くの問題が山積されているからである。インプリント専用のガラスが無い現在では，これらの市販ガラスを用いて研究が進められているのが実情であり，ある程度の成果が報告されているのも事実である。以下では，まず，現在までの精密モールド成形を目的とした光学ガラス材料の経緯を硝種別に紹介し，これらのガラスを用いてナノ構造を転写している例を見る。次に，ナノ構造の熱インプリント成形が試みられている低屈伏点・高屈折率のガラス材料の開発動向について成形例とともに概観する。

1.2　ホウ酸塩系ガラス（ホウケイ酸塩系ガラスを含む）

　初期の光学ガラスがそうであったようにホウケイ酸塩系ガラスで多くのプレス成形用光学ガラスが開発されている。2005 年頃までのプレス成形用光学ガラスについての特許動向については，寺井の報告[2]に良くまとめられているので参考にして頂きたい。一般に光学ガラスは，屈折率と分散で分類されるためガラス組成は殆ど開示されていない。類似した光学特性を持っていても異なる組成系である場合もある。本節では主成分が示されている文献等を元に一部の市販ガラスを紹介するが，光学ガラスメーカー各社が多くのモールド成形用光学ガラスを出していることは言うまでもない。

　図 1 (a)および(b)は，それぞれ市販のモールドプレス成形用として販売している光学ガラスの n_d-ν_d と n_d-At の関係図を示す。利用目的として撮像系光学レンズが主であるので分散値で分類して紹介すると，厳密な閾値は無いが，アッベ数でおおよそ 60 以上のガラスが低分散型（高屈

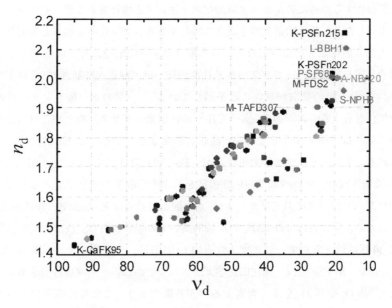

図 1 (a)　市販モールドプレス成形用光学ガラスの n_d-ν_d ダイアグラム

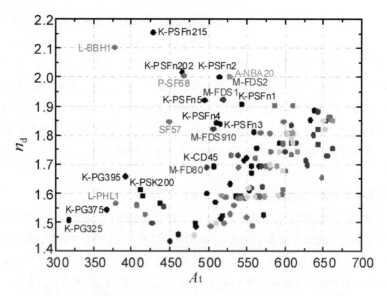

図 1(b)　市販モールドプレス成形用光学ガラスの n_d-At の関係図

折率の硝種では 40 程度でも低分散と呼ばれることがある）のタイプに分類される。ホウケイ酸塩系であれば K-PBK40[3,4]，K-PBK50[4]（㈱住田光学ガラス），L-BAL42[5]，L-BAL62[5]（㈱オハラ）などがこのタイプに該当する。屈伏点は比較的高く 470-650℃ ぐらいである。この系のガラス組成は日本電気硝子㈱，HOYA ㈱の特許申請が比較的多い。この系では，異常分散性を示す酸化ランタンを添加された硝種が多くある。屈折率を調整できるが高融点成分であるので成形温度が高くなる。低融化するためにアルカリ金属酸化物を添加する場合もあるが，過剰な添加は金型との反応性が上昇したり，化学的耐久性を損ねる場合がある。フッ化物を添加して屈折率と分散を下げた硝種もあり屈伏点も更に低くなる。日本電気硝子㈱は金型素材である WC とこの系のガラスとの融着状態を評価した。ガラスの塩基性度が低いほど融着が抑制され 9.5 以下では融着がなく，ガラス中への W の拡散が無いことを示している[6]。一部のホウ酸ランタン系ガラスは比較的低い分散性を有するものがある。K-VC79[7]（㈱住田光学ガラス）などがこれに該当する。これらのガラス系では，微量成分ではあるが高屈折率成分として La_2O_3，Gd_2O_3，Ta_2O_5，WO_3 などが添加される。トレードオフとして屈伏点が上昇（WO_3 以外）するので低融成分として Li_2O，ZnO などが添加される。アッベ数で 50-40 前後を示す中分散型の光学ガラスとして，ホウ酸ランタン系では K-VC89[7]（㈱住田光学ガラス），ホウ酸亜鉛系では K-ZnSF8[3]（㈱住田光学ガラス）などがあげられる。屈伏点は 500-650℃ の比較的高い方の領域にある。高分散型の光学ガラスはアッベ数で 30 程度以下を示す。ビスマス含有の L-BBH1[8]，ホウ酸ニオブ系 S-NPH1[5]（㈱オハラ），K-PSFn202，K-PSFn214（㈱住田光学ガラス）などがこのタイプに該当する。一般に高屈折成分として Nb_2O_5 や Bi_2O_3 を多く含有するのが特徴であり，これらの成分によって高分散性を示す。前者は高融点組成であり屈伏点が高くなり，後者は低融点物質であるため屈伏点は

400℃台まで低下する。

　東芝機械㈱は自社のガラス素子成形装置を用いてモールドプレス成形用光学ガラスの成形を行った。金型には 500℃ までの耐熱性のある特殊 Ni 合金金型を用い，図 2 (a) のような高屈折率 K-PSFn214（成形温度 470℃）の DOE レンズを成形した[9]。微細構造ではないが，超硬合金金型を用い L-BAL42（成形温度 570℃）の高 NA 非球面レンズ（図 2 (b)）の成形を行った[9]。

　佐々木らは光学ガラスではないが，ホウケイ酸塩系低蛍光ガラスの Borofloat® 33（北米ショット社）を用いて数十ミクロンオーダーのマイクロ流路構造を GC 金型を用いた熱インプリント（成形温度 655℃）で作製した[10]。金型の形状を工夫することで，成形後の基板の反りや離型性を向上させている。東芝機械㈱はアモルファスカーボン金型を用いて 400nm ピッチのラインアンドスペース（アスペクト比 1 程度）構造を石英ガラス上に形成することに成功した（図 3）[9]。

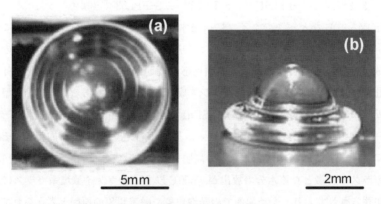

図 2　(a) L-BAL42 で熱インプリント成形した DOE レンズ，(b) K-PSK100 でモールド成形した高 NA 非球面レンズ[9]（出典：東芝機械㈱ホームページ）

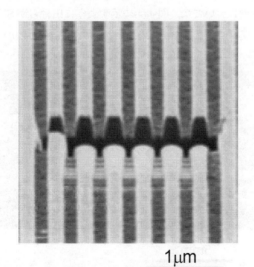

図 3　石英ガラス上に形成されたラインアンドスペースパターンの SEM 像[9]
（出典：東芝機械㈱ホームページ）

1.3 リン酸塩系ガラス（フツリン酸塩系ガラスを含む）

　古くから知られるように，一般に軟化点はケイ酸塩＞ホウケイ酸塩＞リン酸塩＞フツリン酸塩
＞フッ化物＞カルコゲン化物の順に低くなることが知られている。市販のモールドプレス成形用
光学ガラスではホウ酸塩系よりもリン酸塩系ガラスの方が低い屈伏点を示す傾向にある。低分散
型のガラスは図1(a)の中央より左下に位置するがこの中では，リン酸亜鉛系のK-PSK100[3]，K-
PSK50[11]（㈱住田光学ガラス），L-PHL1[11]（㈱オハラ）がこの系のガラスであり屈伏点は400-
500℃となる。HOYA㈱はリン酸亜鉛バリウム系ガラスの特許を開示しており，類似した屈伏点
を示すようである。これらのガラスは十分に成形温度が低いので，ステンレス鋼系の材質の金型
を使うことが可能になる[2]。フッ素は分散をさらに低くし屈伏点を低下させることができる。近
年フツリン酸系のガラスが精力的に開発され，K-CaFK95[8]，K-PFK80[8]，K-PFK85[8]（㈱住田
光学ガラス），S-FSL5[12]，S-FPL51[8,12]，S-FPL52[13]，S-FPL53[8,12]（㈱オハラ），M-FCD1[14]，M-
FCD500[14]（HOYA㈱）などがこのタイプに該当する。屈伏点は400-600℃と組成に依存し幅広
い値を示す。しかしながら，フッ化物の添加はプリフォーム作製時やモールド成形の再加熱時に
表面からの成分が揮発し均質性の低下や界面反応が問題が生じることがある。M-FCD1やM-
FCD500は組成検討により揮発を抑制したプレス成形可能な硝種である[14]。高分散型に該当する
リン酸塩系ガラスは，リン酸ニオブ系のK-PSFn1[3,15]，K-PSFn3[3,15]（㈱住田光学ガラス）やM-
FDS2[14]，M-FDS910[14]（HOYA㈱）が該当する。屈折率は1.8-2.0を示し屈伏点は500-550℃と
高く無い。Nb_2O_5，TiO_2，WO_3，Bi_2O_3などの高屈折率高分散成分を含有することを特徴とする。
リン酸塩系ガラスで特徴となる水分の放出が，500℃以上でホウケイ酸塩系ガラスに比べて活発
になることが報告されており，金型界面での発泡現象や融着現象の原因と考えられている[14]。さ
らに，炭素系の金型界面ではWやNbの還元も融着現象の原因であることが示唆されている[14]。

　実際のナノ構造の形成例については，図4(a)に示すように田村らがSiC製のレンズ金型を使用
して表面にナノレベルの反射防止構造を持ったレンズの一括成形に成功している[16]。ガラスはK-

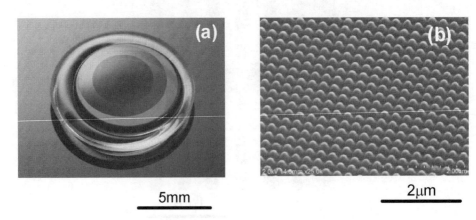

5mm　　　　　　　2μm

図4　(a)K-PSK100の熱インプリント成形で作成した反射防止構造付のレンズと(b)反射防止構造
　　のSEM像[17]（出典：N. Yamashita *et al., Proc. of SPIE* 7598, 75981S（2010））

PSK100（㈱住田光学ガラス）を用い 415℃で成形を行っている。図 4(b)はガラス表面の SEM 画像であるが，ガラス表面や界面に異常は見られず平滑な成形面となっていることがわかる。

1.4　新規の低屈伏点・高屈折率ガラスの研究開発

　前述した既存のモールドプレス成形用光学ガラスを用いたナノ構造ガラス光学素子の研究開発と並行して，光学素子の熱ナノインプリントに適した光学ガラス材料の研究が近年活発に進められている。屈折率の低いガラス材料については図 1(b)の左側に示されるように，屈伏点が 500℃を下回る既存硝種が存在するが，後述するように透過特性の良好な硝種は高屈折率側には存在していない。環境対応の厳しい状況の中で高屈折率光学ガラスに利用できる元素は限られる。希土類元素では固有の吸収を可視光領域に持たない La_2O_3, Gd_2O_3, Yb_2O_3 が使用されるが，高融点成分であるのでアルカリ酸化物や酸化亜鉛などで低融化が必要になる。主として Bi_2O_3, Nb_2O_5, TeO_2, SnO, Ta_2O_5, WO_3 などを多く含有するホウ酸塩系またはリン酸塩系ガラスが低融高屈折率光学ガラスの候補として研究され続けている。これらの酸化物は紫外領域近くに光吸収帯を有するため屈折率が高いのではあるが，一方で可視の短波長領域における透過特性がしばしば悪くなってしまう。図 1(a)の右上，図 1(b)の左上（$n_d > 1.8$, $At < 500℃$）の高屈折率ガラスの多くはビスマスを含有していることから黄色を呈し，光学素子として問題となる場合がある。しかしながら，現有のガラス溶融施設が利用でき低屈伏点高屈折率が期待できることから，ホウ酸ビスマス系とリン酸ビスマス系のガラスが精力的に開発されナノ構造のインプリント成形が試みられている。これ以外にも，低融性のリン酸スズ系のガラスについても検討されているのでいくつかの例を紹介する。

　山下らはビスマスを多く含有するホウ酸塩系ガラスにおいて，電気陰性度の大きな元素の酸化物の添加により Bi^{3+} イオンが原因の吸収端エネルギーが短波長側に移動することを見出し，GeO_2–Bi_2O_3–B_2O_3 および Li_2O–Ga_2O_3–Bi_2O_3–B_2O_3 を主成分とする光学ガラスを開発した[17]。Li_2O と Ga_2O_3 をともに添加することで 1.8 以上の屈折率を有するガラスを得た。波長 400nm の内部透過率も 80% を超える良い特性を示している。また，フッ素ドープを行うことにより屈伏点を 450℃程度を達成している。彼らは，図 5(a)に示される SiC 製の金型を使用して，このガラス表面に周期 250nm アスペクト比が約 1.3 の一次元構造をインプリントで成形した（図 5(b)）。一方，森らは，GeO_2–Bi_2O_3–B_2O_3 系ガラスの表面に周期 250nm のナノ構造を熱インプリントを用いて成形した[18]。いずれのガラスにおいても構造性複屈折が確認された。成形後のガラス表面に荒れや反応は確認されておらず，組成開発が進められることでナノインプリント用光学ガラスとして期待できる。一方リン酸ビスマス系のガラスでは，北村らが ZnO–Bi_2O_3–P_2O_5 を主成分とするガラスで，屈折率 1.8 以上で屈伏点が 400〜500℃のガラスを開発した。リン酸組成がガラス網目構造を形成する 3 元系リン酸ビスマス系ガラスでは屈折率が 1.8 を超えるガラスは困難であったが，唯一，ZnO–Bi_2O_3–P_2O_5 系において 1.8 を超える高屈折値を示すことを明らかにした[19]。種々の組成検討により透明性が良好なものを得ることに成功している。この系もフッ素添加により

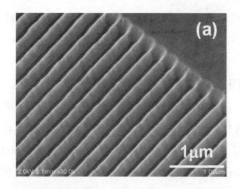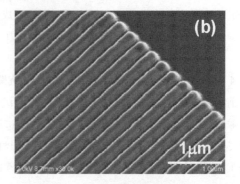

図5 (a) SiC 製の熱インプリント成形用金型と(b) Li$_2$O-Ga$_2$O$_3$-Bi$_2$O$_3$-B$_2$O$_3$ ガラス上に転写した一次元周期構造の SEM 画像[18] (出典：T. Mori *et al., J. Ceram. Soc. Jpn.* 117, 1134-1137 (2009))

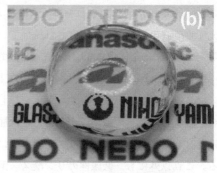

図6 (a)熱インプリント成形で ZnO-Bi$_2$O$_3$-P$_2$O$_5$ ガラス上に形成された二次元反射防止構造の SEM 画像と(b)一括形成された反射防止構造付レンズの概観[21] (出典：長谷川智晴，「Bi$_2$O$_3$-B$_2$O$_3$-TeO$_2$ ガラスの光学特性」，*Proc. the 21st Meeting on Glasses for Photonics*, p15)

400℃以下まで屈伏点を下げることができるが，成分の揮発による不均化が問題として残されている。また，リン酸塩特有の表面の荒れや発泡現象も課題として残されている。中村らは ZnO-Bi$_2$O$_3$-P$_2$O$_5$ を主成分とするガラスを用いて，反射防止構造を有するレンズの一括成形に成功した[20]。図6(a)に示すように，周期 250nm の二次元周期構造がガラス表面に形成され，表面反射の抑制が確認された（図6(b)）。いずれにしてもビスマスを含有するガラスでは吸収端エネルギーが近紫外領域に存在するため黄色を呈することが，青色レーザーの利用を考えると課題になろう。原料純度や温度・雰囲気などの溶融条件が敏感に影響することがホウ酸ビスマス系のガラスで検討されている[21]。

　リン酸ビスマス系以外ではリン酸スズ系ガラスが武部らによって研究されている[22]。リン酸スズ系のガラスは組成によっては 300℃以下の屈伏点を示す低融点ガラスとして古くから知られており，ショット㈱や日本電気硝子㈱などが封着用電子ガラスとして商品化しているガラス系であ

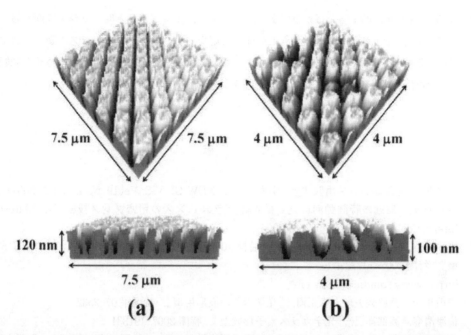

図7　67SnO-33P$_2$O$_5$ガラス上に熱インプリント成形された(a) 750nm および(b) 400nm 周期の
　　　格子パターンの AFM像[23]（出典：D. Ehrt, *J. Non-Cryst. Solids*, Vol. 354, 546-552（2008））

る。Sn^{2+}→ Sn^{4+}の酸化反応で高融点のスズ酸化物結晶が析出するため，密閉系での溶融や還元
剤の投入下での溶融が必要となる。武部らは二成分系 SnO-P$_2$O$_5$ ガラス中に欠点を発生させるこ
となく，n_d が 1.794 でガラス転移点 268℃のガラスを得た。図7に示すように，750nm および
400nm の矩形周期構造を 67SnO-33P$_2$O$_5$ ガラスに熱インプリントで形成することに成功した。
成形温度が 250℃とかなり低いため，一部欠損が見られるものの保護膜無しの石英ガラスを金型
として成形できることは注目に値する。このような低融点の2成分系ガラスは長期間の化学的耐
久性に問題が残るが，ガラス内の水分を低減させることにより改善している例がある[23]。他のリ
ン酸系ガラスの化学的安定性向上の手法として有効かもしれない。

　非酸化物ガラスでは，カルコゲナイドガラスが低屈伏点の光学ガラスとして知られている。こ
のガラスは赤外透過に優れており，暗視カメラの光学系や赤外線レーザーの光学系に利用されて
いる。IIR-SF1（五鈴精工硝子㈱）がこれに該当し，非球面レンズや微細パターンの熱インプリ
ント成形が可能である[24]。屈伏点が 280℃と低く金型材料の選択性も広いと考えられる。

1.5　おわりに

　ナノ構造のガラスインプリントではガラス材料の低融化が重要な位置を占めているようであ
る。そのため，ホウ酸塩系やリン酸塩系更にフッ素を添加したガラス系が集中的に研究されてい
る。光学的な特性はおおよそクリアされつつあるが，実際のナノ構造光学素子の形成のための諸

特性の研究はまだまだ始まったばかりである。たとえば，インプリント時のガラス表面からの成分揮発や結晶化，金型材料や保護膜材料との化学反応などの問題。また，ガラスの膨張係数や機械的強度，成形時の粘性や弾性などもアスペクト比の大きな構造を形成するために重要な課題となろう。光学素子の製造研究とガラスの開発研究が一体となる必要がある。

文　　献

1)　上原進，「非球面レンズ用低 Tg 光学ガラス」，NEW GLASS, Vol.19, No.4, 17-22 (2004).

2)　寺井良平，最近の特許動向に見る低無鉛ガラスレンズの精密プレス技術(2)，Materials Integration, Vol.18, No.10, 58-66 (2005).

3)　梅津清春，「光学ガラス素子成形型」，特開 2004-189565；梅津清春，「光学ガラス素子成形型」，特開 2007-137737.

4)　http://www.sumita-epi.com.cn/

5)　横田正明，桑原鉄夫，大森正樹，「光学素子の成形用型」，特開平 07-2532.

6)　梅津清春，渡部洋己，「光学ガラス素子形成型」，特開 2007-191331.

7)　佐藤史雄，薮内浩一，「モールドプレス成形用光学ガラス」，特開 2004-075456.；佐藤史雄，「モールドプレス成型用光学ガラス」，特開 2004-292306.

8)　森田祐子，「光学素子製造方法」，特開 2011-37656.

9)　http://www.toshiba-machine.co.jp/preci/contents/molding.html/

10)　佐々木智憲，高橋正春，前田龍太郎，西原啓三，高島康文，上柿順一，田中敏彦，前野智和，楊　振，「インプリント法によるガラス製マイクロ化学チップの開発」，東京都立産業技術センター研究報告，第 1 号，pp66-69, 2006 年.

11)　宮崎　直，「光学素子成形用型の洗浄方法」，特開 2010-143799.

12)　田邉貴大，「熱収差の除去された長焦点レンズ」，特開 2010-197460

13)　ひじ野雅道，松尾大介，「接合型光学部品およびその製造方法」，特開平 7-267691

14)　藤原康裕，「無研磨レンズ成形に適した光学ガラス」，NGF ガラス科学技術研究会，2011/2/25.

15)　http://www.sumita-epi.com.cn/

16)　T. Tamura *et al., Appl. Phys. Express* **3**, 112501 (2010).

17)　N. Yamashita *et al., Proc. of SPIE* **7598**, 75981S (2010).

18)　T. Mori *et al., J. Ceram. Soc. Jpn.* **117**, 1134-1137 (2009).

19)　N. Kitamura *et al., Mat. Sci. Eng. B* **161**, 91-95 (2009).

20)　J. Nakamura *et al., Proc. 8th Pacific Rim Conference on Ceramic and Glass Technology,* S25-P205.

21)　長谷川智晴，「Bi_2O_3-B_2O_3-TeO_2 ガラスの光学特性」，*Proc. the 21st Meeting on Glasses for Photonics*, p15.

22)　H. Takebe *et al., J. Phys. Chem. Solids,* **68**, 983-986 (2007).；S. Takata *et al., J. Ceram. Soc. Jpn.,* **117**, 783-785 (2009).

23)　D. Ehrt, *J. Non-Cryst. Solids,* **354**, 546-552 (2008).

24)　http://www.isuzuglass.co.jp/infrared/iir.html/

2 ゾル-ゲル法による無機あるいは有機-無機ハイブリッド材料

高橋雅英[*]

2.1 はじめに

ゾル-ゲル法に代表される液相経由の機能材料合成法は，低温プロセスによる高純度生成物（溶液を用いるので蒸留により超高純度化が可能）を得ること，前駆体溶液を基板に塗りつけることが可能であることから，複雑形状の素子形成だけではなく，歩留まりも良く環境負荷の小さなプロセスとして近年とみに注目を集めている。また，ナノ化学の進展に伴い，ナノからメソスケールの微小空間における構造・機能設計が可能となり，ソフトプロセスによるマイクロ構造形成と合わせて，複数階層に渡る構造機能設計に基づいた新しい材料が報告されているホットな研究分野である。液相プロセスの利点を活かしたナノ～マイクロ加工も種々報告されており，簡便にナノ構造を得ることも可能である。PDMS（polydimethylsiloxane）を用いたソフトリソグラフィーにより，表面の物理的形状を転写することで，2nm程度の空間分解能で構造形成が可能である[1]。さらに，SAM（Self assembled monolayer）と言われる機能性単分子膜を有効に用いることにより，表面の化学特性パターニングを反映した微細構造形成も報告されている[2]。前駆体溶液が液体である利点を活かし，インクジェット法やディップペンリソグラフィーと言われるAFMの探針をペンとして用いたナノリソグラフィーなどの多彩な微細構造形成手法が報告されている[3]。

液相経由の機能材料合成は，材料科学的な側面からも興味深い。場合によっては，水熱条件等を用いることにより，物理気相法や固相法では得ることのできない液相法固有の結晶相を得ることが可能である。溶媒として用いる液体の沸点以上にはプロセス温度が上がらない（上げることができない）事から，有機物と無機物を複合することが可能であり，有機物の機能性と無機物の信頼性を両有する有機-無機ハイブリッド材料合成は，液相合成（ゾル-ゲル法）で広く研究されるに至っている。これに加えて，上述したようにナノ化学の進展に伴い，ナノ粒子やメソポーラス材料などの合成が可能となり，従来では，結晶あるいはガラス構造によってのみ物性を制御していたが，最近ではいわゆる中距離から長距離構造に相当するナノ～メソ構造と物性の相関の議論が可能となり，構造-物性相関の構造スケールが大幅に拡張している。本稿では，ゾル-ゲル法を用いた新規機能性材料に関して最近のトピックを紹介したい。なお，ゾル-ゲル法の基本的なプロセスに関しては，種々の専門書が出版されており，そちらを参照願いたい[4]。

2.2 低損失有機修飾シロキサン系ハイブリッド材料

光通信や光情報処理では，光ファイバや光導波回路が電気回路における導線の役割を果たしている。近年では，光ファイバによる情報通信網だけではなく，オーディオの光配線など我々の一般家庭に広く普及しつつある。光情報通信は，シリカガラス製光ファイバの最低損失波長である1.5μm帯を利用しているが，屋内配線や情報家電の光配線では，安価なプラスチック製ファイ

---

* Masahide Takahashi　大阪府立大学　大学院工学研究科　教授

バを使用することや可視光を用いて安全性を高めるという観点から650nm帯を利用している。光情報処理が我々の日常生活に広く用いられていることから，近赤外光から可視光までを伝送できる光回路基板の需要が高まっている。有機-無機ハイブリッド材料は，ガラス材料に迫る光学的特性とポリマー材料並みの加工性を実現できるシナジー材料として期待されている。例えば加工性に関して，有機側鎖に不飽和結合を導入することにより光硬化性を利用した光リソグラフィーを用いることができる，熱軟化性ハイブリッド材料は300度以下の軟化温度のため比較的簡単に熱エンボスなどの加工が可能である等の利点をあげることができる。しかしながら，ゾル-ゲル法に代表される液相法により合成される有機-無機ハイブリッド材料では，残存水酸基による近赤外吸収を取り除くことは非常に困難であり，ポリマー系光回路で行われているようなハロゲン化（プロトンをハロゲンで置換することにより，光通信帯における吸収ロスを低減する手法）などによる損失低減が必要である。一般に，光通信帯の損失要因は，水酸基あるいはC-H結合の振動による吸収ロスとされている。有機材料であるポリマー系材料と比べて有機-無機ハイブリッド材料は，C-H結合の数自体が少ないため，残存水酸基の量を低減することにより実用レベルまで損失を抑えることができるため，比較的安価に光回路素子を作製できる[5,6]。

　水酸基量を低減するには単純に無機部の重合度を向上させればよい。しかしながら，逐次重合によるゾル-ゲル法を用いている限り，残存水酸基を完全に取り除くことは不可能である。反応収率を高めるために，アルコール縮合反応を利用した無溶媒合成法を用いることにより，効率的に重合反応を促進することができる[7,8]。また，複数の前駆体から合成する場合，前駆体の反応性の違いによる分相などは大きな散乱損失の要因となる。無溶媒アルコール縮合反応を利用した場合は，前駆体間の反応性を制御しているために，本質的に分相が起こらないなどのメリットがある。アルコール縮合による一般的な有機修飾シロキサン形成反応は以下のようになる。

シラノール基を有する有機シラン系前駆体とアルコキシ基を有する前駆体を混合することにより，アルコール縮合によりシロキサン形成反応が進行する。それぞれ自己縮合をしないような前駆体を用いた場合は，ほぼ100％の収率で交互共重合体を得ることができる。系内で進行する反応はシロキサン形成反応のみであり，加水分解・脱水縮合を用いる場合とは異なり，反応速度差による分相等の問題もなく均質なシロキサン材料を得ることができる。有機官能基に重合性のメタクリル基等を用いることにより，光・熱硬化性有機修飾シロキサンを得ることができる。メタクリル基修飾材料を用いて光導波回路を形成すると，0.6dB/cm（@1550nm）程度の伝搬損失を示す[9,10]。さらに反応収率の向上を図ること，および反応残滓が存在しても光重合によりポリマー化できる利点を持った反応系も報告されている。

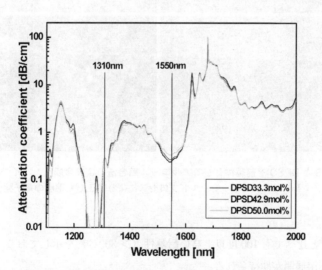

DPSD　　　　VTIPS　　　Curable Organic-Inorganic
　　　　　　　　　　　　　　　Hybrid Material

vinyltriisopropenoxysilane（VTIPS）と diphenylsilanediol（DPSD）を反応前駆体として用いた場合は，図1に示すような透過スペクトルを示し，光通信波長帯で 0.3dB/cm 以下の伝送損失を得ることができる[11]。これは，反応副生成物であるアルコールが，互換異性化反応により揮発性のアセトンに変化し，速やかに系外に散逸することおよび逆エステル化反応を抑制するために，シロキサン形成効率が大幅に向上するためによる。さらに，シリコンに結合しているアルコキシ基が全て不飽和結合を有しており，種々の副反応により最終生成物中に残存した場合も，光重合性官能基として利用可能であるためである。系内に残存する水酸基と伝送損失の関係を図2に示す。残存水酸基と光学損失に大きな相関があることが見て取れる。多量の C-H 結合を内包しているにもかかわらず，0.3dB/cm 以下の光学損失を示しており，有機-無機ハイブリッド材料の高いポテンシャルを示している。得られた材料は，光リソグラフィーによる微細構造形成が可能である。図3には，PDMS（ポリジメチルシロキサン）ソフトモールドを用いた，ソフトリソグラフィープロセス，および作製した種々のマイクロ構造薄膜を示す。350nm 以下の高い空間分解能で種々の微細構造を作り込むことが可能である。また，一般的な光学ポリマーである

図1　VTIPS と DPSD を前駆体としてアルコール縮合法により合成したハイブリッド材料の光透過特性（図中の DPSD％は，VTIPS と DPSD の組成を表す）。光通信波長帯で良好な光透過特性を示す[11]。

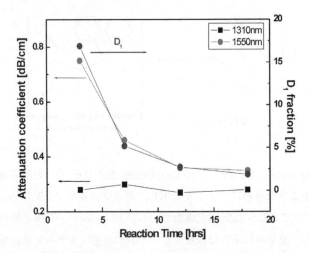

図2　VTIPS と DPSD を前駆体としてアルコール縮合法により合成したハイブリッド材料
の中の水酸基濃度（D1）と光透過特性の関係。水酸基が減少するとそれに対応して光
損失が減少する。

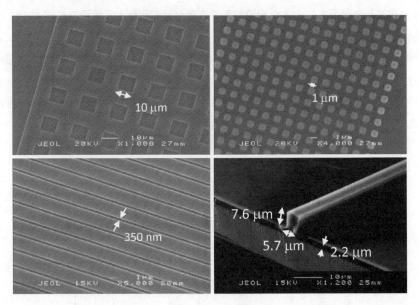

図3　VTIPS と DPSD を前駆体としてアルコール縮合法により合成したハイブリッド材料
を，ソフトリソグラフィーモールドプロセスにより加工した薄膜の電子顕微鏡像

PMMA（180℃）と比べても 100 度以上高い耐熱性（＞300℃）を示しており，実用的光学材料
として，様々な応用展開が期待される。

2.3　特異な温度光学効果を持つ有機–無機ハイブリッド材料

　上述したアルコール縮合法によるハイブリッド材料合成は，ヘテロオキソ結合（異種カチオンが酸素架橋された結合）からなる主鎖を持つ有機–無機ハイブリッド材料を合成することも可能である。一般に，遷移金属アルコキシドは加水分解速度が非常に速く，均一な共重合体を形成することは困難であるが，アルコール縮合を用いた場合はオキソ結合生成反応が主反応プロセスとなり，SiO_4 ユニットと酸化物ユニットが交互に配列した交互共重合体型主鎖を持つハイブリッド材料を作製できる。実際以下のように Zirconium dimethacrylatedibutoxide（ZDD）と diphenylsilanediol（DPSD）反応を利用することにより，高収率で有機修飾シリカ–ジルコニアハイブリッド材料を作製できる[12]。

　一般に，温度光学係数（温度変化により屈折率の変化する様子を表す係数）は式(1)で表すことができる[13]。

$$\frac{dn}{dT} = A\left(-3\alpha R - \frac{1}{E_{eg}}\frac{dE_{eg}}{dT}R^2 \right) \tag{1}$$

ここで，$A = (n^2-1)/2n$，α は線熱膨張係数，E_{eg} はバンドギャップ，$R = \lambda^2/(\lambda^2 - \lambda_{ig}^2)$（ただし，$\lambda_{ig}$ は等エントロピーバンドギャップ波長）を表す。温度光学係数は，熱膨張と分極率で表すことができるが[14]，ジルコニア系材料は分極率の寄与が大きいことが知られている[15]。実際，Zr 量を系統的に変化させて，温度光学係数を測定した結果を図4に示す。Zr 含有量に従い，温度光学係数の波長分散が，負から正へと変化していることが見て取れる。一般に，本系のように Si：Zr 比を広範囲に制御することは困難とされており，無溶媒反応法を用いることにより初めて実現しうる化学組成である。このように構成元素の特性を活かした機能設計が可能である点もハイブリッド材料を用いるアドバンテージの一つである。

2.4　酸塩基反応を利用した有機–無機ハイブリッド材料の合成と応用

　多くの有機–無機ハイブリッド材料はゾル–ゲル法により合成される。ゾル–ゲル法では，金属アルコキシドを加水分解するために，水と混合する必要がある。しかしながら，金属アルコキシドは水に対する溶解性が低く，アルコール等を共溶媒として用いる必要がある。このため，複合酸化物主鎖からなるハイブリッドポリマーを合成する際には，出発原料の加水分解，脱水縮合反応速度の差に起因する分相を避けるために，コアルコキシドを用いる等さまざまな工夫が必要と

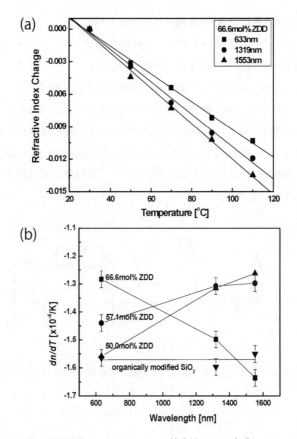

図4　ZDD と DPSD を前駆体としてアルコール縮合法により合成したハイブリッド材料
の温度光学効果
(a)屈折率の温度依存性（絶対値は熱膨張が支配的である），(b)温度光学効果の波長分
散（ZDD 組成により分散の正負を制御することが可能である）。

されている。近年，前項 2.3 で示したように出発原料同士の直接反応を利用することにより無溶
媒反応を用いた有機-無機ハイブリッド材料合成が報告されている[16,17]。無溶媒反応では，出発
原料間で特定の組み合わせのペアのみが反応し，かつ自己縮合を起こさない系を選択する必要が
ある。うまく出発原料系を選択すると，原料間の反応性の差異に起因する分相等を伴うことなく，
（複合）酸化物ポリマーを高収率で形成できる。無溶媒（場合によっては無触媒）条件で酸化物
主鎖を形成できることから，溶媒蒸発に伴う大きな体積収縮や，メソポアを形成することなく数
センチメートル以上のバルク体の合成が可能である[18]。また，重合度を制御して液体状生成物を
得ることも可能であり，それらを利用したコーティングやソフトリソグラフィーとの相性も良い
等の利点がある。

　ケイ酸リン酸無機ポリマーの合成には，酸塩基反応を用いることができる。二種類の塩を反応
させることにより，酸塩基対の入れ替わる複分解反応（metathesis）により酸化物鎖を形成する
ことが本手法の特徴である。

$$HO-\underset{\underset{OH}{|}}{\overset{\overset{O}{\|}}{P}}-OH \;+\; Cl-\underset{\underset{R}{|}}{\overset{\overset{R}{|}}{Si}}-Cl \;\rightarrow\; H-\left[O-\underset{\underset{OH}{|}}{\overset{\overset{O}{\|}}{P}}-O-\underset{\underset{R}{|}}{\overset{\overset{R}{|}}{Si}}\right]_n-Cl \;+HCl\uparrow$$

　反応ペアの一方に液体試薬を用いることにより，無溶媒直接混合で目的とするオキソポリマーを得ることができ，高収率が期待できる。また，反応性は酸塩基対の酸性度あるいは塩基性度の差で決定するために，架橋度を精密に制御するなどの材料設計も可能である。リン酸系の出発材料はプロトンの解離定数も大きく[19]，本手法を用いる際には，塩化物と混合することにより様々な酸化物を形成できる。リン酸系試薬は様々な金属・非金属塩化物と複分解反応を進行する。このオキソポリマーの特徴は，ネットワーク形成が上記複分解反応によるため，ケイ酸とリン酸が交互に配列したいわゆる交互共重合体構造（図5）を得ることができることにある[20]。また，複生成物である塩化水素はガスとして系外に放出されるために，反応は常に酸化物形成側に進行し，平衡状態に移行する。系の平衡状態は，出発試薬対の酸性度あるいは塩基性度差で決定されることから，様々な材料設計が可能となるだけでなく，再現性良く材料合成が可能である。

2.4.1　リン酸と塩化ケイ素の反応性

　酸塩基反応性を制御する事により，生成物の物性制御が可能である。例えば，有機塩化シランを出発試薬に用いると，官能基の電子供与性により塩化シランの反応性制御が可能である。当該酸塩基反応の反応機構は自己プロトン化により生成するリン酸塩イオンの求核的付加反応（S_N2型反応）で説明できる（図6）。よって，より電子供与性の高い官能基を有する有機塩化シランを用いることにより，より高収率の反応性が期待される。例えば，オルトリン酸との酸塩基反応には，ジメチルジクロロシランを用いるとリン酸の架橋度が2である直鎖のケイリン酸鎖を得ることができるが，より電子供与性の高いフェニル基を有するジフェニルジクロロシランを用いると，架橋度3の分岐型ケイリン酸鎖を得ることができる。以上のことは，酸塩基反応性はリン酸塩イオンのHOMOと有機塩化シランのLUMOの相対位置で反応性を予測できることを示している[21]。非経験分子軌道計算による計算結果を図7に示す。実際，官能基の種類だけでなく，官能基数を変化させることにより，HOMOやLUMOを制御することが可能であり，様々な架橋度を持つケイリン酸鎖を合成することが可能である。有機亜リン酸を用いた場合は，リン上の有機置換基の電子吸引・供与性を利用して反応性を制御することも可能である。有機亜リン酸と亜

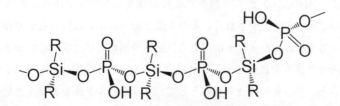

図5　酸塩基反応を用いて作製された有機ケイ酸-リン酸交互共重合体の構造モデル
（Siに結合しているRは有機官能基あるいはオキソ結合を表す）

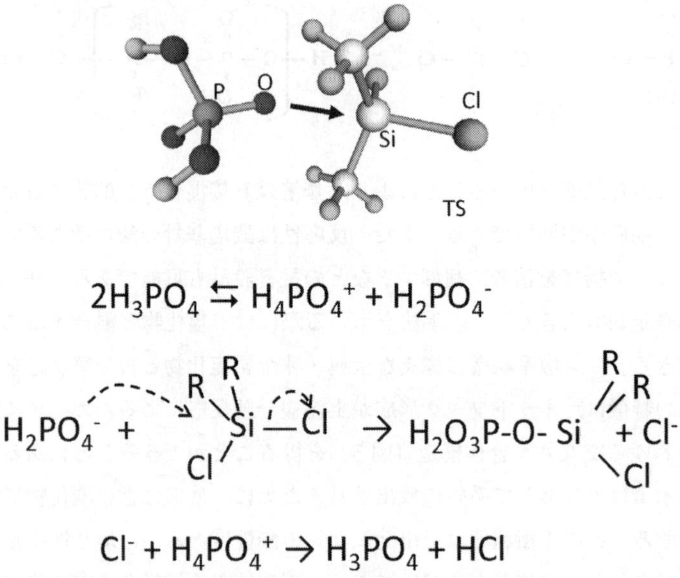

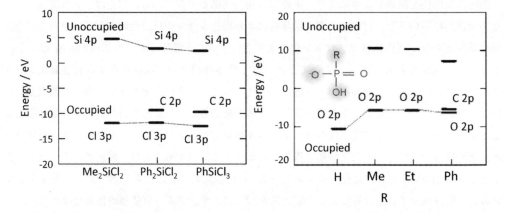

$$2H_3PO_4 \leftrightarrows H_4PO_4^+ + H_2PO_4^-$$

$$H_2PO_4^- + \quad \overset{R}{\underset{Cl}{Si}}\overset{R}{-}Cl \rightarrow H_2O_3P\text{-}O\text{-}\overset{R}{\underset{Cl}{Si}}\overset{R}{+}Cl^-$$

$$Cl^- + H_4PO_4^+ \rightarrow H_3PO_4 + HCl$$

図6　リン酸塩イオンが有機塩化シランの中心金属を求核的に付加する様子と反応式

図7　非経験分子起動計算による有機塩化シランと有機亜リン酸の HOMO-LUMO エネルギー準位図

リン酸の反応性は全く異なる。亜リン酸は有機官能基がプロトンであると考えると，ハメット則（電子供与性：CH_3＜H＜C_6H_5）から予想される反応性ラインナップからは大きく逸脱する。これは分子軌道計算結果により説明される。亜リン酸上のプロトンは負の電荷分布を示し，陰イオン的に作用しているために，ハメット則による反応性予測からは逸脱する。分子軌道計算による反応性予測結果を元に組成を最適化することにより，例えば反応率100%のケイリン酸オキソポリマーを形成できる。無溶媒合成法の利点として，大きなバルク体をクラックフリーで合成できることが期待される[6]。実際，数 cm スケールのバルク体をモールド法で簡便に形成できる。得られた透明ハイブリッドバルクは，リンユニットは Q^3 のみ，シリコンは D^2，T^3 のみから構成

されており，反応活性部位はすべて重合していることが見て取れる。すなわち，反応率100％の
オキソポリマーを合成できたことを示している。また，得られたオキソポリマー材料は，リン酸
系材料としては非常に優れた耐候性を示し，交互共重合体構造に起因する速度論的な安定化効果
により耐水性が大きく向上している。すなわち，リン酸基の隣には必ずかさ高いフェニル基を側
鎖に持つケイ酸基が存在しているために，水分子による酸化物主鎖の加水分解が抑制されている
と考えられる。これらの特性を利用することにより，直鎖の液体状プレポリマーをあらかじめ合
成しておき，三官能・高反応活性の塩化シランを硬化剤として用いることなど様々な応用が期待
できる。

2.4.2　有機修飾ケイリン酸系材料による再書き込み可能なホログラフィックメモリー材料

ホログラフィックメモリーは，次世代の大容量メモリーとして盛んに研究されており，サイク
ル特性に優れ，低エネルギーで書き込み・消去が可能な材料が求められている。ここでは，希土
類イオンや有機色素を高濃度に添加したケイリン酸系ハイブリッド材料における，光誘起屈折率
変化について紹介する。

図8に一般的なガラス材料の温度-体積関係を示す。V_2にあるガラス材料をT_1に保持した場
合，V_1状態へと構造緩和する。同様に，V_1にあるガラスをT_2に保持した場合は，V_2へと構造

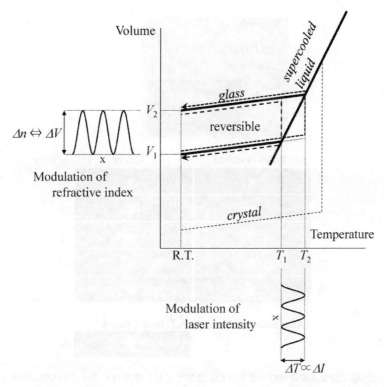

図8　一般的な非晶質材料における，V-T図：T_1あるいはT_2に保持することにより，
仮想温度を制御することができる。

緩和する（このとき T_1 や T_2 は，その温度における緩和状態を表すために，仮想温度と言われる）。この緩和は可逆的に発現する。このため，媒質内に空間的に異なる緩和状態にある領域を形成することができれば（図8下に示すように空間的に変調された温度分布），緩和状態を凍結することにより，屈折率変調を誘起することが可能である。このような屈折率変化は，材料の構造緩和に依存しており，可逆的に誘起することが可能である。

　ケイリン酸系の交互共重合体は，基本構造ユニットとしてシロキサン基とリン酸塩基が交互に配列しているという構造的特徴を有する。得られたハイブリッド材料の分子量や立体構造，末端構造を適切に制御することにより，機能性中心として有機分子や希土類イオンなどを高濃度に添加可能である。それらの添加中心を光吸収・非輻射緩和を用いれば，入射した光を希土類イオンや有機色素周辺のみを加熱するための光熱変換媒体として利用できる。そのため，ホログラフィック条件で光を入射した場合，光の変調度に応じて媒質内部の微小領域の仮想温度を制御できる。

　また，ケイリン酸系の交互共重合体は，分子間の架橋剤として，無機イオンを用いることも可能であり，無機系ガラス材料に近いガラス転移挙動を示すものから，完全に三次元架橋している有機系ポリマーに近いものまで，広範囲に制御可能である。よって，微小の入力変化に敏感に仮

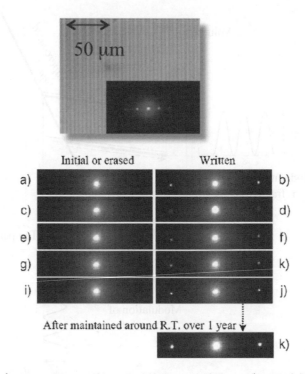

図9　光–熱プロセスによりローダミン6G 添加ケイリン酸系ハイブリッド内部に形成した周期的屈折率変調構造の顕微鏡写真（上），当該周期構造によるレーザ光の回折の様子（左側は構造消去されたもの（回折光なし），右側は再書き込み後（回折光あり））（下）

表1　様々なヘテロオキソ結合を有する交互共重合型ハイブリッド材料とその主な応用

ヘテロオキソ結合（M-O-M'）	期待される主な応用
Si-O-P	熱軟化／熱硬化性透明ハイブリッド
	リライタブルホログラフィックメモリー
	低閾値 WGM レーザ発振
	プラズモニクス／SERS 基板
	プロトン伝導体
Si-O-Zr	特異な温度光学特性
	光硬化型高屈折率材料
Si-O-B	耐熱コーティング
	耐火コーティング
Si-O-Ti	光硬化型高屈折率材料
Si(R1)-O-Si(R2)	低損失光入出力素子
（Si 上の有機官能基が異なる）	平面光導波回路

想温度が変化するような材料設計も可能である[22]。光を用いて，空間選択的に屈折率変化を誘起することが可能である。このような特性をうまく利用することにより，ホログラフィックメモリー動作をデモンストレーションできる。図9には，光-熱変換中心として有機色素であるローダミン6Gを含有するケイリン酸材料に対して，レーザ光をホログラフィック条件で入射し，周期数ミクロンのグレーティング構造を形成した様子を示している[23]。形成した構造は1年以上安定であり，光や熱による消去・再書き込みが可能である。

　この様な酸化物交互共重合体は，リンとケイ素だけではなく，いくつかの組み合わせで可能である。現在までに報告されている共重合体のヘテロオキソ結合の種類と，主な応用を表1にまとめる。

2.5　低温プロセスによる無機コーティング

　室温プロセスによりシリカガラスハードコートを形成することができる。ポリシラザンは，主骨格がSi-N結合で形成され，Si-Hや有機官能基による分子末端を有するポリマーである。一般には，Si_3N_4 の前駆体として工業的に用いられている。しかし，最近，完全室温プロセスによる，ポリシラザンを前駆体としたシリカコーティングが報告され注目を集めている。

　Perhydroxypolysilazane（PHPS）を基板上にコーティングし，室温でアンモニア水溶液蒸気にさらすことにより，シリカ（SiO_2）に変換する。得られたシリカコーティングの光学・力学的特性は，ゾル-ゲル法で得られたシリカとほぼ同様である[24]。24時間のアンモニア水溶液蒸気処理により，可視光域の透過特性が大きく向上し，シリカガラスとほぼ同等の光学特性を得ることが出来る。さらに，PHPS前駆体に有機高分子を共存させ同様のプロセスによりシリカ化を行うと，通常は合成が困難なシリカ-ポリマーハイブリッドコーティングを得ることができる[25]。疎水性の高い有機分子等も，本手法を用いることによりシリカコーティング内へ導入可能であることも分かってきており，spiropyran を導入することにより，Photochromic なシリカコーティン

グなどが報告されている。完全室温プロセスによるハードモールド形成やハイブリッド素子の形成が期待される。

2.6 まとめ

　有機-無機ハイブリッド材料による機能材料の創製は，その広範な材料設計パラメータを最大限に活用することにより，大幅な機能向上が期待できる。また，材料作製プロセスにハイブリッドシステムを用いて，有機官能基や有機分子による機能あるいは形態形成を行った後，焼成により有機部を取り除き機能性無機材料として用いることも可能であり，空間的に拡張された構造-機能相関を用いた物性設計も可能である。有機修飾シロキサンであるシリコーンは，すでに実用化され様々な先端的応用が開拓されている。そのため，有機化学あるいは無機化学側からそれらを融合したハイブリッド材料へのアプローチがなされている。しかしながら，有機-無機のシナジー効果による大幅な機能向上を達成することは容易ではない。ゾル-ゲル法を中心に続々と新しい有機-無機ハイブリッド材料が報告されており，高機能性と実用性を兼備した材料の創出が期待できる科学技術分野である。

文　　献

1) B. D. Gates, G. M. Whiteside, *J. Am. Chem. Soc.*, **125**, 14986 (2003).

2) Z. Zhang, B. Gates, Y. Xia, D. Qin, *Langmiur*, **16**, 10369 (2000).

3) P. Innocenzi, T. Kidchob, P. Falcaro, M. Takahashi, *Chem. Mat.* **20**, 607 (2008).

4) 作花済夫，「ゾル-ゲル法の科学」アグネ承風社 (1998).

5) C. Sanchez, B. Lebeau, F. Chaput, J. Boilot, *Adv. Mater.* **23**, 1969 (2003).

6) A. O. Karkkainen, J. T. Rantala, A. Maaninen, G. E. Jabbour, M. R. Desour, *Adv. Mater.* **7**, 535 (2002).

7) M. Mennig, M. Zahnhausen, H. Schmidt, in "Organic-Inorganic Hybrid Materials for Photonics", edited by G. Liliane, Hubert Pfalzgraf, and S. I. Najafi (SPIE 3469, San Diego, CA, 1998), p.68.

8) J. N. Hay, H. N. Raval, *Chem. Mater.* **13**, 3396 (2001).

9) O. V. Mishechkin, D. Lu, M. Fallahi, in Proceedings of the 16th Annual Meeting of the IEEE Laser and Electro-optics Society, edited by A. E. Willner, L. Esterowitz, P. J. Delfye, H. S. Hinton, M. Y. L. Wisniewski, and N. Dagli (IEEE, Piscataway, NJ, 2003), p.674.

10) U. Streppel, P. Dannberg, C. Wachter, A. Brauer, L. Frohlich, R. Houbertz, M. Popall, *Opt. Mater.* **21**, 475 (2002).

11) E. S. Kang, M. Takahashi, Y. Tokuda, T. Yoko, *J. Mater. Res.*, **21**, 1286 (2006).

12) E. S. Kang, M. Takahashi, Y. Tokuda, T. Yoko, *Appl. Phys. Lett.*, **89**, 131916 (2006).

13) G. Ghosh, *Appl. Phys. Lett.* **65**, 3311 (1994)

14) G. Ghosh, Handbook of Thermo-Optic Coefficients of Optical Materials with Applications Academic, New York, 1998, p.199.

15) G. Lucovsky, G. Hong J., C. C. Fulton, Y. Zou, R. J. Nemanich, H. Ade, D. G. Scholm, J. L. Freeouf, *Phys. Status Solidi B*, **241**, 2221 (2004).

16) H. Niida, M. Takahashi, T. Uchino, T. Yoko, *J. Mater. Res.*, **18**, 1081 (2003)

17) H. Niida, M. Takahashi, T. Uchino, T. Yoko, *Phys. Chem. Glasses*, **43C**, 416 (2001).

18) M. Mizuno M. Takahashi, T. Uchino, T. Yoko, *Chem. Mat.* **18**, 2075 (2006).

19) J. R. V. Wazer, K. A. Holst, *J. Am. Chem. Soc.*, **72**, 639 (1950).

20) H. Niida, M. Takahashi, T. Uchino, T. Yoko, *J. Non-Cryst. Solids*, **311**, 145 (2002).

21) M. Mizuno M. Takahashi, Y. Tokuda, T. Yoko, *J. Sol-Gel Sci. Technol.*, **44**, 47 (2007).

22) M. Takahashi, M. Saito, M. Mizuno, H. Kakiuchida, Y. Tokuda, T. Yoko, *Appl. Phys. Lett.*, **88**, 191914 (2006).

23) H. Kakiuchida, M. Takahashi, Y. Tokuda, T. Yoko, *Adv. Func. Mater.*, **19**, 2569 (2009).

24) T. Kubo, H. Kozuka, *J. Ceram. Soc. Jpn.*, **114**, 517-523 (2006).

25) H. Kozuka, M. Fujita and S. Tamoto, *J. Sol-Gel Sci. Techn.*, **48**, 148 (2008).

3 ガラス・金属への微細パターニング用型材

福田達也[*]

3.1 はじめに

微細パターンを有する光学素子作製でも，量産性の良さから，ナノインプリント法が採用されてきている。ポリマーへのプリンティングでは，熱ナノインプリント，UVナノインプリントとも，こなれた技術として確立されてきており，その詳細は他章に詳しい。

こうした技術を，他の材料にも適用できないか，と考えるのは当然である。「他の材料」の事例は，ガラス（酸化物ガラス，カルコゲナイドガラス，金属ガラス）であり，アルミニウムをはじめとする易成形性金属材料である。前者の場合は，ガラス転移現象を利用した熱ナノインプリント法を，後者では，室温での直接インプリント法が想定されている。（もっとも，アルミニウムへの転写では，筆者らは，その変形抵抗値を下げるために，適度に加熱したいわば温間でのプレス成形も試みている。）これらは，プラスチック材料よりもすぐれた耐侯性や光学特性（酸化物ガラス），特殊な光学的性質（カルコゲナイドガラス…IR領域の良透過性）など，微細パターン生成による新たなアプリケーションが望め，生産技術（量産技術）の確立が待たれるところである。

ところが，ナノインプリントの原理は単純であるものの，こうした「他の材料」への適用事例（特に量産レベルの実例）は，極めて少ない。それは，成形難易度の高さ（たとえば，酸化物ガラスであれば，高温での成形が必要となるし，金属材料であると，高面圧が必要）もさることながら，スタンパの材料の問題が大きい。すなわち，現状，ポリマーのインプリントで採用されているスタンパでは，高温（ガラス），高面圧（金属）に耐えることができず，量産に耐えることができない，という問題である。

そこで，本節では，こうしたポリマー以外の材料に適用する微細形状転写法において，使用されるスタンパ材料やその特徴について概説することとする。

3.2 ニッケルをベースとした電鋳モールド

ポリマーに対して，μmあるいはそれ以下の微細パターンを高効率に創生する熱ナノインプリント法において，そのスタンパとして高い頻度で活用されるものの一つが，ニッケル電鋳技術で作成されるモールドであろう。

これは，一般に，半導体プロセスやマイクロマシニングなどにより形状創生されたマスターをもとに，電気めっき法によりその反転形状を金属（主としてニッケル）で作製する方法である。こうした電鋳法で用いられるマスターには，耐久型母型と消耗型母型がある。前者は，ガラスや金属など，母型状に，めっきプロセスでニッケル層を形成したのち，その母型を破壊することな

---

* Tatsuya Fukuda　ミツエ・モールド・エンジニアリング㈱　第4グループ　シニアエンジニア

く，ニッケル層をはがす方法であり，後者は，PMMA などを母型として利用し，その表面に上記と同様の方法にてニッケル層を形成，後に，母型を溶解などの方法で消失させることにより，ニッケル型を取りだす方法である。

　もっとも，シリコンなどはこの両方が用いられているし（形状や，モールドの応力の関係から，機械的剥離が困難である場合は，シリコンの溶出がおこなわれる），また，両方法を組み合わせた手法も多用されている。たとえば，母型からの機械的な剥離々では，ニッケルの変形や部分欠損が心配である形状の際，一度母型の反転形状を型からの剥離性の良いポリマーに転写（UV の場合も熱の場合も両方あり）させ，これを母型としてさらに反転形状をニッケルで形成させ，その後，このポリマーを消耗型母型として溶出してしまうという手法である。こうすることにより，膨大な工数と費用のかかるマスターそのものは維持しながら，剥離トラブルの多い機械的ひきはがし工程を避けることができる。

　ところで，母型としてポリマーなどを用いる場合，主たる工程である，スルファミン酸浴でのニッケル形成作業の前に，表層に導電性を付与する処理が必要となる。この際に，実は予期せぬトラブルが発生する。表面に欠陥が少なく付与できるのは，スパッタリングなど真空プロセスによる方法である。すべてをこの方法で賄うことができれば問題はないが，高アスペクト比の物など，PVD 法ではどうしてもつきまわり性の悪い形状がある。この際は，無電解めっき法などの方法により，導電層が形成される。しかしながら，この工法の多くは，気泡の発生が不可避であり，ごく細部で発生した気泡が発生した際に，これが障害となり，表面欠陥が生じることがある。

　このように，マスター材料選定においても，その加工（エッチングなど）しやすさとともに，後工程での手順やリスクを勘案すべきである。

　さて，電鋳本体であるニッケルによる形状転写過程では，スルファミン酸ニッケルが用いられる。その理由は，その応力の少なさにある。スタンパのように，モールド本体として用いるなど，通常の数μm〜数十μm という薄さではなく，100μm〜mm 単位の厚みをもった層を形成する場合，この応力の小ささが鍵となる。式(1)で示すのは，熱応力剥離抵抗であるが，ここで，λ は熱伝導率，S は破壊強度，ν はポアソン比，E はヤング率を示している。同一膜種の場合は，一般に圧縮応力が蓄積していくために，剥離しやすくなる。そのため，応力の大きい皮膜を厚く積むことはできない。

$$R = \frac{\lambda}{\alpha} \cdot \frac{S(1-\nu)}{E} \tag{1}$$

　こうして，応力の少ないスルファミン酸出発のニッケル電鋳であるが，応力の小ささは，逆に，硬度の低さをも意味する。そして，何よりも，稠密で微細な粒径であるこのニッケル層は，高温になれば，とたんに結晶粒径の粗大化を引き起こす。結晶粒径の粗大化は，表面清浄の劣化のみならず，(2)式に示す Hall-Petch 則で解釈すれば，強度の低下を意味している。

$$\sigma_y = \sigma_0 + \frac{A}{\sqrt{d}} \tag{2}$$

ここで，σ_y は，材料の変形降伏応力を示し，σ_0 は，材料の流動応力（flow stress と解釈），d は結晶の粒径である。一般に高温になれば σ_0 は低下するために材料が流れやすくなる。ただ，粒成長が起こると，d が大きくなり，低温にしても強度は元通りの回復をせず，熱サイクルの繰り返しで，どんどん劣化が進んでいくことになる。

一般には，そうしたことを防ぐために，ピン止め効果を狙った硬質粒（たとえばアルミナやタングステンカーバイド）をドープするのであるが，先述の圧縮応力の蓄積排除の必要から，容易ではない。

こうした事情から，比較的厚く積むことのできる範囲で，Ni 層の硬度（とりわけ，高温硬度）を上昇させる試みがある[1,2]。文献（1）に示すのは，マンガンをコンテントさせてその耐クリープ性を改善した試みである。また，文献（2）には，コバルトをドープすることで，その硬度上昇を試みた事例である。このほか，多用されているものの中では，鉄を含有させた電鋳も有名である。

このように，数種の金属元素をドープすることにより，硬度の改善は，ある程度実現することができる。しかしながら，スルファミン酸ニッケルのような低応力は期待できないために，脱型の困難や，厚みを増したものへの適用の難しさが残っている。

通常，ガラスへのプリンティングでは，600℃程度での焼き入れ鋼並みの硬度が必要であるし，金属へのプレス成形でも，室温ながら，同程度以上の硬度が必要である。これらの要求を満たす十分にライフの長い電鋳モールドは，いまだ実用化されていないのが現状ではなかろうか。

筆者らは，シリコンへの異方性エッチングプロセスで，穴形状を作製後，コバルトをコンテントさせたニッケル電鋳で反転形状を作製，シリコンマスターを溶出した後，四角錘状のアレイを作製した。この研究では，このスタンパを用い，ガラスへの形状転写を行い，良好な転写結果を得た。この際に用いたガラスは，住田光学ガラス製 K-PG325 であり，低融点であるがゆえに，

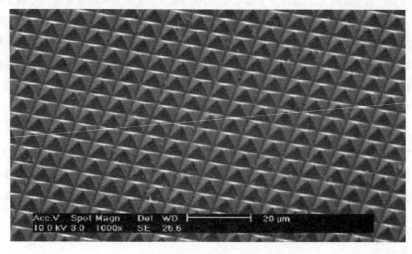

図1　Ni-Co スタンパ

こうした従来方法の接線延長のような手法でも転写が可能であった。図1には，Ni-Coで作製したスタンパの電子顕微鏡像を示す。

3.3　ガラス状カーボンあるいはダイヤモンドライクカーボン

　ガラス状カーボンは，その高温安定性やガラスとの濡れ性の悪さなどから，古くから，ガラス成形用材料として使用を検討されてきた。古くは，非球面レンズ成形におけるイーストマンコダックの特許にその例をみることができる[3]。また，近年でも，信州大学の杉本教授のグループがこの材料に注目し，それへの形状創生で，各種工法を試みている[4,5]。また，ごく微細なパターン創生については，集束イオンビームによる加工が試みられ，レンズアレイなどの成形が行われている[6]。

　ところが，大面積や除去体積の大きい場合は，集束イオンビーム法では，事実上対応は不可能である。それゆえ，機械加工や大面積エッチングなどの手法が試みられる。

　機械加工では，材料自体のブリトル性ゆえに，鋭利な単結晶ダイヤモンドによる除去加工は難しい。理論上，多刃で負のすくい角をもつ微小刃の集積である砥石研削加工が選択されることになる（後述のGriffithの条件参照）。文献（7）は，スライシング加工を中心にこの素材に対し研削加工を行う際の，砥石や送り速度に関する条件と，クラック発生の関係を把握したものであり，適切な条件を選択すれば，ブリトルなこの素材でも，研削加工可能であることを示している。しかしながら，こうした研削加工でのアプローチは，形状創生上サイズの限界があるので，μmやサブμmのパターン形成は困難である。

　ちなみに，ガラス状カーボンのようにブリトルな材料の場合，式(3)に示す，Griffithの条件によって，その切り取りサイズは限定される。すなわち，新たに生成される表面の自由エネルギーと，解放されるひずみエネルギーの大小により破壊の進展可否が決定されるのであり，表面のエネルギーは切り取り形状をキューブとした際にその二乗に，ひずみエネルギーはその三乗に比例するので，一辺の寸法が小さくなればなるほど，体積に比しての表面エネルギーの比が大きくなるために，亀裂の伸延は困難となる。そうした事情から，脆性材料の機械的除去の際には，切り取り体積の微小化が必須となり，それが実現できる工法（研削など）に限定されるのである。

$$\sigma \geq \sqrt{\frac{2\gamma E}{\pi a}} \tag{3}$$

　上記が，亀裂進展に関するGriffithの応力条件であり，γは表面エネルギーを，Eはヤング率を，aは亀裂長さを示す。

　ところで，硬質薄膜であるDLC（ダイヤモンドライクカーボン）を加工可能な特性で厚く成膜し，単結晶ダイヤモンド工具による微細な機械加工を試みる取り組みもある[8]。筆者らが，ここで成膜したDLCは，硬度5Gpaと比較的軟質であり，ガラス状カーボンや，通常のDLCに比して易切削であるとはいえ，前述のとおり，Griffith条件を勘案すると，切り取り量をごく小さくすることが必要であり，それゆえに，楕円振動切削法を用いて実験を行った。図3には，こう

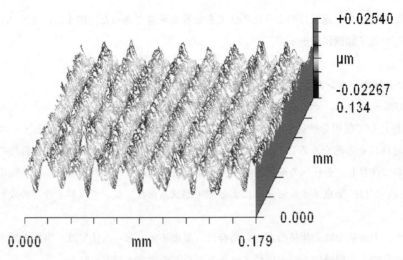

図2　厚膜 DLC を楕円振動切削法で加工した面の白色干渉計像

して切削した試料を示す（図2に示すのは，200μm ピッチの V 形状溝をラスター加工に手形成した例であり，その切削面を，白色干渉計 ZYGO-NEWVIEW にて撮影したものである）。こうした振動付与切削工法の場合は，加工物送り速度と，振動寄与による刃先速度の比が重要であり，本研究で実験した厚膜 DLC の場合は，その比（速度比という）が，1：300 以上の時に延性モードでの材料除去が可能となった。実際の研究では，こうして形状創生したのちに，EB 処理をして高度を上昇させ，プレスに適した状態に改質したのち，ガラス成形を行った。

こうした試みは，機械加工という，形状創生自由度の高い魅力的なアプローチではあるが，依然として大面積時の加工コストの問題や，そもそもの対応サイズの限界があるために，適用対象は限定的である。

同様に，レーザーを用いた加工も，条件を適切に選択することで可能となる。山田ら[9]は，エキシマレーザーを用いて，ガラス状カーボン（東海カーボン製 GC20SS を使用）に対して，20μX20μ，または，100μmX100μm のスクェア-穴加工を行い，その条件の探索を行っている。ここでは，248nm のエキシマレーザーで，20nsec のパルス幅をもったものを使用，開口寸法 100μm で，アスペクト比 1 前後までであれば，加工条件による加工深さ制御が容易であると結論付けている。しかしながら，アスペクト増加に伴う側面のテーパー化などの現象が生じ，形状によってはその創生に困難が生じることも指摘している。

一方，ドライエッチングの場合は，素材がカーボンであるゆえ，酸素プラズマを用いての材料除去が比較的簡単に実現できる。この工法の利点は，機械加工などと異なり，大面積になっても，（マスク形成さえできていれば）処理時間がさほど変わらないという点にある。このように，難加工性材料とされてきたガラス状カーボンであるが，酸素プラズマエッチングを活用することで，大面積一括パターニングが展望できる[10, 11]。すなわち，こうした手法を組み合わせることで，必ずしも「加工性が悪い扱いにくい材料」とは言えなくなってきているのが昨今の状況である。

　優れた高温安定性と，ガラスとの離型の良さという優れた性質がある一方で，ガラス状カーボンの材料としての弱点は，熱伝導率が小さいことと，機械的強度（この場合たとえば破壊靭性値や三点曲げ強度）が弱いことであり，これらは，量産成形に用いる場合に，大きな問題として残る。特にガラスへのパターニングでは，ガラス転移点以上に材料を加熱，型成形しやすい粘度に軟化させ，形状転写の後は，ガラス転移点以下まで型内で冷却して形状を凍結させる。それゆえに，ガラス状カーボンの熱伝導率の悪さは致命的にタクトタイムを長くしてしまう。ちなみに，ガラス製非球面レンズ成形で用いられるタングステンカーバイド及びタングステンカーバイド-コバルトでは，熱伝導率が約 45～65W/mK であり，ガラス状カーボンのそれは，1～6W/mK と，一桁以上小さい値となっている。

　そこで，ガラス状カーボンの利点である，高温でガラス成形に用いることのできる優れた性質を生かしながら，このような材料としての弱点を補強する算段として，CNT コンテントによる改質の試みがある[12]。CNT コンテントにより，熱伝導性を改善することで，ガラス状カーボン自体の持つガラスとの離型性の良さや高温安定性を生かそうという試みで，こうした素材開発は各メーカーで進められている。

　材料改質の面，高効率加工の面双方で，古くからある材料ではあるが，未だに研究がすすめられている最中であるのが，このガラス状カーボンといえる。

3.4　シリコンカーバイド

　SiC は，バンドギャップの大きさから，GaN とともに，次世代パワーデバイスの主役として注目されている。が，スタンパ材料としても，その優れた機械的特性から，使用の拡大が期待されている。その材料的魅力の第一は，優れた機械的強度である。ヌープ硬度 2500～3200kgf/mm^2（結晶方位により異なる）は，優れた耐摩耗性を示す。また，そもそも，ヒーター部材としての仕様が行われているように，高温できわめて安定で，脆化や劣化がないことも大きな魅力である。（カーボン系材料のように，高温下での使用の際にも，酸素濃度制御に気を遣わなくてもよい。）

　こうした事情から，優れた耐摩耗性を利用して，金属材料への転写型として，また，耐熱性を生かして，ガラスへの転写型として期待が大きい。

　SiC は，その強い共有結合性から，簡単に機械加工，またはウェットエッチングすることができず，主として，ドライエッチングによって，パターニングの研究がおこなわれている[13,14]。

　通常，SiC のエッチングでは，RIE（reactive ion etch），ECR（electrocyclotron resonance），ICP（inductively coupled plasma）等により，フッ素系のガスを用いて行われる。ガスでは，NF$_3$，SF$_6$（+O$_2$），CHF$_3$ などが使用される。文献（13）では，こうしたガス系と，各種マスク材料のエッチング選択比を実験で求め，80μm の深堀を実施した例であるが，この研究においては，ニッケルアロイ（98%Ni）をマスクに，NF$_3$ をガスで使い，80μm のトレンチを形成した。文献（14）では，エッチングとパッシベーションを交互に行う多段複層プロセスを用い，アスペクト比 5 以上で，深さ 100μm 以上のトレンチを形成した。この研究では，エッチングガスとし

て，SF_6 を，パッシベーションガスとして，C_4F_8 を用い，ICP により形状を形成している。

　一方，こうした基礎的検討をもとに，三次元的な形状創生を試みている事例も出始めている。笠井ら[15]は，ガラスレンズ状に反射防止構造を一体のものとして成形するために，モールド材料として SiC を選択し，その表面をエッチングし，円錐アレイを形成，もって反射防止構造としている。ここでは，型材料として，CVD 法で製作された SiC を用い，この上に，スパッタリングにより WSi を成膜，その上にスピンコートでレジストを塗布する。電子線描画法等により露光・現像したのち，ICP によって，SF_6 ガスで WSi 層のエッチングを行う。次に反応性ガスを CHF_3 に切り替えることで，SiC のエッチングを進めるのであるが，微量の酸素を添加することで，WSi と SiC のエッチング速度を変化させることができ，このいわば「選択比の調整」によって，モールドに形成された微細構造の側壁の傾斜角度を制御できる。こうして，80 度程度の傾斜をもった MothEye 構造を創生し，ガラスに転写させたところ，良好な反射防止効果が得られたという。

　このように，SiC は，そのエッチング技術（ノウハウ）を発展させながら，ますます応用範囲を広げつつある。

　ただ，良いところ尽くしというわけではないということを，最後に付け加えて置く。それは，この材料がガラス（とくにシリカ系ガラス）と，容易に融着を引き起こす点である。それゆえに，ごく限られた種類のガラスを除いて，高温でのガラスインプリントの際には，ガラスとの離型性を確保するコーティング処理が必要となる。ただ，材料の特性上，DLC などカーボン系皮膜との密着性が優れているので，薄膜形成はさほど困難ではない。ただし，材料本体は，高温でも酸化に強いが，このコーティングが耐酸化上は弱点となること，ならびに，高アスペクト比など，皮膜の付きまわりが悪い形状への対応に難があること等に留意する必要がある。

　ところで，SiC の機械的強度を生かして，また，先に述べたエッチングによる形状創成上手法開発の成果を生かし，金属材料の室温ナノインプリント用スタンパとして，活用され始めている[16]。ここでは，アルミニウム材料に，SiC モールドを用い形状転写させた例が述べられているが，その面圧は 2GPa であったという。金属への直接プリンティングは，こうした面圧の大きさなどから，まだまだ量産化への課題は大きいが，少なくとも，こうしたモールドを用いて，技術的には可能性が開かれたことの意義は大きい。

3.5　ダイヤモンドモールド

　ダイヤモンドによるモールドは，ガラス状カーボンを上回る高温安定性と高度をもち，なおかつ，ガラス状カーボンの弱点である熱伝導率の悪さと全く正反対の優れた熱伝導性を持つ材料であるので，高温ガラス成形用材料として有力である。ちなみに，ダイヤモンドの熱伝導率は，2000W/mk で，しかも，熱膨張率も小さく（10E-7 程度であり，これは，SiC の 3 分の 1 以下と小さい値），加熱–冷却による転写を行ったとしても，その寸法精度は大きくずれることがない。

　機械的強度も優れ，ヌープ硬さ 7000kgf/mm^2 という数値は，理想的な耐摩耗性を備えた型材

表1　各材料の物性比較表

材料	ヌープ硬さ (kgf/mm^2)	ヤング率 (10e12dyne/cm^2)	熱伝導率 (W/mk)	線膨張率 (10e-6)
ダイヤモンド	7000	10.35	2000	10
SiC	2500〜3200	7.0	350	33

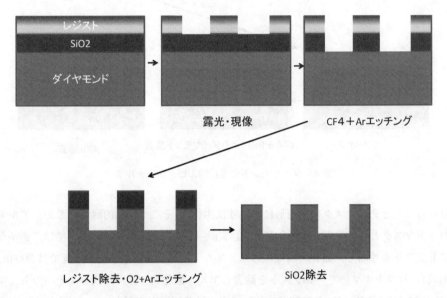

図3　ダイヤモンドのエッチングプロセス

であるといえる．表1には，SiCとダイヤモンドを比較する各物性値を示す．

このように，各特性が優れているので，本稿で述べるナノ形状転写のスタンパ以外にも，冷間鍛造での超長寿命金型材として活用が始まっている．

さて，このように優れた特性を持つダイヤモンドモールドであるが，そこへの形状創成はやはりエッチング法，および，選択的エピタキシャル法などが中心となる[17]．

エッチング法では，ダイヤモンド基盤のエッチングには主として酸素プラズマが使用されるため，ハードマスクとして，酸化物（たとえばSiO$_2$）が使用されることが多い．そのプロセスのイメージを図3に示す．文献（17）では，ダイヤモンド上にSiO$_2$を300nm形成し，この上にレジストを塗布し露光・現像を行う．その後，CF$_4$とAr混合ガスを用い，ICPにより，酸化物を選択的にエッチング，その後，残留マスクを用い反応性ガスを酸素とアルゴンの混合ガスに変えて，ダイヤモンドのエッチングを進める．この研究では，酸素：アルゴン＝0.35：0.65のあたりで，エッチングレートが最大となり，なおかつマスクのエッチング選択比も20倍以上を維持していたという．

一方，選択的エピタキシャル法の概要を図4に示す．この方法では，ICPによるエッチングの際問題となる基板ダメージを回避できるものの，プロセスが高温となるため，さまざまな問題が

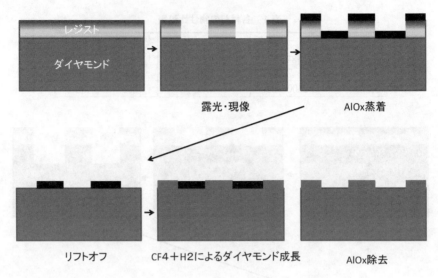

図4　ダイヤモンドの選択的エピタキシャル法

懸念される（たとえばマスクの熱変形による寸法劣化）。そこで，熱的耐性を考え，アルミ酸化物をハードマスクとして使用する場合が多い。文献（17）に示されたプロセスでは，ダイヤモンド上にレジストを塗布し，露光・現像ののち，アルミ酸化物を蒸着（先の研究では 200nm の膜厚を形成），リフトオフ法で，レジストを除去しアルミ酸化物マスクを残し，そののち，マイクロ波 CVD により，$CF_4 + H_2$ を原料ガスとして用い，基板温度 800℃にて，ダイヤモンドを生成した。アルミ酸化物の耐性は，プロセス条件にきわめて敏感であり，逆にいえば，適切な条件さえ取れば，数 10nm パターン形成が十分可能であると結論付けている。

　このように，今まで難加工材料として，実用化が遅れてきたダイヤモンドモールドも，ドライプロセスの研究・改良が進み，エッチング法，堆積成長法などの方法で，所望の形状を創生することができ始めており，そのアプリケーションの拡大は，大いに期待されるところである。

3.6　まとめ

　ガラス（主として酸化物ガラス）や金属への微細パターン形成に使用されるモールド（スタンパ）材料に関して概観した。電鋳モールドの高温強度改質，ガラス状カーボンまたは厚膜 DLC（ダイヤモンドライクカーボン）の応用，シリコンカーバイドの型への活用，究極であるダイヤモンド（単結晶，多結晶とも）のスタンパ化…そのいずれも，材料の改質とともに，加工方法の高効率化，高性能化に向けた開発と一体となったものであることがご理解いただけたことと考える。したがって，スタンパを活用するサイドや，スタンパによりパターニングされた部材を活用するサイドでも，材料に関する知識と加工への知見を一体的にエクスパンドしながら，動向を注視する必要があると考える。

文　　献

1)　SEI テクニカルレビュー，**167**（2005），97

2)　特許公開 2010-36492

3)　特公昭 54-38126

4)　伊藤寛明ほか，精密工学会誌，Vol.70, No.6, pp.807-811（2004）.

5)　村松伸ほか，精密工学会誌，Vol.76, No.1, pp.96-100（2010）.

6)　Y. S. Won *et al., J Micromech Microeng*, 16-12, 2576-2584（2006）.

7)　蓮田裕一，日本機械学会関東支部・精密工学会茨城講演会講演論文集，pp.183-184（2010）.

8)　特許公開 2010-260783

9)　山田博之ほか，山形県工業技術センター研究報告，24, 84-90（2010）.

10)　T. Aizawa, Proc. 5th SEATUC Symposium, pp.425-428（2011）.

11)　T. Aizawa *et al*, Proc. 6th International Conference on Micro Manufacturing ICOMM-2011, pp.77-82（2011）.

12)　M. Awano, K. Iwai, S. Hironaka：ASIATRIB 2006, Kanazawa, pp.359-360（2006）.

13)　D. C. Sheridan *et al., Mat. Sci. Forum*, 338-342, pp.1053-1056（2000）.

14)　L. J. Evans and G. M. Beheim, *Mat. Sci. Forum*, 527-529, pp.1115-1118（2006）.

15)　笠晴也ほか，第 55 回応用物理学会関係連合講演会，27p-ZV-5（東京）.

16)　S. W. Pang *et al., J. Vac. Sci. Technol.*, B16, pp.1145-1149（2001）.

17)　N. Kawakami *et al., R&D Kobe Steel Tech. Rep.*, 55-1, pp.6-10（2005）.

第7章　光学素子のための構造形成プロセス

1　樹脂インプリント技術

平井義彦*

1.1　はじめに

　ナノインプリント法には，図1に示すように，被加工材料として熱可塑性樹脂を用いる熱ナノインプリント[1]と，光硬化性樹脂を用いる光ナノインプリント[2]の二通りが提案されている。熱ナノインプリントは，ガラス転移温度以上に加熱した高分子樹脂にモールド（金型）をプレスし，冷却後にモールドを離型することで，微細構造を基板上の樹脂に転写するものである。モールドと基板の熱膨張率が異なるものを用いると熱歪が生じる恐れがあるが，加工しようとする材料の選択肢は広い。一方，光硬化性樹脂を用い，透明モールドを通して光を照射し樹脂を光硬化させる光ナノインプリントは，硬化が高速におこなえるほか，室温でのインプリントが可能となり，位置合わせも従来技術を転用できるため，従来の半導体リソグラフィに代わる技術として期待されている。一方で，光硬性樹脂は接着剤としても働くため，熱ナノインプリントで用いる材料と比較すると，離型がやや困難となるほか，材料の選択肢が限られる。このように，両方式は，応用対象によって選択する必要がある。ここでは，主として光学素子形成に適していると考えられる熱ナノインプリントについて，樹脂材料を用いたプロセスについて述べる。

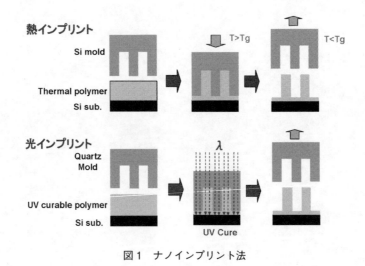

図1　ナノインプリント法

＊　Yoshihiko Hirai　大阪府立大学　大学院工学研究科　教授

1.2　熱ナノインプリントとそのメカニズム[3〜7]

1.2.1　樹脂変形の基本

　高分子樹脂は，加熱することによってその機械的特性が変化する。ガラス転移温度以下では，弾性的な性質を示しているが，ガラス転移温度を越えると弾性率が減少し，粘性的な性質があら

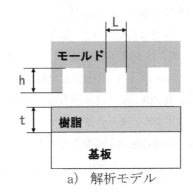

a）解析モデル

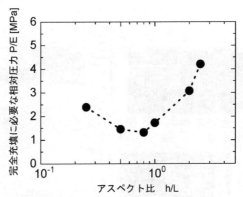

b）必要なインプリント圧力とアスペクト比の関係

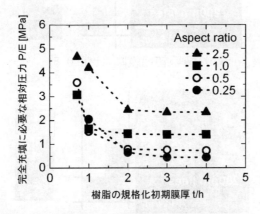

c）必要なインプリント圧力と樹脂の初期膜厚との関係

図2　樹脂の変形に必要なプレス圧力

われ，ゴム状態になる。さらに温度が上昇すると，粘性流体状態となる。これらの性質は，モノマーの種類や分子量によって異なる。ナノインプリントで使用されるのは，ガラス転移温度以上のゴム弾性領域から，溶融状態にかけての温度域である。ここでは，ガラス転移温度以上での熱可塑性樹脂を非圧縮性のゴム弾性体とみなし，有限要素法によって樹脂の変形解析を行った。

　図2に，樹脂がモールドに完全に充填するのに必要なインプリント圧力について，モールドパターンのアスペクト比（モールド深さh/モールドの溝幅L）と，樹脂の相対初期膜厚（初期厚さt/モールド深さh）に対する依存性を調べた。また，プレス圧力は樹脂の弾性率Eで正規化した。プレスに必要な圧力は，アスペクト比が0.8付近で最小となり，アスペクト比が大きい場合にも小さい場合にも増大する。高アスペクト比の場合は，樹脂が入り込みにくくなり，低アスペクト比の場合には図3-a）に示すようにモールドのエッジに近い部分のみが盛り上がり，全体に樹脂を充填させるためにはより大きな圧力が必要となることがわかる。

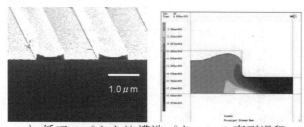

a）低アスペクト比構造パターンの変形過程

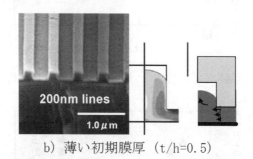

b）薄い初期膜厚 （t/h=0.5）

c）厚い初期膜厚 t/h=1.5

図3　樹脂の変形過程

　一方，初期膜厚 t については，初期膜厚がモールド深さ h の2～3倍より薄くなると，アスペクト比に係わらずインプリント圧力が急激に高くなる。これは，膜厚が厚いほど樹脂表面近くの変形抵抗が小さくなり，モールド溝への変形が容易になるためである。図3-b, c) に，シミュレーションと実験結果を示す。両者はよく一致していることがわかる。

　このように，モールドパターンのアスペクト比と，樹脂の初期膜厚により，必要とされるインプリント圧力と樹脂の変形過程が異なっていることがわかる。

1.2.2　成型速度と樹脂特性

　成型速度を決める要因として，樹脂のレオロジー特性（粘性），プレス圧力などが考えられる。極めて簡便な次元解析を用いると，樹脂成型に必要な時間 τ [s] は，樹脂の粘性率 η [Pa·s] とプレス圧力 P [Pa] より，

$$\tau = k \cdot \eta / P \tag{1}$$

と表せる。ここで k は形状ファクターで，形成しようとするパターンサイズや厚さに依存する。

　図4に，分子量を変化させて測定した PMMA の粘性率を示す。ガラス転移温度以上の粘弾性領域は，分子量 M_w と粘性係数 η の間には，概ね

$$\eta \propto M_w^3 \tag{2}$$

の関係があり，オリゴマー状態での経験値に近い関係となっている。この関係は，樹脂材料の設計，選択指針となる。

　次に，実際の成型実験を行い，成型時間と粘性率の関係を調べた。樹脂形状の時間的変化を追跡するため，樹脂を急速冷却して形状を保持したままでモールドを離型した。

　図5-a) に，分子量の異なる PMMA について，成型時間の進行にともなう形状変化の観察結果を示す。これより，成型パターンの高さの時間変化を観察した結果を図5-b) に示す。分子量（粘性率）が大きい PMMA ほど成型に必要な時間が長くなることがわかる。この結果と，図4に示した粘性率の測定結果より，粘性率と成型時間の関係を調べた結果を図6に示す。粘性率

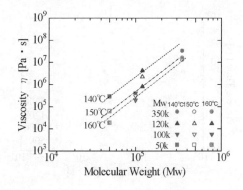

図4　成型温度域での PMMA の分子量 M_w と粘性率 η

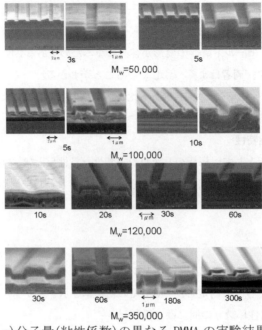

a）分子量（粘性係数）の異なる PMMA の実験結果

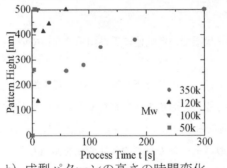

b）成型パターンの高さの時間変化

図5　成型時間の分子量依存性

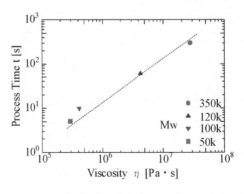

図6　粘性率と成型時間

η と成型時間 τ は，式(1)で示したように，ほぼ比例することが検証できた。これより，図4で示される粘性率と分子量の関係に基づき，成型時間の仕様に対して，樹脂特性とプロセス条件の概略設計が可能となる。

1.2.3　成型圧力と成型時間

　次に，シミュレーションと実験より，プレス圧力と成型時間の関係を検証した。樹脂形状をシミュレーションするために，図7に示す樹脂の粘弾性特性の周波数依存性より，図8に示す一般化マクセルモデルの要素パラメータを抽出し，有限要素法により時間変化を計算した。

　図9に，プレス圧力を変化させた場合について，実験ならびに計算結果を示す。実験と計算は，相対的にほぼ一致している。プレス圧力にほぼ反比例して成型が進んでいるように見える。しかし，ほぼ相似な形状が得られるときの成型時間とプレス圧力の関係を調べると，図10に示すよ

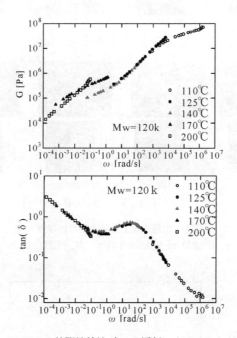

図7　PMMA の粘弾性特性（WLF 近似によるマスター曲線）

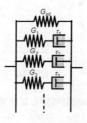

図8　一般化マクセルモデルによる樹脂のモデル化

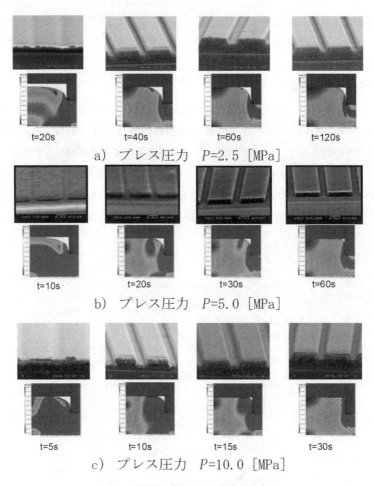

a) プレス圧力　P=2.5［MPa］

b) プレス圧力　P=5.0［MPa］

c) プレス圧力　P=10.0［MPa］

図9　樹脂の成型時間の圧力依存性
（Mold depth：240nm, PMMA 550nm（M_w=120k）on Si, 140℃）

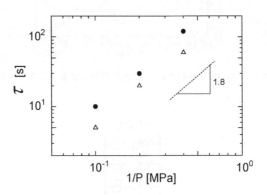

図10　樹脂成型時間とプレス圧力の相関
●：2.5MPa：120s，5MPa：30s，10MPa：10s
△：2.5MPa：　60s，5MPa：20s，10MPa：　5s

うになり，この場合には成型時間とプレス圧力との関係は，概ね，

$$\tau \propto \eta / P^{1.8} \tag{3}$$

となっている。この理由は十分に説明できていないが，薄膜状の樹脂が大きな変形を受けるため，非線形性が大きくなっているものと考えられる。

　以上述べたように，成型時間は樹脂の粘性率と密接な関係があり，分子量などの樹脂構造と成型温度に依存する。高速成型を目指す場合，樹脂の粘性率を下げると（低分子量樹脂による高温成型），1 秒以下の成型が可能となるが，低分子量の高分子樹脂は，脆弱で吸着力が強いことが多く，離型性や樹脂の強度との両立を考慮する必要がある。

1.2.4　樹脂材料とガラス材料の成型の相違[8,9]

　本書でも述べられているように，熱ナノインプリントを用いると，ガラス材料のナノ構造成型も可能となる。ガラス材料は，耐環境性能に優れ，屈折率や透過率の経時変化も小さいため，光学用途としての需要は大きい。ナノインプリント技術をもちいてガラス材料を成型する場合，樹脂に比べると高温でのプレスが必要となる。樹脂と同様のプロセスで行う場合，常温近くまで冷却すると，モールド材料との熱膨張率の違いが顕在化し，モールドとガラスの噛み合いが生じて離型が困難となる。また，室温ではガラスは脆性材料のため，割れによる欠陥が生じる。一方で，ガラス転移温度以上の樹脂に比べると粘性率が大きいため，樹脂と比べると成型に時間を要する。

　このため，ガラスの成型では，プレスに十分な時間を費やしたのち，プレス温度近くで離型を開始し，モールドを離脱した後，溶融によるパターンの変形が始まるまでに冷却して形状を維持することによってナノ構造の成型が可能となる。この点が，樹脂材料のナノインプリントプロセスの顕著な相違である。

　図 11 に，市販の低融点ガラスの機械特性の一例を示す。この材料では，380℃を過ぎると $\tan \delta$

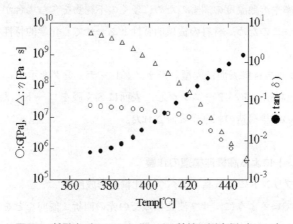

図 11　低融点ガラスのレオロジー特性の測定例（$\omega = 1$）

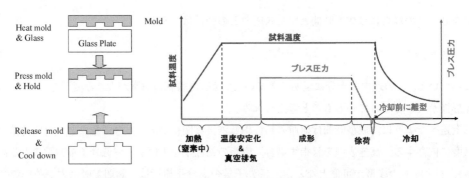

図12　ガラス材料のナノインプリントプロセスシーケンス

（粘性成分と弾性成分の比の正接）の値が次第に上昇し粘性成分が発現する。同時に，せん断弾性率 G が徐々に減少し，420℃程度から急激に減少している。この温度付近でのせん断弾性率は，数 10MPa 程度である。インプリント温度と圧力は，この付近が目安となる。しかし，例えば 400℃程度では粘性率は 10^9Pa·s 程度の高い値となっている。このため，変形に要する時間の目安となる緩和時間は，単純に近似すると（粘性率／プレス圧力）1000 秒オーダーとなり，樹脂に比べて長い成型時間が必要となることが予測できる。プレス圧力を上げればそれに反比例して成型時間は短くできるが，ガラスは脆性材料でもあるため，脆くて割れやすいために圧力を必要以上に上げると応力集中による割れが生じる。

　一方，室温に戻すまでの温度差により，大きな熱収縮が発生し，ガラスとモールド（金型）の離型が困難となる恐れがある。

　このため，図12 に示すように，全体を冷却する前にモールドを離型し，形状を保持しながら冷却する方法が一般的である。この際，緩和時間が長いためにモールドを離型したのちで大きな形状の崩れは発生しにくいと考えられる。

　このほか，ガラス材料の酸化による劣化を防ぐため，成型は真空中で行う必要がある。さらに，ガラス材料は，屈折率や溶融温度の調整のために多くの不純物を含む場合が多く，高温で変質してしまう場合がある。このため，材料の機械的特性とあわせて，化学的特性を含めた成型条件の最適化が必要となる。

　図13 に，低融点ガラス材料表面に成型したナノグレーティングを示す。この例では，モールドにシリコン基板上に SiO_2 をパターニングし，表面に SiN 膜をコートしたものを用いている。サブミクロンレベルの微細構造の転写が実証された。

1.3　ナノインプリントによる高機能構造の作製

1.3.1　熱ナノインプリントによる高アスペクト比構造形成原理[3〜5]

　本書でも論述されているように，サブ波長領域での光の回折，偏向などを利用しようとするとき，高いアスペクト比の構造体が必要となる。図14 は，その一例を模式的に示したもので，格

図13　低融点ガラス材料への直接ナノインプリント結果（線幅250nm）

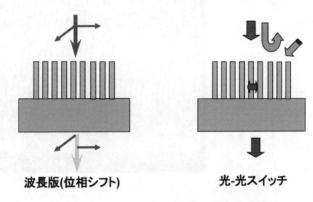

波長版(位相シフト)　　　　光-光スイッチ

図14　高アスペクト比ナノ構造による光学要素

子状に並んだ高アスペクト比構造を光が通過すると，偏光による位相のシフトや，横方向の共鳴による反射率の変化が生じ，波長板や光-光スイッチが，簡単なナノ構造で実現できるものと期待されている。

　アスペクト比（パターンの高さ/幅）の増加に伴い，プレス工程で必要な圧力が増加し，通常のパターンに比べて10倍程度の高圧力が必要となる。高圧力プレスは，モールドや樹脂へのダメージが生じる。図15に，50MPaの高圧インプリント時に生じた欠陥例を示す。成型された樹脂パターンの根元付近で破断されている。これは，プレス時にパターン根元での応力集中により，樹脂の一部に亀裂が生じ，離型時に再び生じた引っ張り応力の集中により，パターンが破断したものと考えられる。

　この問題を解消するために，図16に示すように，冷却過程で樹脂の温度がガラス転移温度以下になった時点で，モールドに加えた圧力を徐荷することにより，応力集中を回避した。さらに徐冷することにより熱応力を緩和する。これらのプロセスシーケンスを改良することにより，アスペクト比が10程度のナノ構造を転写することができる。

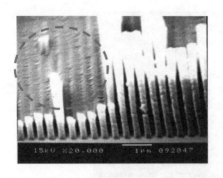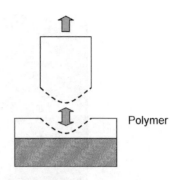

図15　樹脂の破断によるパターン欠陥

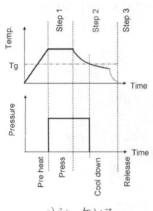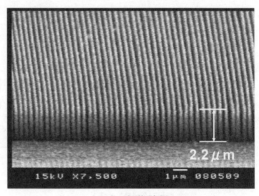

a) シーケンス　　　　　　　　b) 実験結果

図16　高アスペクト比構造の成型例

線幅200nm，高さ2.2μm，材料：PMMA

1.3.2　ナノキャスティング法による高アスペクト比構造成型[10〜12]

　熱ナノインプリント法では，高アスペクト比構造を作製しようとすると，高いプレス圧力が必要となるため，樹脂そのものへのダメージやモールドへの負荷が問題となる。これを回避するため，機能性樹脂を溶剤に溶かした状態で，モールドに流し込むナノキャスティング法が開発されている。

　図17に，ナノキャスティング法のプロセスフローを示す。モールドに樹脂を回転塗布し，さらに接着剤を塗布する。最後に，キャスティングされた樹脂を基板とともにモールドから離型し，モールドの微細パターンを基板に転写する。

　ナノキャスティング法では，樹脂を溶剤に溶かして用いるため，多様な樹脂に対応でき，室温プロセスとなるため，熱ナノインプリントに比べると装置も簡便となる。

　ここでは，ナノキャスティングを用いて，有機太陽電池材料としてよく用いられているP3HTの高アスペクト比構造の形成について紹介する。

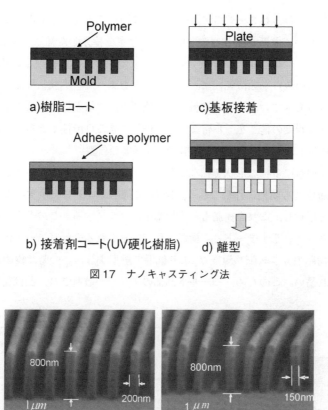

図 17　ナノキャスティング法

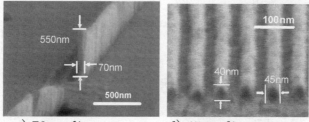

a) 200nm lines　　　b) 150nm lines

c) 70nm lines　　　d) 45nm lines

図 18　ナノキャスティング法による有機太陽電池材料（P3HT）の成型

　図 18 に，多様なアスペクト比をもつ構造体に対する成型結果を示す。アスペクト比の増大に伴い，パターンの破断による欠陥率が増加する。一方で，さらに微細なパターンでも，低アスペクト比であれば，欠陥が生じない。

　ここで，モールドとの摩擦により，離型時に樹脂が引っ張り応力を受けて破断にいたるものと考える。摩擦による引っ張り応力は，パターンの線幅でなくアスペクト比に比例することになる。このため，一定のアスペクト比を超えると，限界応力を超えるため，パターンは破断する。この

過程は，破断応力すなわちパターンのアスペクト比に関して正規分布で表現できる。従って，あるアスペクト比において破断が生じる確率は，正規分布を積分した補誤差関数の形で表される。図19は，様々なパターンのアスペクト比に対して，成型後の欠陥割合（ここでは，格子状パターンのうち，欠損した線数）を顕微鏡観察し，欠陥密度を調べた。実験結果は，点線で示す補誤差関数の形によく合ってきている。この材料では，離型方法や離型処理を改善することにより，概ねアスペクト比が6程度の構造を，歩留まりよく作製できる可能性があることがわかる。

1.3.3 リバーサルインプリントによる積層三次元構造の作製[13〜15]

これまでは，平面状に多様な形状を転写した例を示したが，リバーサルインプリントを利用すると，三次元積層構造も簡便に作製できる。図20に基本プロセスを示す。モールドに予め樹脂を塗布したものを用意し，これを樹脂もしくは基板にプレスする。このとき，モールド凸部分の樹脂が転写されるリバーサルモードと，樹脂全体が転写される全転写モードが現れる。リバーサルモードでは，樹脂のガラス転移温度 T_g より低温で離型する。この時，樹脂はプラスチック状態のため破断され易い。このため，モールド凸部のエッジが破断され，凸部先端の樹脂が基板側

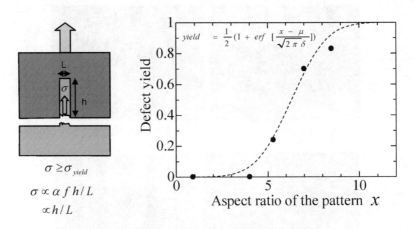

$$yield = \frac{1}{2}(1 + erf\left[\frac{x - \mu}{\sqrt{2\pi}\delta}\right])$$

$$\sigma \geq \sigma_{yield}$$

$$\sigma \propto \alpha\, f\, h / L$$

$$\propto h / L$$

図19　離型時の欠陥発生とアスペクト比の関係

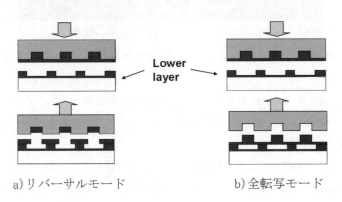

a) リバーサルモード　　　　　b) 全転写モード

図20　リバーサル・ナノインプリント法

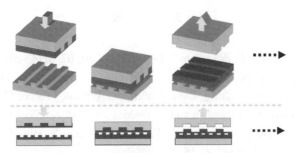

a)　全転写モードによる 3 次元積層ナノチャネル形成

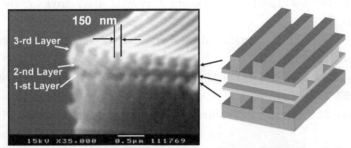

b) 3 次元積層ナノチャネル構造作製結果

図 21　リバーサル・ナノインプリントによる 3 次元積層構造の成型

に残される。一方，全転写モードでは，樹脂のガラス転移温度 T_g よりも高温で離型する。この時，樹脂はゴム状態となり，破断されずに基板側に残される。

　全転写モードでは，上下の樹脂の温度を調整することにより，下層を押し潰すことなく積層することができる。全転写を利用して，PMMA を用いた三層積層ナノチャネル構造の作製プロセスとその結果を，図 21 に示す。

　この方法では，モールドの表面処理や樹脂の表面状態を最適化する必要があるが，一回のプレスで一層分の積層が可能となるため三次元構造の作製が大幅に簡略化できる。フォトニック結晶作製への応用が期待される。

1.4　まとめ

　熱ナノインプリントの基本プロセスとそのメカニズムについて，実験ならびにシミュレーション解析に基づき，解説するとともに，ガラス材料へのナノインプリントとの相違について考察した。

　さらに，熱ナノインプリントの優れた特長を生かした，高アスペクト比ナノ構造，リバーサルインプリントによる三次元積層構造など，サブ波長光学要素やフォトニック結晶作製のシーズとなる要素技術を紹介した。

文　　献

1) S. Chou, P. Krauss, and P. Renstrom：*Appl. Phys. Lett.*, **67**, 3114 (1995).

2) M. Colburn, S. Johnson, M. Stewart, S. Damle, T. Bailey, B. Choi, M. Wedlake, T. Michaelson, S. V. Sreenivasan, J. Ekerdt, and C. G. Willson, Proc. of SPIE 3676, 378 (1999).

3) Y. Hirai, T. Konishi, T. Yoshikawa and S. Yoshida：*J. Vac. Sci. Technol. B*, **22**, 3288 (2004).

4) Y. Hirai, M. Fujiwara, T. Okuno, Y. Tanaka, M. Endo, S. Irie, K. Nakagawa and M. sasago：*J. Vac. Sci. Technol. B*, **19**, 2811 (2001).

5) Y. Hirai, T. Konishi, T. Yoshikawa and S. Yoshida：*J. Vac. Sci. Technol. B*, **22**, 3288 (2004).

6) Y. Hirai, Y. Onishi, T. Tanabe, M. Nishihata, T. Iwasaki and Y. Iriye：*J. Vac. Sci. Technol. B*, **25**, 2341 (2007).

7) Y. Hirai, Y. Onishi, T. Tanabe, M. Shibata, T. Iwasaki, Y. Iriye：*Microelectronic Engineering*, **85** (2008) 842.

8) Y. Hirai, K. Kanakugi, T. Yamaguchi, K. Yao, S. Kitagawa and Y. Tanaka：*Microelectronic Eng.*, **67-68**, 237 (2003).

9) K. Yamada, M. Umetani, T. Tamura, Y. Tanaka, J. Nishii：Proc. of SPIE 6883 (2008) 688303.

10) Y. Hirai, T. Yoshikawa, M. Morimatsu, M. Nakajima and H. Kawata, *Micro-electronic Eng.*, **78-79**, 641 (2005).

11) T. Yoshikawa, T. Konishi, M. Nakajima, H. Kikuta, H. Kawata and Y. Hirai：*J. Vac. Sci. Technol. B*, **23**, 2939 (2005).

12) K. Tomohiro, N. Hoto, H. Kawata, Y. Hirai：J. Photopolymer Sci. & Technol., **24**, 71 (2011).

13) L.-R. Bao, X. Cheng, X. D. Huang, L. J. Guo, S. W. Pang, and A. F. Lee：*J. Vac. Sci. Technol. B*, **20**, 2881 (2002).

14) H. Ooe, M. Morimatsu, T. Yoshikawa, H. Kawata, Y. Hirai：*J. Vac. Sci. Technol. B*, **23**, 375 (2005).

15) M. Nakajima, T. Yoshikawa, K. Sogo, Y. Hirai, *Micro-electronic Eng.*, **83**, 876 (2006).

2　光学素子のためのナノ構造形成プロセス

小久保光典[*1]，後藤博史[*2]

2.1　はじめに

　ナノインプリント技術[1~3]は，数十nm～数百μmの微細パターンをプレスすることによって各種樹脂表面にパターニングする方法であり，光露光装置や電子線描画装置といった高価なプロセス装置を用いることなくナノメートルオーダのパターン形成が低コストで実現できることから，近年注目されている技術である。

　本技術は「次世代半導体露光プロセス」の候補としてUV（光）ナノインプリント法がITRS（国際半導体技術ロードマップ）に取り上げられたことで，世界的にも脚光を浴びるナノ加工法となった。期待される応用分野は「IT・エレクトロニクス」「バイオ・ライフサイエンス」「環境・エネルギー」と幅広く，デバイスとしても半導体デバイス，光デバイス，バイオデバイス等，多数挙げられる。

　現在，国内外でナノインプリントの技術開発が急速に加速しており，材料，型（モールド），装置等，ナノインプリントプロセスを構成する技術完成度も上がってきている。今後はさらに汎用ナノ加工技術として技術が普及し，応用展開が進むものと思われる。

　さて，本書のテーマである「ナノ構造光学素子」を利用したデバイスは，ディスプレイ，カメラ，センサ等に応用されている。本章ではこのような「ナノ構造光学素子」製造のための一つの手法であるナノインプリント技術に関して述べる。

　最初にひとつ記しておく。ナノインプリントプロセスおよびナノインプリント装置側からみると，『ナノインプリントプロセスを適用して作製したデバイスが「ナノ構造光学素子」であるということだけであり，最適なモールドとインプリント方式を提案し，生産性のよい装置を提供する。』ことに変わりはない。言い換えればナノインプリントプロセスおよびナノインプリント装置の適用分野が非常に大きいことになる。

2.2　ナノインプリント

2.2.1　ナノインプリント技術

　ナノインプリントは成形の際に投入するエネルギーの違いによって，「熱インプリント」と「UVインプリント」に区別される。最近は，それに加えて転写材料にスピン・オン・グラス（SOG）を用いた「室温インプリント」[5,6]が加わる。「室温インプリント」はシンプルなインプリントメカニズムと特徴的な材料の特性から，注目されている方式の一つである（図1）。我々はこの室温インプリントをCOLD IMPRINT®（コールドインプリント®）と呼んでいる。

　＊1　Mitsunori Kokubo　東芝機械㈱　ナノ加工システム事業部　ナノ加工システム技術部
　　　　　　部長

　＊2　Hiroshi Goto　東芝機械㈱　ナノ加工システム事業部　副事業部長

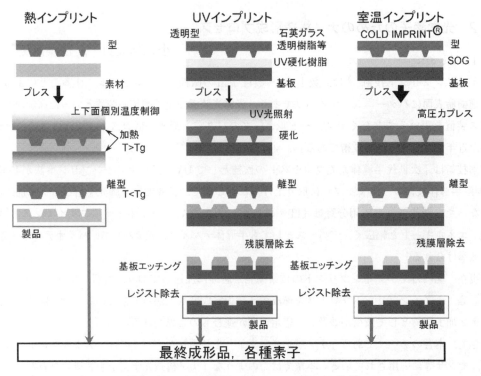

図1 熱・UV・室温インプリントのプロセス比較

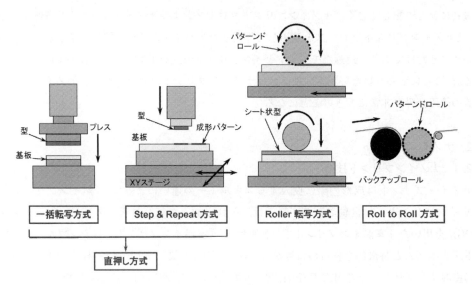

図2 ナノインプリント方式

次に,「押しかた」の違いによって「直押し方式」,「Roller 転写方式」,「Roll to Roll 方式」に分類される (図2)。例えば「直押し方式」だけをみても,各社『Step & Repeat が可能である』,

表1　ナノインプリントの基本パラメータ

a	インプリント方式	熱インプリント	UV インプリント	室温インプリント
b	押しかた	直押し方式（一括転写，Step & Repeat）		直押し方式（一括転写，Step & Repeat）
		Roller 転写方式		Roller 転写方式
			Roll to Roll 方式	
c	樹脂（レジスト）材料	熱可塑性樹脂／熱硬化性樹脂	UV 硬化性樹脂	SOG
d	型材料	金属材料（機械，ビーム加工）　※ Roll to Roll 方式用は円筒形状		
		Ni 電鋳		
		Si		Si
		石英ガラス		石英ガラス
			樹脂　※ Roll to Roll 方式用はフィルムタイプ	

『減圧雰囲気での成形が可能』，『大きな面積が成形可能』といった独自の仕様，特徴を打ち出している。

　ナノインプリント手法をターゲットとするデバイスの製作プロセスに適用するためには，まず最初に表1に示す項目を決定する必要がある。本項目については，a〜dのうち3項目が決定しても，残りの1項目がうまく決定せず，他の項目も初めから検討しなおすケースが少なくない。現在は『多くの大学，研究機関，企業が，さまざまなデバイスに関して，前記項目を決定するための試験を急ピッチで行っている』といった状態である。

　「プレスや射出成形による精密成形」「フォトリソグラフによるレジスト膜パターニング」等の工程がデバイス製作工程に存在するならば，ナノインプリント技術を適用できる可能性がある。特に後者のフォトリソグラフに対しては，装置コストが安く，解像度も向上でき，プロセスも簡素化できるといった多くのメリットを有する。

　有機ELディスプレイの製造工程においても，インジウム・スズ酸化物（ITO）などの透明導電膜（陽極）のパターニング，前記ITO膜上に塗布された絶縁層のパターニング，さらにその上に形成される陰極隔壁のパターニングと複数のフォトリソグラフおよびエッチングによるパターニング工程が存在するためナノインプリントプロセス適用の可能性は十分あると考えられる。

　以降，「直押し方式」（一括転写方式，Step & Repeat 方式）および「Roll to Roll 方式」のナノインプリント装置とそれを使用してのインプリント結果について報告する。

2.2.2　ナノインプリント装置とインプリント結果

(1)　ST 系

　一括転写方式（図2参照）とは，型と基板とを平行に対向させ，両者を一括で加圧し保持することにより，型に設けたパターンを一度のプロセスで基板側に転写する最も一般的な方式である。基本的には，大きな面積の型を準備して型押しすれば，一度に大面積のパターン転写ができ

る汎用性の高い方法である。ただし，この方式で大面積（例えば φ8 インチウエハ）を一括転写する場合には，さまざまな装置上の工夫を施す必要がある。数十 kN から数百 kN クラスの大出力プレス機構の搭載，型と基板との平行調整機構，面内温度（熱インプリントの場合）および面内荷重の均一化，また離型機構（大面積化とともに離型力が増大する）の検討が必要となる。弊社の装置以外にも，一括転写方式の装置は国内外の装置メーカから多数発表されており[7]，ナノインプリントユーザにとって装置を選定する際の選択肢は広い。

　また，Step & Repeat 方式（図2参照）は，前述の一括転写方式ナノインプリントプロセスを順次繰り返して基板全面にパターン転写を行うものである。1回のパターン転写は一括転写方式と同様なプロセスで行うが，その1回に転写するパターンの大きさは一括転写方式で示した難題が生じない数十 mm×数十 mm 程度で，1回のパターン転写が終了した後に基板と型の相対位置を変化させて別の位置にパターン転写を行い，これを繰り返しながら所望の範囲までパターン転写を行う。この方式の装置には，基板と型との相対位置を順次変化させるための移動テーブル（XY ステージ）が必要となる。この移動テーブルの稼動範囲を広げることで大きな基板へのパターン転写ができる。あらかじめ決められた位置にパターン形成する場合には，型と基板との相対位置関係を検出するアライメント（位置合わせ）機構を搭載して位置決めを行う。

　我々が開発したナノインプリント装置 ST50[7~9]は装置拡張性を考え，熱インプリント，UV インプリントに対応可能な最大プレス力 50kN の装置である（図3）。多種多様の型・被成形素材形状・加熱方式に対応するため，熱インプリントの場合は型・被成形素材取り付け部および加熱方式を，UV インプリントの場合も被成形素材取り付け方式をユーザ毎に設計，提供する。制御装置は自社開発製のものを使用し，Z 軸の AC サーボモータを希望のプレス力，プレス速度，プレスパターンで制御できる。また熱インプリントにおける加熱温度，速度，パターン，UV イン

図3　直押し方式インプリント装置：ST50

プリント時の UV 光強度，照射パターンも複数設定可能である。

　ST50 はオプションとして，主として UV インプリント時に生じるパターン転写性の悪さや気泡の噛み込み低減を目的とした減圧用チャンバ，ステップ＆リピート対応の XY ステージ，型表面が被成形素材表面としっかりあたるように，プレスすることによって従動し角度を修正する ST ヘッド®，ST ステージ®（図 4）等を装備できる。

　次に ST50 を使用しての UV インプリント結果を紹介する。図 5 は超微細構造の転写例として筆者らの UV ナノインプリント法による 50nm レベル線幅の Line ＆ Space パターン形成事例である。石英ガラスから EB 描画とエッチングによって型を製作し，UV ナノインプリントによりパターン形成した結果，50nm レベルの超微細パターンが形成することができた。また，図 6 には UV インプリント例を示す。型には φ8 インチの石英ウエハ上 120mm×120mm の範囲に 90nm の L&S パターン（180nm ピッチ）を有するものを用い，型と同様の φ8 インチ石英ウエハに UV 樹脂を塗布したものに UV インプリントを行った結果，パターン形状に関しては良好な

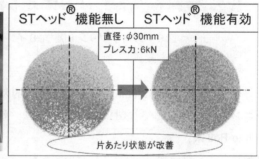

図 4　角度調整機能例：ST ヘッド®

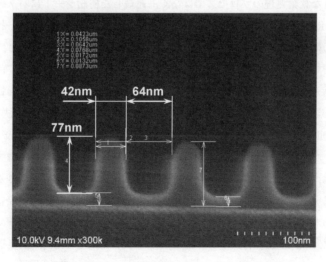

図 5　UV インプリント例：50nm サイズの L/S

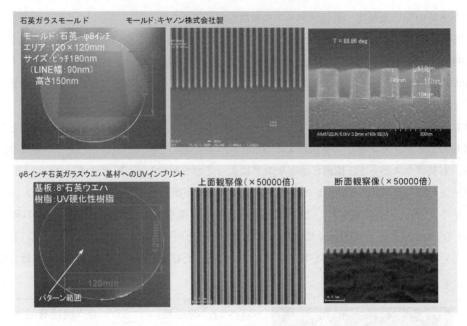

図6　UVインプリント例：φ8インチエリアへの一括転写

結果を得ることができた。120mm×120mmと比較的大きなサイズのインプリントであるため，パターニングの面内ばらつきに関しては，検証方法，評価方法を含めて試験継続中である。

⑵　Roll to Roll系

一括転写方式とStep & Repeat方式はいずれも，数十mmから数百mmサイズの基板上にパターン転写するナノインプリントプロセスで，プロセスは枚葉ごと（基板1枚ごと）に処理されていく。このような枚葉処理のプロセスではなく，連続した樹脂シートにパターンを連続転写する方法をRoll to Roll方式（Reel to Reel方式と呼ぶ場合もあり　図2参照）という。本方式の型は，あらかじめ微細なパターニングを施したローラを型として用いる場合と，比較的薄い箔状の平面スタンパをローラに巻き付け，固定し，型として用いる場合とがある。前者の型を用いれば，ローラの繰り返し回転によって切れ目なく連続して樹脂シートにパターン転写することができるので，長さが数m以上の樹脂シートへのパターン転写に対して有効な方法となる。

このRoll to Roll方式では，型とフィルムの接触と離型が一括転写やStep & Repeat方式の場合と異なるため，真空環境にしなくとも比較的気泡が入りにくく，離型もしやすいといった特徴がある。本方式は，高効率で，比較的大きな面積へのナノインプリントができる方法であり，今後さまざまなナノインプリントプロセスを応用した素子の実用化，量産化の際には主流になる方式の一つと考えられる。

我々が開発したRoll to Roll方式ナノインプリント装置CMT-400Uの主要構成を図7に，外観を図8に示す。

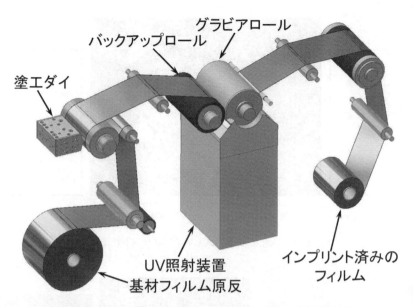

図7　Roll to Roll 方式 UV インプリント装置　主要構成

図8　Roll to Roll 方式 UV インプリント装置　CMT-400U

　本装置は押出成形法や印刷法のロール技術を応用しており，ベースフィルム上に塗工した UV
樹脂を，図7に示すグラビアロールにて成形するものである。これは，「大面積への対応」に加え，
「生産性・スループットの向上」までを考慮しており，対象アプリケーションも FPD 用光学シー
ト，バイオ応用，太陽電池，電子ペーパ，偏光用ワイヤーグリッド等，多岐にわたる。図9に機
械加工を施したグラビアロールを用いて成形試験を行っている様子を示す。

パターンA
凹面レンズ形状

パターンB
90°V溝クロス形状

図9　Roll to Roll 方式 UV インプリント状況

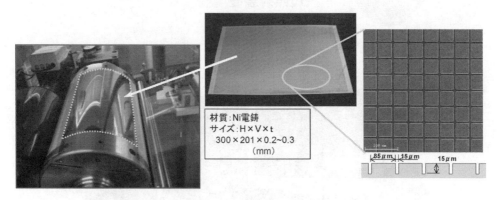

材質：Ni電鋳
サイズ：H×V×t
300×201×0.2~0.3
（mm）

図10　Roll to Roll 方式 UV インプリント用の型

　Roll to Roll 装置用の型に関しては図9に示すような円筒の全周にパターン加工が施されており，シームレスのインプリントができるものと，図10に示すような比較的薄い平板型を円筒ロールに取り付けて使用するケースがある。パターンサイズ，パターン加工の自由度等の理由から，直接円筒にパターンを加工することが困難な場合が多く，結果として後者の方式を用いる場合が多い。このような円筒型を使用した場合，樹脂シート上に間欠的にパターンがインプリントされることになり，樹脂シート上に連続的に UV 樹脂を塗工した場合 UV 樹脂が無駄になる部分が生じる。また，平板型の外周部にはどうしても隙間や段差があるため，UV 樹脂が入り込み，インプリント精度の低下，不具合発生の原因となる場合がある。そこで我々は，平板型の外周より内側のパターンエリアだけに UV 樹脂を塗工し，間欠的にインプリントする「間欠塗工，間欠転写」（以下間欠転写）技術の開発を行っている。図11に間欠転写の原理を，図12に間欠転写状況を示す。本間欠転写を Roll to Roll 装置に用いることによって，平板型を円筒ロールに取り付けるタイプの円筒型を使用した場合においても，UV 樹脂の無駄や平板型取り付け部での UV 樹脂残

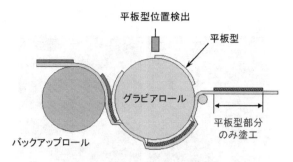

図 11　間欠塗工，間欠転写原理図

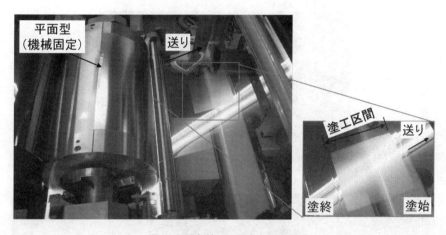

図 12　間欠塗工，間欠転写状況

りが無くなり，良好なインプリントができる。

　Roll to Roll 装置に関しては，「高速かつ送りムラの少ないシート送り」，「厚さムラが少なく，薄膜形成が可能な高精度 UV 樹脂塗工」，「型取り付けの簡便さ」，「離型処理」，等をキーワードとして開発を続けている。

　次に CMT-400U を使用してのインプリント結果を紹介する。図 9 に示す機械加工を施したグラビアロールを用いて作成した転写成形品を図 13 に示す。半径 100 μm の球（SR100 μm）の一部で高さ 7.5 μm の凸レンズ形状と底辺 50 μm，高さ 25 μm の四角錐形状が転写成形できている。また，厚さ 0.3mm の Ni 電鋳型をロールに巻き付けたグラビアロール（図 10 に示す型を使用）を用いた場合の例として，「セル形状（ピッチ 100 μm）」を転写成形したものを図 14 に示す。

　Roll to Roll 方式は，生産性や大面積への対応の可能性から非常に注目されているインプリント方式である。試作テストの件数も増加傾向にあり，本方式，装置に対する期待の大きさを伺うことができる。

パターンA
凸面レンズ形状

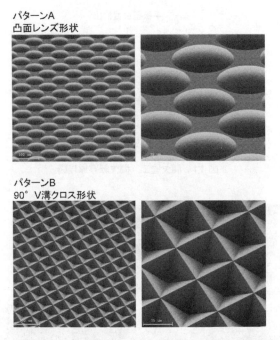

パターンB
90° V溝クロス形状

図13　Roll to Roll インプリント装置による転写成形品

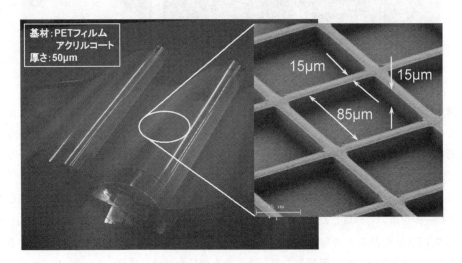

図14　Roll to Roll インプリント装置による転写成形品（セル形状）

2.3　おわりに

　ナノインプリントプロセスは，シンプルな工程で超精密パターンの転写ができる魅力的なナノ加工技術であり，電子情報通信機器やバイオメディカル機器をはじめとして多くの分野での適用が見込まれている。さまざまな分野において小型化，高機能化，低コスト化に大きく貢献するプ

ロセス技術として今後ますます期待が高まるものと思われる。その期待に応えるためには，素子製造のためのナノインプリント装置の完成度向上が不可欠であることは言うまでもないが，一連の製造工程に必要となる型，樹脂材料，プロセス設計，検査等の技術完成度も同様に向上させることが不可欠であり，これらの技術を単独ではなくトータルで提供していくことがナノインプリント技術の普及には重要である。

　最後に，「大面積型」と「離型処理」について述べる。

　まず「型」であるが，ナノインプリントプロセスに用いられる型は非常に高価で，作製する際の技術レベルも非常に高い。この傾向は面積が大きくなるに従い乗数的に大きくなる。このように大面積型の作製が困難であることから，小さい型（小面積パターン）を継ぎ目なしにつなぎ合わせることにより，大面積型を容易・安価に製作することを目的とした，ダブル（マルチ）UVインプリントプロセスによるパターン作製技術および装置の開発に取り組んでおり，本プロセスを用いてのパターン接続による大面積型の作製を試みている[10]。

　次に「離型」だが，離型はナノインプリントプロセスをデバイス生産（量産）に適用する際に最も問題となる項目の一つである。熱，UV，室温と方式も多く，型の材質と被成形対象となる材料も多岐にわたるため，型に対する離型処理方法と離型材も多く存在する。図 15 に示すように，型表面の洗浄時，離型処理後の塗布液の接触角を指針として，離型処理方式および離型材を決定する。離型処理としては離型効果の大きい物質による永久膜をコーティングする方式と，比較的寿命が短い離型材を気相蒸着や液相によるディッピングでコートする方式，両者の併用等が挙げられる。

　基本的にインプリント回数増加とともに離型能力が低下してくるため（図 16），いろいろな型と被インプリント樹脂の組み合わせで，離型処理の耐久性試験を行い，何回インプリントを行っ

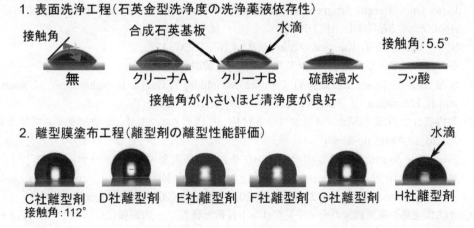

1. 表面洗浄工程（石英金型洗浄度の洗浄薬液依存性）

接触角　　　　　合成石英基板　　　　水滴

接触角：5.5°

無　　　　クリーナA　　　クリーナB　　　硫酸過水　　　　フッ酸

接触角が小さいほど清浄度が良好

2. 離型膜塗布工程（離型剤の離型性能評価）

水滴

C社離型剤　　D社離型剤　　E社離型剤　　F社離型剤　　G社離型剤　　H社離型剤
接触角：112°

図 15　石英型表面の洗浄時，離型処理後の水滴接触角

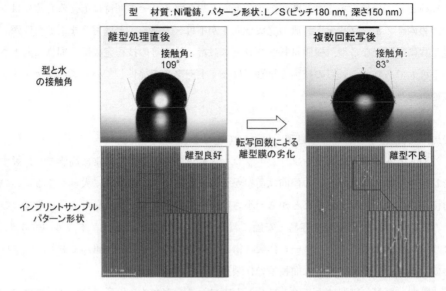

図16　Roll to Roll 方式での離型処理の耐久性例

た後に再離型処理が必要になるかといったデータベースを構築することが必要であると考えている。

文　　献

1)　前田龍太郎, 後藤博史, 廣島洋, 粟津浩一, 銘苅春隆, 高橋正春：ナノインプリントのはなし, Science&Technology シリーズ, 日刊工業新聞社（2005）

2)　L Jay Guo：Recent progress in nanoimprint technology and its applications, *J. Phys. D: Appl. Phys.* **37**, (2004) R123-R141

3)　S. Y. Chou *et al., J. Vac. Sci. Technol. B* **14** (6), (1996) 4129.

4)　谷口淳：はじめてのナノインプリント技術, 工業調査会（2005）

5)　S. Matsui, Y. Igaku, H. Ishigaki, J. Fujita, M. Ishida, Y. Ochiai, H. Nakamatsu, M. komuro and H. Hiroshima：*J. Vac. Sci. Technol., B* **21** (2003) 688.

6)　竹内義行：TOK 室温ナノインプリント材料, 月刊ディスプレイ, テクノタイムズ社, Vol. 15, No. 1（2009）, pp 84-88

7)　Electronic Journal 別冊：2007 ナノインプリント技術大全, 電子ジャーナル（2007）

8)　Hiroshi Goto *et al.*,：Micro Patterning Using UV-Nanoimprint Process, *Journal of Photopolymer Science and Technology*, **20**, Number 4 (2007), pp 559-562

9)　小久保光典：東芝機械のナノインプリント技術と装置　―大面積化に向けて―, 月刊ディスプレイ, テクノタイムズ社, Vol. 15, No. 1（2009）, pp 62-70

10)　片座慎吾，石橋健太郎，小久保光典，庄子習一，後藤博史，水野潤：ダブル UV インプリントプロセスによるパターン作製技術を用いた大面積モールドの開発，2008 年度春季 第 55 回応用物理学関連連合講演会 講演予稿集，㈳応用物理学会，(2008) 29a-ZL-8 (No.2 p.728)

3　サブ波長構造形成のためのガラスインプリントプロセス

森　登史晴*

3.1　はじめに

　光ピックアップ装置，液晶プロジェクターなどの光学系における素子として，波長板は光の利用効率を上げるために必須の光学部材となっている。一般的に波長板には水晶の研磨品や複屈折ポリマーなどが用いられている。しかしながら水晶の波長板は波長オーダーの加工精度が必要なため高価であり，複屈折ポリマーの波長板は熱的に弱いという課題があった。

　ガラス表面に光の波長レベル，あるいはそれ以下の微細な周期を有する構造（サブ波長周期構造）を形成すると，光の進行方向や速度に大きな影響を与えることができ，偏光無依存の回折[1]，波長分離[2]，反射防止[3,4]，位相制御[5]などの機能が発現することが知られており，光学素子への応用が期待されている。

　従来ガラスの分野では，「ガラスモールド法」により高精度に光学レンズを成形する技術が知られている[6,7]。この技術に樹脂の分野で活発に研究されている「ナノインプリント法」[8~14]を組み合わせる事ができれば，ガラス表面に微細構造を安価かつ大量に形成できるようになるものと期待される。数百℃の高温域でガラス表面にナノレベルの微細構造を精密に形成する「ガラスインプリント法」において重要な要素技術は，耐熱かつ高い機械的強度を有するモールド材料表面へのナノレベルの微細加工，ならびに数百℃の温度域でのガラス表面へのナノレベルの周期構造の転写が挙げられる。そこで，我々は広い屈折率・分散の選択範囲を持ち，耐久性・耐熱性・耐光性あるいは優れた温度特性を有するガラスの表面にガラスインプリント法よる微細構造の形成を試みた。ガラスインプリント法により高屈折率の酸化物ガラス表面上に高いアスペクト比を持つ1次元サブ波長周期構造を形成した結果を述べる。また形成した1次元周期構造の位相差特性についても述べる。

3.2　構造性複屈折による位相差の発現

　サブ波長周期構造は，光波に対して平均的な屈折率（有効屈折率）を持つ媒質と見なすことができ，1次元周期構造の場合，格子の線に平行な方向と垂直な方向で有効屈折率が異なる構造性複屈折が発生する。格子の線に電界成分が平行な TE（Transverse Electric）偏光と，格子の線に電界成分が垂直な TM（Transverse Magnetic）偏光の伝搬速度に差が生じ，透過光に位相差が発現するため，波長板として機能する[15~18]。サブ波長構造を有効屈折率の媒質で置き換える考え方は有効媒質理論（Effective Medium Theory：EMT）と呼ばれる[19,20]。図1に示すように，構造性複屈折により位相差を発現させるパラメーターとして，周期，filling factor，構造高さ，屈折率などが挙げられる。これらのパラメーターにより位相差特性を制御することが可能である。高い位相差を発現させるためには，より高い構造を形成し，かつ屈折率の高いガラスを用い

＊　Toshiharu Mori　コニカミノルタオプト㈱　技術開発センター　光学開発部　係長

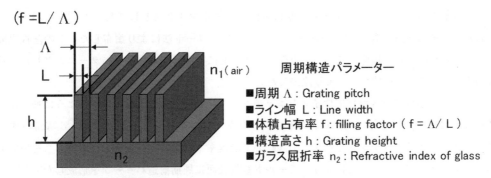

図 1　構造性複屈折により発現する位相差に対する周期構造パラメーター

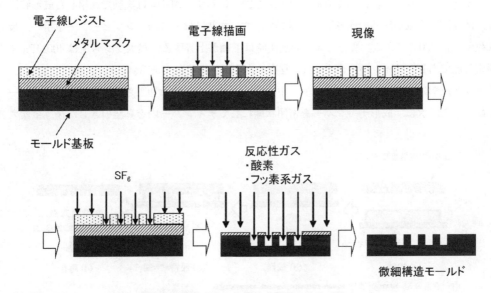

図 2　構造性複屈折により位相差を発現させるパラメーター

ればよい。例えばガラスの屈折率が 1.8（波長 588nm），周期 300nm，filling factor（f）0.5，構造高さ 370nm の構造を形成した場合，発現する位相差は 0.25 程度となることが計算よりわかった。この周期構造に光を透過させた場合，光の振動方向を直線から円に変換することが可能であり，1/4 波長板として機能し光利用効率の高い光ピックアップユニットの達成が可能となる。

3.3　ガラスインプリント法による周期構造形成

3.3.1　微細周期構造を有するモールドの作製プロセス

　モールドの作製プロセスを図 2 に示す。本研究では，モールド材料として耐熱性あるいは機械的強度に優れ，ドライエッチングによる微細加工が可能な GC（グラッシーカーボン）や SiC（炭化ケイ素）の基板を用いた。

　まず作製プロセスとして，モールド基板鏡面にメタルマスク層としてWSiなどをスパッタ成膜した後，その表面に電子線（EB）レジストをスピンコート法により塗布した。この基板表面をEBで直接描画し，現像することでEBレジスト上に1次元周期構造をパターニングした。残余のEBレジストは有機溶剤により除去した。

　次に，誘導結合プラズマ反応性イオンエッチング（ICP-RIE）により，以下のようにモールド基板表面に微細加工を行った。レジストパターンをマスクとしてSF_6ガスを用いてWSiメタルマスク層をドライエッチングした後，引き続いて酸素やフッ素系ガスなどの反応性ガスを用いてドライエッチングを行うことにより，モールド基板表面に周期構造パターンを形成した。

3.3.2　ガラスインプリント法による成形プロセス

　ガラスインプリント法による成形プロセスを図3に示す。図4(a)は実験で使用した成形装置内部，図4(b)は昇温加熱時の成形装置の写真を示す。加熱には赤外線ランプヒーターを用い，最大加熱温度は800℃である。また，成形の加圧時は下軸が上昇する。最大プレス圧は400MPaまで設定可能であり，チャンバー内を0.1Pa程度の真空排気が可能である。

　ガラス成形において，下型モールドの中央に，両面が光学鏡面加工されたガラスプリフォームを配置した。次に，成形チャンバーを密閉状態にしてチャンバー内を真空引きした後，窒素ガス

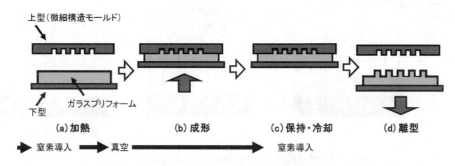

図3　ガラスインプリント法による成形プロセス

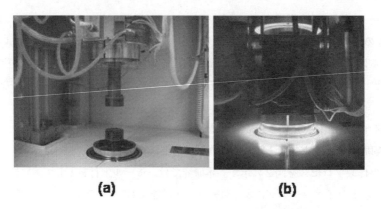

図4　(a)成形装置内部の写真，(b)昇温加熱時の成形装置の写真

を導入しながら成形温度まで加熱した。その後，1 次元周期構造を有するモールドでガラスプリフォームをプレスした。ガラス成形は圧力 4MPa かつ真空状態で行った。ガラスの軟化温度付近まで冷却した後，ガラスとモールドを離型した。

3.3.3　GC モールドを用いた周期構造の成形

　3.3 節で述べたプロセスにより作製した周期 500nm，パターン面積 0.6×0.9mm^2，溝深さ 750nm で，描画溝幅が 150nm，220nm，290nm，330nm の 4 種類の 1 次元周期構造を 1 枚の基板表面に隣接して形成した GC モールドを用い，屈折率 1.59（波長 588nm），屈服点 470℃ である P$_2$O$_5$–B$_2$O$_3$–ZnO 系リン酸塩ガラス（以下，PBZ ガラスと略す）の表面に微細周期構造を転写した。成形温度は 500℃ とし，印加圧力 4MPa，印加時間は 140 秒間とした。

　得られた成形体の表面 SEM 観察を行った結果を図 5 に示す。図 5 (a)〜(d)は，GC 基板上に形成された 1 次元周期構造の SEM 像であり，図 5 (e)〜(h)はガラスの表面に形成された周期構造である。GC モールドの溝幅の増加と共に，成形されたガラス微細構造の構造高さが各々380nm，510nm，610nm，730nm と高くなることが確認された。図 6 に溝幅と構造体高さの関係を示す。両者の間には直線関係があることがわかった。GC モールドの深さはいずれも 750nm であるが，図 7 に示すように，溝幅が広い方がガラス粘性体は周期構造に充填されやすいという結果が得られた。すなわち，GC モールドの表面とガラス粘性流体との摩擦が存在するため，それらの界面からの距離が離れるほど流動が起こりやすいと考えられる。

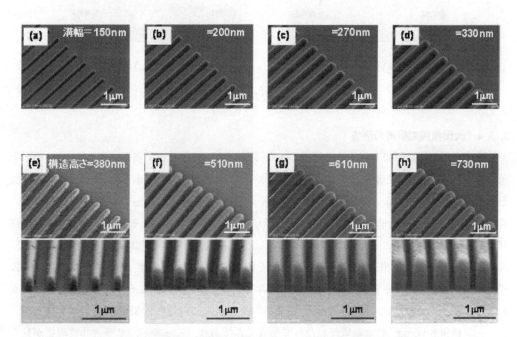

図 5　(a)〜(d)周期 500nm，パターン面積 0.6×0.9mm^2，溝深さ 750nm で，描画溝幅が 150nm，220nm，290nm，330nm の 4 種類の 1 次元構造を 1 枚の基板表面に隣接して形成した GC モールド，(e)〜(h)異なる溝幅の GC モールドで成形した PBZ ガラスの表面 SEM 像

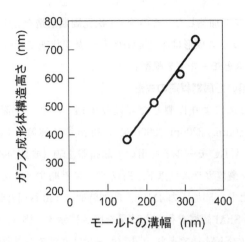

図6　周期500nmのモールドの溝幅とガラス成形体の構造高さの関係

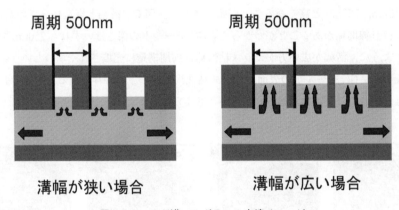

図7　モールド溝へのガラスの充填イメージ

3.3.4　大面積周期構造の形成

　前節の成形実験結果より，ガラスインプリント法によって，ガラス表面へ周期500nmの1次元構造が形成できることが確認できた。しかし，その面積は0.6×0.9mm^{2}であり，光学特性評価を行うには不十分である。そこで，周期500nm，パターン面積6×6mm^2，描画溝幅が250nm，溝深さ350nmの1次元構造をGC基板表面に形成した。得られたGCモールドを用いて，PBZガラスの成形を行った。成形温度は500℃とし，印加圧力4MPa，印加時間は140秒間とした。得られた成形体の表面SEM観察を行った結果を図8に示す。図8(a)は，モールドの表面，(b)はPBZガラス表面に形成された周期構造のSEM像である。また，図9はその実体写真である。成形されたガラス表面には，周期500nm，描画溝幅が250nm，構造高さ350nmの1次元構造が，パターン面積6×6mm^{2}の全領域にわたって形成できており，モールド，ガラス共に破損が見られなかった。

　次に，構造周期300nmのGCモールドを用いて，同様なガラス成形を試みた。描画溝幅

モールド（溝深さ**350nm**）　　　　　ガラス（構造高さ**350nm**）

図 8　(a)周期 500nm，描画溝幅 250nm，パターン面積 6×6mm²，溝深さ 350nm の 1 次元
構造を基板表面に形成した GC モールド，(b)成形した PBZ ガラスの表面 SEM 像

図 9　周期 500nm，描画溝幅 250nm，パターン面積 6×6mm²，構造高さ
350nm の 1 次元構造を形成された PBZ ガラスの実体写真

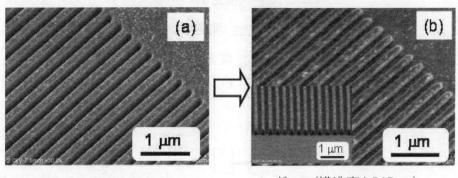

モールド（溝深さ**900nm**）　　　　　ガラス（構造高さ**210nm**）

図 10　(a)周期 300nm，描画溝幅 150nm，パターン面積 3×3mm²，溝深さ 900nm の 1 次
元構造を基板表面に形成した GC モールド，(b)成形した PBZ ガラスの表面 SEM 像

150nm，溝深さ900nm の1次元構造を GC 基板表面に形成した。尚，パターン面積を $3 \times 3mm^2$ とした。この GC モールドを用いて，PBZ ガラスの成形を行った。成形温度は，周期500nm の場合と同様に500℃とし，印加圧力3MPa で100秒間成形した。得られた成形体の表面 SEM 観察を行った結果を図10に示す。図10(a)，(b)は，それぞれ，モールド表面および PBZ ガラス表面の SEM 像である。微細構造の全面転写が可能で，その構造高さは210nm であった。しかしながら，構造高さを増すために印加圧力を高くすると，モールド表面の周期構造が破壊された。したがって，微細で構造高さの高い周期構造を形成するためには，GC よりも高強度なモールド材料を選択する必要がある。

3.4　回転検光子法による位相差特性評価

　成形によって得られた1次元周期構造によって発生する位相差を，回転検光子法で測定した。表面に1次元周期構造が形成されたサンプルの位相差の測定には，図11に示す位相差測定装置を用いた。光源にはキセノンランプを使用し，測定波長範囲は300nm から800nm である。光学軸に対し45°と45°の平行ニコル条件，45°と135°の直交ニコル条件の2つの分光スペクトルを測定し，スペクトルの強度比から位相差を算出した。

　波長300nm〜800nm の範囲で実測した位相差と計算値との比較を行った。計算には厳密結合波解析（RCWA：GSOLVER, Grating Solver Development Co)[21]を使用し，PBZ ガラスの屈折率，

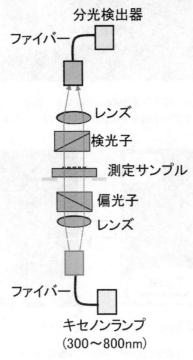

図11　位相差測定装置の構成

SEM，AFM で求めたガラス成形体の構造パラメーターを使って位相差を求めた。以下に周期
500nm と 300nm の2つの結果について述べる。

・周期 500nm の構造体

　回転検光子法で求めた位相差の測定結果と，RCWA による計算結果を図 12 に示す。RCWA
計算に用いた屈折率は PBZ ガラスの実測値を線形補間して用い，構造パラメーターについては，
Λ＝500nm，f＝0.5，h＝350nm とした。計算で求まった位相差は実測とよく一致し，波長
600nm 付近での位相差は 0.1 であった。また，波長 550nm 付近にピークが発生した。この原因
を調べるために RCWA による透過率の計算を行った。結果を図 13 に示す。図に示すように，

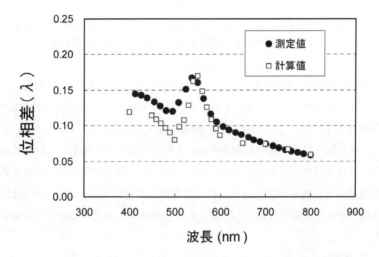

図 12　周期 500nm の 1 次元構造体（PBZ ガラス，n_d1.59，f＝0.5，h＝350nm）
によって発生する位相差の測定結果と RCWA 法による計算結果

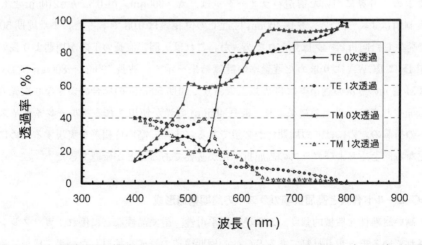

図 13　1 次元周期構造（周期 500nm，f＝0.5，h＝350nm）を PBZ ガラス（n_d1.59）上に形
成した場合の RCWA で計算した TE および TM 偏光の 0 次および 1 次光の透過率

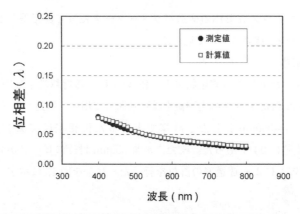

図14　周期 300nm の 1 次元構造体（PBZ ガラス，n_d1.59，f=0.5，h=350nm）
によって発生する位相差の測定結果と RCWA 法による計算結果

波長 400nm〜600nm の間で TE 偏光および TM 偏光の 0 次の透過光の透過率が減少した。一方，
1 次の透過光すなわち回折光の透過率は上昇した。これらの計算結果から，位相差測定の際に発
生した波長 550nm 付近のピークは回折による影響と考えられる。

　回折ピークの発生は，以下の様に解釈される。1 次元周期構造の周期と入射する光の波長が等
しくなった時，光は進行方向に対して 90°の方向に回折し，構造の横方向へ伝搬する。この伝搬
した光が周期構造から空気層へ抜け出し，再度周期構造に進入する。この光が更に 90°回折して
空気層へ抜け出し 0 次の透過光と混合し，あたかも位相差が大きくなったような値が計測された
と考えられる。

・周期 300nm の構造体

　位相差測定結果と RCWA による計算結果を図 14 に示す。屈折率は周期 500nm の場合と同様
な手順で求め，計算に用いた構造パラメーターは，Λ = 300nm，f=0.5，h = 210nm とした。計
算値と実測値はよく一致し，波長 400nm 付近での位相差は 0.08 であった。また周期 500nm の
構造体で発生した回折ピークは見られなかった。これは，測定波長の下限が周期より長いためで
ある。図 15 に RCWA より求めた透過率の計算結果を示す。波長 400nm〜800nm において TE
および TM 偏光の 0 次の透過率は 80％以上であり，周期 500nm の場合のような 0 次光の透過率
の減少は発生しない。以上の結果より，波長 405nm の光が使用されるブルーレイディスクドラ
イブ等への搭載のためには，短周期化が必須である。また，高い位相差を実現するためには構造
高さの更なる向上，およびガラスの高屈折率化が必要であることが確認できた[22,23]。

3.5　SiC モールド作製と高屈折率ガラスへの周期構造形成

　極めて高い耐熱性と機械的強度，および表面平滑性，耐薬品性などに優れ，ガラスレンズ成形
に多用されているモールド材料である SiC への周期構造の形成を検討した結果，成形に適した形
状制御が可能であり，ガラス表面への周期 500nm の 1 次元周期構造を形成できることが確認で

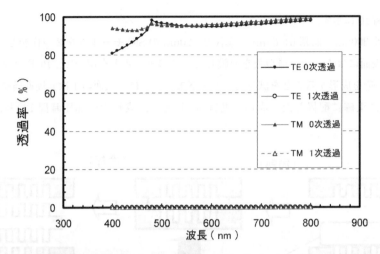

図 15　1 次元周期構造（周期 300nm，f=0.5，h=210nm）を PBZ ガラス（n_d1.59）上に形成した場合の RCWA で計算した TE および TM 偏光の 0 次および 1 次光の透過率

きた[24]。しかしながら，周期 500nm では回折の影響により透過光の損失が発生するため更なる短周期が必須である。また，目標とする位相差 0.25 を達成するためには，構造高さの向上，あるいはガラスの高屈折率化が必要であった。位相差向上のために高屈折率ガラスを用い，形状を最適化した周期 300nm の SiC モールドを作製し，構造性複屈折 1/4 波長板の作製を試みた。

・ガラスインプリントに適した高屈折率低屈服点ガラス

　高屈折率で成形に有利な低屈伏点のガラスとして，酸化ビスマス（Bi_2O_3）および酸化ゲルマニウム（GeO_2）を含有するホウ酸塩系に着目した。ホウ酸はガラスの骨格を形成し，ガラスを安定化させる成分である。酸化ビスマスは高屈折率化に有効で，かつガラスの屈伏点を下げる成分であり[25]，酸化ゲルマニウムは短波長域における透過率の向上に有効な成分であることが報告されている[26]。本節ではガラスインプリント法で形成する構造性複屈折波長板に適した組成として，高屈折率，低屈伏点，高透過率の 3 つの点で，$17.5Bi_2O_3$-$50.0GeO_2$-$32.5B_2O_3$（以下，BGB ガラスと略す）を用いた。屈折率 1.82（波長 588nm），屈服点 468℃，厚み 3mm における 400nm の透過率（τ_{400}）は 85％である[27]。

・構造性複屈折波長板の作製と光学特性評価

　3. 2 に記載したように，ガラスの屈折率が 1.8（波長 588nm），周期 300nm，filling factor 0.5，構造高さ 370nm の構造を形成した場合，発現する位相差は 0.25 程度となることが計算結果よりわかっている。本節では，周期 300nm の 1 次元周期構造を高屈折率ガラスである BGB ガラス表面に形成し，位相差特性を評価した。

　BGB ガラスを用いて波長 400nm における位相差 0.25 を達成するためには，周期 300nm，構造高さ 370nm が必要であるが，片面成形ではその約 1/2 の構造高さ形成が限界であった。そこで，BGB ガラスの両面に周期構造を形成し，高い位相差を発現することを試みた。両面成形の

イメージを図16に示す。

　まず，周期300nm，面積6×6mm²，溝深さ220nmのSiCモールドを2つ作製した。尚，SiCモールドの表面にはカーボン離型膜を成膜した。このモールドを用いて，BGBガラスの両面に1次元周期構造を成形することを試みた。上・下モールドは，表面の1次元周期構造が同じ方向になるように正確に配置した。成形温度は488℃とし，成形中の加圧時間120秒，印加圧力

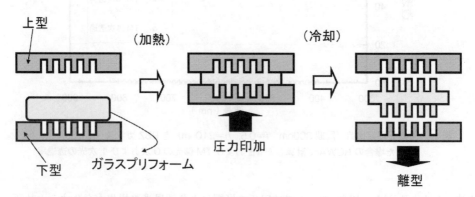

図16　両面成形のイメージ図

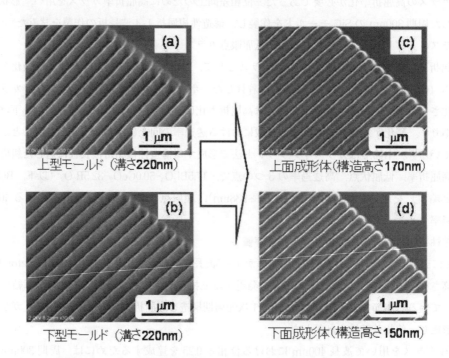

図17　周期300nmの1次元周期構造が6mm×6mmの面積に形成されたSiCモールドとガラス成形体のSEM像：(a)，(b)はそれぞれ上下のモールド，(c)，(d)はそれぞれガラスの上下面に形成された周期構造

8MPa の条件下で成形した。その結果，周期構造が面積 6×6mm² 領域全面に転写でき，その構造高さは上面が 170nm，下面が 150nm であった。得られた成形体の表面 SEM 観察を行った結果を図 17 に示す。

　次に，BGB ガラスの両面に形成した 1 次元周期構造によって発生する位相差を，回転検光子法で測定した。測定結果を図 18 に示す。また，SEM および AFM で求めたガラス成形体の構造パラメーターをもとに，厳密結合波解析（GSOLVER, Grating Solver Development Co）によってシミュレーションを行った結果も合わせて示す。RCWA 計算に用いた屈折率は BGB ガラスの実測値を線形補間して用い，構造パラメーターについては，$\Lambda = 300$nm, $f = 0.5$, h は上下構造高さ合計の 320nm とした。計算で求まった位相差は波長 450nm より短波長域で実測とほぼ一致し，波長 400nm 付近での位相差は 0.23 であった[28]。

　構造性複屈折波長板は透過光学系で使用されるため，その透過特性は実用上重要なポイントである。そこで，両面成形体の透過率を 200nm～900nm の波長範囲で測定した。得られた結果を図 19 に示す。また，同じ厚み（約 1.3mm）の光学研磨ガラスの測定結果も記載した。550nm より長波長域では，光学研磨ガラスに比べて両面成形体の方が透過率は高くなった。これは周期構造による反射防止効果が作用したものと考えられる。一方，550nm より短波長域の両面成形体の透過率は，光学研磨ガラスに比べて低くなった。これは，周期構造により回折が発生し，0 次の透過光が低減したことが原因であると推察された。このことは，RCWA より求めた透過率の計算結果でも確認できた。図 20 は，周期構造体に垂直入射した TE 光および TM 光の透過率およびそれらの平均値を RCWA で求めた結果である。平均値のスペクトル形状は，図 19 に示し

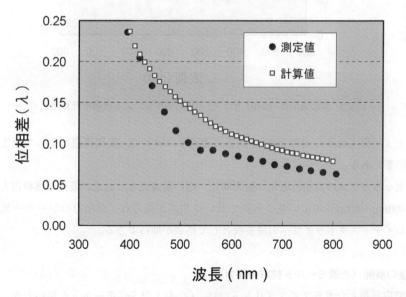

図 18　SiC モールドで両面成形した 1 次元周期構造体（BGB ガラス）によって発生する位相差の測定結果（周期 300nm，上下構造高さ合計 320nm）と RCWA 法による計算結果

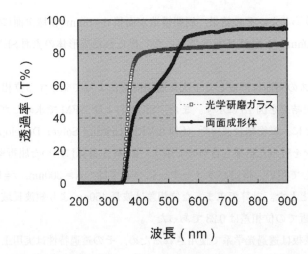

図19　両面成形体（BGB ガラス）および光学研磨 BGB ガラスの透過率測定結果

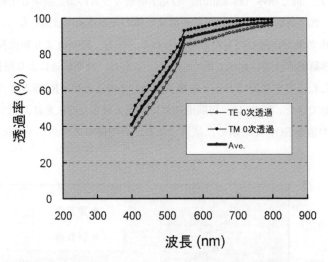

図20　両面成形体（BGB ガラス）の RCWA 法による透過率計算結果

た実測値とよく似ており，波長550nm 以下の透過率の減少は，周期構造によって発生する高次の回折の影響である。

　今後，更なるガラスの高屈折率化，短周期化，高い構造高さ，および最適な体積占有率を実現すれば，400nm〜800nm の広い波長範囲で高い位相差が得られ，高出力のレーザー光を使用するブルーレイディスクドライブへの波長板として搭載が期待できる。

3.6　今後の展開（新規モールド材料の探索）

　本研究で取り組んだガラスインプリントには，GC および SiC モールドを用いたが，その他にも硬度，靭性，熱的・化学的耐久性に優れた材料が存在する。一方，モールド表面に形成する離

図 21　(a)収束イオンビーム（FIB）法で微細加工した白金（Pt）モールド表面, (b) PBZ ガラス成形体の SEM 像

型膜の選択も非常に重要であり，本研究で用いたのはカーボン膜のみであったが，今後，モールド基材やガラスとの反応性などを評価して，耐久性に優れた離型膜を開発する必要がある。本節では，GC，SiC 以外のモールド材料として，白金（Pt）モールドとそのガラスインプリントに関する基礎的な検討を行った結果について述べる。

　ガラスと反応し難い貴金属である Pt に着目し，モールドとしての可能性を検討した。表面が光学研磨された超硬（WC）基板上に Pt 薄膜をイオンビームスパッタ（IBS）により約 1 μm 成膜した。続いて，ガリウム（Ga）液体金属をイオン源とする収束イオンビーム（FIB）装置にて，周期 500nm，深さ 500nm，面積 $20 \times 80 \, \mu m^2$ のパターンを加工した。加工後の Pt 表面の SEM 像を図 21 (a)に示す。また，PBZ ガラスへの構造形成結果を図 21 (b)に示す。成形温度は 500℃とし，成形中の加圧時間 140 秒，印加圧力 4MPa の条件下で成形した。得られたガラス成形体の構造高さは 490nm であり，表面が非常に滑らかであった。しかしながら，複数回成形すると，部分的に Pt 薄膜の剥離，損傷が発生し，モールド基板と白金との密着性の改善が必要なことがわかった。また，FIB の加工には数十時間を要し，実用化のためにはドライエッチング等の簡便な加工方法の検討が求められる。

3.7　まとめ

　本研究はガラスインプリント法による次世代光学素子について，そのガラス素材，モールドの微細加工，ガラス成形，および光学素子の設計および光学評価を研究したものであり，ガラス表面に周期，構造高さ共に数 100nm レベルの 1 次元周期構造を作製できることを実証し，基本プ

ロセスの構築について重要な知見を得たものである。

　ガラスインプリント技術を応用すれば，光の波長レベル以下の周期構造をガラス表面に短時間で形成できるため，高精度な素子を大量・安価に生産することが今後期待できる。

謝辞

　本研究は，革新的部材産業創出プログラム「次世代光波制御材料・素子化技術」の一環として新エネルギー・産業技術総合開発機構（NEDO）からの委託を受けて実施したものである。本研究を行うに際し，北海道大学電子科学研究所　西井準治教授，笠晴也様，独立行政法人産業技術総合研究所　福味幸平博士，金高健二博士，大阪府立大学大学院工学研究科平井義彦教授，五鈴精工硝子株式会社　山下直人様，光波制御プロジェクトの皆様の御指導ならびに御協力に感謝致します。また，コニカミノルタオプト株式会社の波多野卓史氏，長谷川研人氏，大垣昭男氏の協力に感謝致します。

文　　献

1) J. Nishii, K. Kintaka, and T. Nakazawa, "High-efficiency transmission gratings buried in a fused-SiO₂ glass plate," *Appl. Opt.*, **43**, 1327-1330 (2004).

2) T. Glaser, S. Schröter, H. Bartelt, H. Fuchs, and E. Kley, "Diffractive optical isolator made of high-efficiency dielectric gratings only," *Appl. Opt.*, **41**, 3558-3566 (2002).

3) S. J. Wilson, and M. C. Hutley, "The optical properties of 'moth eye' antireflection surfaces," *Opt. Acta*, **29**, 993-1009 (1982).

4) H. Toyota, K. Takahara, M. Okano, T. Yotsuya, and H. Kikuta, "Fabrication of Microcone Array for Antireflection Structured Surface Using Metal Dotted Pattern," *Jpn. J. Appl. Phys.*, **40**, L747-L749 (2001).

5) H. Kikuta, Y. Ohira, and K. Iwata, "Achromatic quarter-wave plates using the dispersion of form birefringence," *Appl. Opt.*, **36**, 1566-1572 (1997).

6) R. O. Maschmeyer, C. A. Andrysick, T. W. Geyer, H. E. Meissner, C. J. Parker, and L. M. Sanford, "Precision molded-glass optics", *Appl. Opt.*, **22** 2410 (1983).

7) R. O. Maschmeyer, R. M. Hujar, L. L. Carpenter, B. W. Nicholson, and E. F. Vozennilek, "Optical performance of a diffraction-limited molded-glass biaspheric lens", *Appl. Opt.*, **22** 2413 (1983).

8) S. Y. Chou, P. R. Krauss, and P. J. Renstrom, "Imprint of sub-25 nm vias and trenches in polymers", *Appl. Phys. Lett.*, **67**, 3114 (1995).

9) S. Y. Chou, P. R. Krauss, and P. J. Renstrom, "Nanoimprint lithography", *J. Vac. Sci. Technol.*, **B14**, 4129 (1996).

10) S. Y. Chou, P. R. Krauss, W. L. Guo, and L. Zhuang, "Sub-10nm imprint lithography and applications", *J. Vac. Sci. Technol.*, **B15**, 2897 (1997).

11) J. Haisma, M. Verheijen, and K. Heuvel, "Mold-assisted nanolithography：A process for reliable pattern replication", *J. Vac. Sci. Technol.*, **B14**, 4124 (1996).

12) J. Wang, S. Schabiitsky, Z. Yu, W. Wu, and S. Y. Chou, "Fabrication of a new broadband waveguide polarizer with a double-layer 190nm period metal-gratings using nanoimprint lithography", *J. Vac. Sci. Technol.*, **B17**, 2957 (1999).

13) P. Ruchhoeft, M. Colburmand, B. Choi, H. Nounu, S. Johnson, T. Bailey, S. Damle, M. Stewart, J. Ekerdt, J. C. Wolfe, and C. G. Wilson, "Patterning curved surface : Template generation by ion beam proximity lithography and relieftransfer by step and flash imprint lithography", *J. Vac. Sci. Technol.*, **B17**, 2965 (1999).

14) Y. Hirai, Y. Kanemaki, K. Murata, and Y. Tanaka, "Novel mold fabrication for nano-imprint lithography to fabricate single-electron tunneling devices", *Jpn. J. Appl. Phys.*, **38**, 7272 (1999).

15) H. Kikuta, H. Toyoda, and W. Yu, "Optical elements with subwavelength strucutured surfaces", *Opt. Rev.*, **10**, 63 (2003).

16) D. C. Flanders, "Submicrometer periodicity gratings as artificial anisotropic dielectrics", *Appl. Phys. Lett.*, **42 (6)**, 392 (1983).

17) G. Nordin, and P. Deguzman, "Braodband form birefringent quarter-wave plate for the mid-infrared wavelength region", *Opt. Express*, **5**, 163 (1999).

18) M. Imae, H. Miyakoshi, O. Masuda, K. Furuta, "Optimum Design of Wide-band Quarter Wave Plates (QWPs) Utilizing Form Birefringence", *Konica Minolta Technology Report*, **3**, 62 (2006).

19) D. H. Reguin and G. M. Morris, "Analysis of antireflection-structured surfaces with continuous one-dimential surface profiles", *Appl. Opt.*, **32**, 2582 (1993).

20) H. Kikuta, H. Yoshida, and K. Iwata, "Ability and Limitation of Effective Medium Theory for Subwavelength Gratings", *Opt. Rev.*, **2**, 92 (1995).

21) M. G. Moharam, A. Pommet, and E. B. Grann, "Stable implementation of the rigorous coupled wave analysis for surface-relief gratings : enhanced transmittance matrix approach", *J. Opt. Soc. Am*, **12**, 1077 (1995).

22) T. Mori, K. Hasegawa, T. Hatano, H. Kasa, K. Kintaka, and J. Nishii, "Surface-relief gratings with high spatial frequency fabricated using direct glass imprinting process", *Opt. Let.*, **33**, No. 5, 428 (2008).

23) T. Mori, K. Hasegawa, T. Hatano, H. Kasa, K. Kintaka, and J. Nishii, "Glass imprinting process for fabrication of sub-wavelength periodic structures", *Jpn. J. Appl. Phys.*, **47**, No. 6, 4746 (2008).

24) T. Mori, Y. Kimoto, H. Kasa, K. Kintaka, N. Hotou, J. Nishii, and Y. Hirai, "Mold Design and Fabrication for Surface Relief Gratings by Glass Nanoimprint", *Jpn. J. Appl. Phys.*, **48**, 06FH20 (2009).

25) P. Becker, "Thermal and optical properties of glasses of the system $Bi_2O_3-B_2O_3$", *Cryst. Res. Technol.*, **38**, 74 (2003).

26) J. A. Duffy and M. D. Ingram, Optical properties of glass. Edited by D. R. Uhlmann and N. J. Kreidl, *Am. Cram. Soc.*, Westerville, 159 (1991).

27) N. Yamashita, T. Suetsugu, T. Einishi, K. Fukumi, and N. Kitamura, and J. Nishii, "Thermal

and optical properties of Bi_2O_3–GeO_2–B_2O_3 glasses", *PHYS. CHEM. GLASSES-B.*, **50** (4), 257 (2009).

28) T. Mori, N. Yamashita, H. Kasa, K. Fukumi, K. Kintaka, and J. Nishii, "Periodic sub-wavelength structures with large phase retardation fabricated by glass nanoimprint", *J. Cera. Soc. Jpn.*, **117**[10], 1134 (2009).

4 コロナ放電による特殊表面処理

原田建治*

4.1 ホログラム記録材料とコロナ放電処理

　ホログラムなどの微細パターンを記録する材料には，高解像度，高感度及び取り扱いの容易さが求められる。現在までに，ホログラム記録材料として銀塩感光材料や重クロム酸ゼラチン，フォトポリマー材料などが開発されてきたが，これらの材料は暗所で撮影する必要があり，現像・定着処理が必要となる。

　そこで新しいホログラム記録材料として，光応答性高分子材料が注目されてきた。その中でも，アゾベンゼン高分子材料はレーザー干渉光を照射することにより，アゾ分子のトランス–シス光異性化を介した物質移動により表面レリーフ型ホログラムが記録される興味深い特徴を有する。この特徴を用いることにより，複雑な現像処理を必要とせず，光の照射という1段階のプロセスのみで記録，消去が可能であり，それを可逆的に繰り返し記録できる[1,2]。さらに，コロナ放電処理を用いることで，表面レリーフの増幅や，2次非線形性の発現等のユニークな特性が得られる[3~8]。近年，コロナ放電処理の過程において，アゾベンゼン薄膜をコートする基板として用いているガラス基板にもホログラムが転写されることを偶然にも発見した[9,10]。ガラスは可視光を透過し，ガラスと光の相互作用が起きないため，通常の方法ではホログラム等の微細構造をガラス内部に記録することはできない。そのため，これまでは高価なフェムト秒レーザーを用いたり，ガラス自体に可視域波長の吸収特性を有する材料をドープしたりすることでガラスへの情報記録が行われてきた。本方式を用いることで，一般的な可視域波長のレーザーを用いて一般的なガラスへの微細構造の転写・記録が可能となる。ここでは，コロナ放電を用いた高分子材料やガラス基板への特殊表面処理について解説する。

4.2 コロナ放電処理とその一般的な用途

　電極間で絶縁破壊が起こり，電流が流れることを放電といい，その形態により，火花放電，コロナ放電，グロー放電，アーク放電等に分類される。コロナ放電とは，針電極もしくは細いワイヤ電極の周りに不均一な電界が生じることにより起こる持続的な放電の総称である。図1に針電極を用いた一般的なコロナ放電装置の概念図を示す。上部の高電圧源から直流もしくは交流の電圧を印加することにより，図1のようにイオンが生成され，絶縁物の表面に放電することができる。絶縁物として，プラスチック材料等を用いた場合は，表面をラジカルな状態にし，化学的，物理的に改質できるため，主に親水性や接着性の向上用途に使用されている。また，分極率の大きい高分子材料に対してコロナ放電を施すと，分子が配向されることにより，2次の非線形性を発現し，波長変換素子や，高速光変調素子作製等に利用することができる。さらに，コロナ放電により，気体中にイオンを増加させ，イオンによる塵を吸着する効果を利用した集塵機などにも

---

　*　Kenji Harada　北見工業大学　工学部　情報システム工学科　准教授

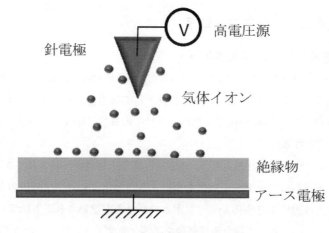

図1　コロナ放電装置の概略図

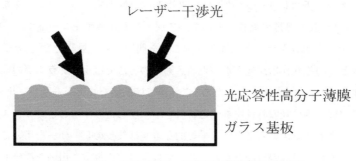

図2　光による表面レリーフ型回折格子記録の概念図

応用されている。

4.3　コロナ放電処理とその特殊な用途

　コロナ放電処理は，微細な表面レリーフ構造の増幅や，ガラス基板への構造転写・記録等の特殊な用途にも利用できることが，現在までの研究において明らかとなっている。ここでは，コロナ放電の特殊な用途について解説する。

4.3.1　光応答性高分子材料への表面レリーフ型回折格子の記録

　コロナ放電処理による表面レリーフ構造の増幅現象は，様々なポリマー材料で確認されている。なかでもアゾベンゼン高分子は光応答性を示し，回折効率の増加割合も大きいことから，最適な材料であるといえる。図2にホログラム回折格子の記録概念図を示す。アゾベンゼン高分子材料をスライドガラス上にスピンコートし，そのアゾベンゼン薄膜に，青色もしくは緑色のレーザー干渉光を照射すると，光応答性物質が明部から暗所に空間的に移動し，照射する干渉光パターンに応じた凹凸が形成される。数百 nm から数 μm までの周期の回折格子を作製することができ，最大で 1 μm 以上のレリーフ深さとして記録できる。波長 488nm のアルゴンイオンレー

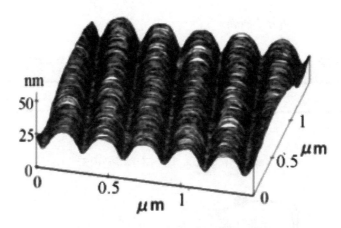

図3　作製した回折格子の AFM 像（格子間隔 275nm）

ザーを用いて作製した回折格子の原子間力顕微鏡像を図3に示す。回折格子の周期は，275nm であり，レリーフ深さは 16nm である。可視域レーザーを用いた場合は，これ以上細かい周期の回折格子を記録することはできないが，近接場露光を用いることにより数十 nm 程度の微細な記録が可能となる。本記録方式は，アブレーションやフォトブリーチングとは異なる可逆的な現象であり，消去後に再記録することも可能である。

4.3.2　コロナ放電による表面レリーフ型回折格子の増幅

　干渉光照射により作製された表面レリーフ型回折格子は，ガラス転移温度以上に加熱すると消去される特徴を持つことが知られている。今回用いたアゾベンゼン高分子材料のガラス転移温度は 140℃ 程度であり，それ以上の温度で加熱することで，図4(a)の概念図のように表面レリーフ構造が完全に消去される。逆に，加熱と同時にコロナ放電処理を施すことにより，図4(b)に示す概念図のように，回折格子の表面レリーフが増幅される。

　一例として，格子間隔 1μm，レリーフ深さ 110nm の光誘起表面レリーフ構造に対して，コロナ放電処理の前後の原子間力顕微鏡像を図5(a)，(b)に示す。また，コロナ放電処理の前後の1次回折光強度分布を図6(a)，(b)に示す。サンプルは電極間に 6kV を印加の上，ガラス転移温度まで加熱し，30分間コロナ放電処理を行なった。その後序冷し，室温に戻った後に電圧印加を停止した。この方法によって，レリーフ深さは 500nm に増大し，1次回折効率は 2% から 30% 程度にまで増加した。本技術は，サブミクロン周期の表面レリーフ構造にも適応可能であると考えられ，光学，バイオ，ナノテク分野への応用が期待される。

4.3.3　コロナ放電によるガラス基板への微細構造の転写・記録

　光応答性材料薄膜上の光誘起レリーフ形成とその増幅について述べたが，近年，コロナ放電処理の増幅の過程において，アゾベンゼン薄膜をコートする基板として用いているガラス基板にもホログラムが転写されることを偶然にも発見した。このことは，基板として用いたガラスに対して，表面レリーフ構造がテンプレートとなり，同一周期の屈折率変調構造がガラス表面に記録さ

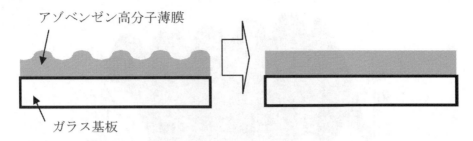

(a)加熱によるレリーフ構造の消去

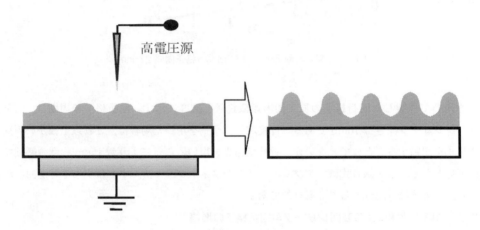

(b)加熱・コロナ放電によるレリーフ構造の増幅

図4　表面レリーフ構造の消去および増幅の概念図

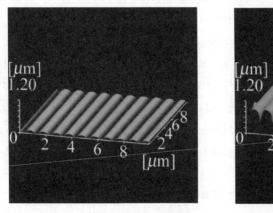 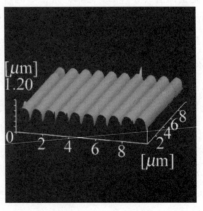

(a)コロナ放電前　　　　　　　(b)コロナ放電後

図5　コロナ放電処理前後の AFM 像

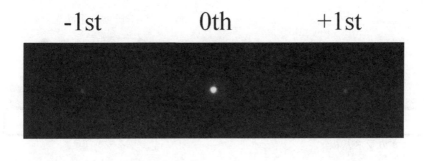

(a)コロナ放電前

(b)コロナ放電後

図6　コロナ放電処理前後の1次回折光強度分布

れたことを意味する。図7(a)〜(d)に示す4つの工程により，ガラスにホログラムを転写・記録することができる。図7(a)〜(c)はアゾベンゼン高分子薄膜の増幅過程と同様であり，その後アセトンによる超音波洗浄により，ガラス基板上からアゾベンゼン高分子薄膜を完全に除去することで，ガラス単体のホログラムとなる（図7(d)）。このガラスへのホログラム記録方法は，これまでに報告されている記録方法とは異なり，電場の印加をブレークスルーとして，従来の可視域波長のレーザーを用いて一般的なガラスへのホログラム記録を可能とする，全く新しい記録方法といえる。

　次にソーダ石灰ガラス，硼珪酸ガラス，溶融石英ガラスの3種類のガラス基板を用いて回折格子の記録特性を評価した。それぞれのガラス基板の大きさは25mm角，厚さ1mmとした。アゾベンゼン高分子薄膜上に記録された，1次回折効率が2%の表面レリーフ型回折格子をテンプレートとして用いた。それぞれのサンプルをコロナ放電装置で140℃に加熱しながら6kVの電圧を印加し，30分間放電を行なうことで，薄膜上の回折格子をガラス基板に記録した。その後アセトンによる超音波洗浄により，それぞれのサンプル上からアゾベンゼン高分子薄膜を完全に除去した。それぞれのガラスの回折効率を表1に示す。コロナ放電後は，ソーダ石灰ガラスおよび硼珪酸ガラスの回折効率が増加した。また，アゾベンゼン高分子薄膜を完全に除去したサンプルでは，ソーダ石灰ガラスのみで1次回折光を確認することができた。ガラスに記録された回折

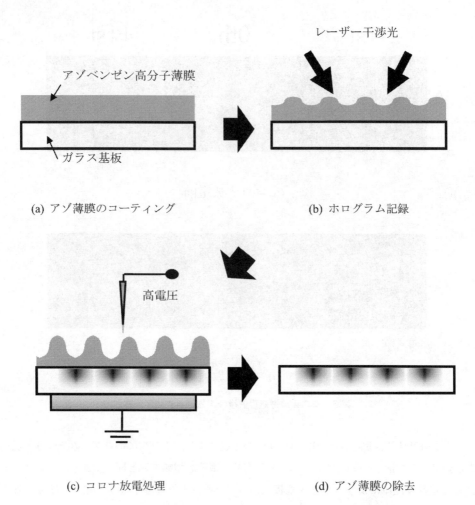

(a) アゾ薄膜のコーティング　　　　　　　(b) ホログラム記録

(c) コロナ放電処理　　　　　　　　　　　(d) アゾ薄膜の除去

図7　コロナ放電処理を用いたガラスへのホログラム記録手順

表1　各種ガラスの1次回折効率

工程	回折効率（%）		
	ソーダ石灰ガラス	硼珪酸ガラス	溶融石英ガラス
光記録後	2.0	2.0	2.0
コロナ放電後（アゾ＋ガラス）	33.1	30.0	2.0
洗浄後（ガラスのみ）	0.003	0.0	0.0
再コート直後	0.003	0.0	0.0
再コロナ放電後（アゾ＋ガラス）	24.2	12.3	0.0

格子は回折効率が非常に低いが，ハロゲンライト等を用いて観察することが可能である。図8に，中央部分に半円状の回折格子が記録されたガラス基板の写真を示す。

　さらに興味深い現象として，ガラス基板上にアゾベンゼン高分子薄膜を再コーティングし，も

図 8　ガラスに記録された回折格子の写真

表 2　ガラスへのホログラム記録特性

解像度	3000 本 /mm 以上
回折効率	0.04% （454nm）
記録方式	表面レリーフ型及び内部変調型
透明性	高透明
耐熱性	300℃　24 時間以上
耐光性	UV 照射 （170mW/cm）　24 時間以上
耐水性	室温の水道水　24 時間以上

う一度コロナ放電を行なうことで，ガラス基板に記録されている回折格子を，アゾベンゼン高分子薄膜上にレリーフ構造として再現することが可能である。ソーダ石灰ガラスにおいては再コロナ放電を行うことで，回折効率 24.2% の回折光が得られた。また，ガラス単体では回折光を確認できなかった，硼珪酸ガラスにおいても，アゾベンゼン薄膜を再コートしコロナ放電することで，回折効率 12.3% の回折光が得られた。現在までに実験により確認されているソーダ石灰ガラスへのホログラム記録特性を表 2 に示す。300℃ の加熱に耐えうる等，非常に高い耐環境性を有している。

　次に，ソーダ石灰ガラスにフーリエ変換ホログラムの記録を行った。回折格子作製と同様の手順で作製をおこない，波長 532nm の Nd:YVO$_4$ レーザーを用いてガラス基板に記録されたフーリエ変換ホログラムを再生した。得られた回折像を図 9(a) に示す。この時，波長 532nm で 0.03% の 1 次回折効率が得られた。また，QR コードのようなデジタルデータを記録・再生することも可能である（図 9(b)）。

　周期 1 μm のホログラムが記録されたガラス基板の原子間力顕微鏡による観察像を図 10(a) に示す。2nm 程度の凹凸としてホログラムが記録されていることを確認できた。この凹凸は高温で加熱しても消去されることなく，逆に増幅される。現時点での増幅メカニズムは定かではないが，加熱過程において，ガラス基板の応力歪みの緩和により表面凹凸が増大すると考えられる。

(a)   (b)

図9　フーリエ変換ホログラムの再生像

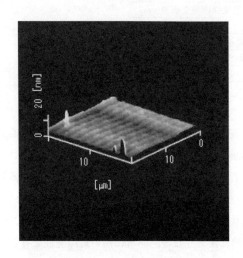
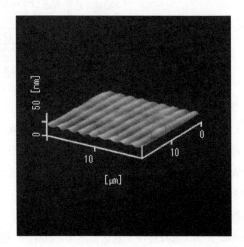

(a)加熱前　　　　　　　　(b)加熱後

図10　ガラスに記録されたホログラムの AFM 像

このサンプルを 300℃ で 24 時間加熱した後の AFM 像を図 10(b)に示す。レリーフの周期は変わらないが，レリーフ深度がおよそ 7nm に増幅されており，1 次回折効率も増加した。共焦点顕微鏡を用いることにより，ガラス内部にも周期構造が記録されていることを確認しており，ホログラムはガラスの表面および内部の両方に記録されていることが分かっている。

4.4　まとめ

ここでは，コロナ放電処理を用いた特殊表面処理について述べた。従来は主にサンプル表面を均一に改質する用途として用いられてきたが，微細な周期構造を有するサンプルをコロナ放電処理することにより，微細構造の増幅や，別基板への構造転写が可能であることを解説した。コロナ放電処理は，大気圧下で可能であり大面積化も容易である。今後は，ナノ微細構造を有するサンプルの表面処理方法として応用されることを期待する。

文　　献

1)　D. Y. Kim *et al.*, *Macromolecules*, **28**, 8835 (1995)
2)　C. J. Barrett *et al.*, *J. Phys. Chem.*, **100**, 8836 (1996)
3)　K. Harada *et al.*, *Nonlinear Opt.*, **22**, 225 (1999)
4)　K. Munakata *et al.*, *Nonlinear Opt.*, **22**, 437 (1999)
5)　K. Munakata *et al.*, *Opt. Rev.*, **6**, 518 (1999)
6)　K. Harada *et al.*, *Appl. Phys. Lett.*, **77**, 3683 (2000)
7)　K. Harada *et al.*, *Nonlinear Opt.*, **24**, 139 (2000)
8)　K. Munakata *et al.*, *Opt. Lett.*, **26**, 4 (2001)
9)　D. Sakai *et al.*, *Appl. Phys. Lett.*, **90**, 061102 (2007)
10)　D. Sakai *et al.*, *Opt. Rev.*, **14**, 339 (2007)

5 大面積ナノ構造体金型の加工技術

栗原一真*

5.1 はじめに

　光の波長以下のサイズの微細構造物では，光と微細構造の相互作用で特有の現象が発生する。この特有の現象を利用することで，様々な機能を持つ光学素子が実現できる。たとえば，透明基板の表面に光の波長より細かな構造を人工的に作り込むことで，基板表面の屈折率分布を自由に設定することが可能になり，反射防止機能や1/4波長板，偏光分離素子，波長選択フィルタなどが実現できる[1~3]。このような機能が得られるのは，光は構造体を認識することができず，構造体の空間占有率による平均的な屈折率として認識するためである。図1に示す反射防止機能の例を用いて説明する。図1(a)に示されるように波長より長い間隔dの構造体に光が入射すると，0次光成分のみならず1次以上の高次回折光成分が生じる。一方，図1(b)に示すように構造体の間隔が波長より短くなると，光は1次以上の高次の回折光成分は発生せず，0次光成分のみ生じる。このとき，構造体部分での有効屈折率は，式(1)で示すLorentz–Lorenzの式により，構造体の空間占有率によって決定される。

$$\frac{n_{\mathrm{eff}}{}^2 - 1}{n_{\mathrm{eff}}{}^2 + 2} = ff \frac{n_{\mathrm{sub}}{}^2 - 1}{n_{\mathrm{sub}}{}^2 + 2} \tag{1}$$

ここで，n_{sub}は基板の屈折率，ffは構造体の空間占有率，n_{eff}は構造体による有効屈折率である。構造体の空間占有率が48.6，凹凸基板の屈折率$n_{\mathrm{sub}} = 1.5$とすると，有効屈折率n_{eff}は1.225となる。この時，構造体の高さhが$h = \lambda/4\ n_{\mathrm{eff}}$の時，単層の反射防止膜の条件になり反射防止機能を付与することができる。単層の反射防止特性では，実用上の光学特性が不十分であるため，高さ方向の構造体の空間占有率を変化させ，多層膜以上の反射防止特性が得られるように設計が行われている。このように波長以下の構造体を用いた光学素子の研究は古くから行われているが，

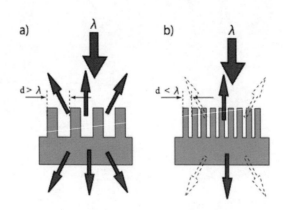

図1　構造体サイズによる光の振る舞い

＊　Kazuma Kurihara　㈱産業技術総合研究所　集積マイクロシステム研究センター　研究員

近年，ナノインプリントなどの微細凹凸物の複製技術の発展により，カメラのレンズ，ディスプレイ，太陽電池など，さまざまな光学デバイスへの産業応用が活発に検討されている[4]。これらの光学デバイスを実現するために，金型表面に極微細パターンのナノ構造物を精密に作製する必要がある。この金型表面への微細パターンの描画は，電子線リソグラフィー法や 2 光束干渉露光法などが一般に使われている[5,6]。電子線リソグラフィー法は，10nm 程度の超微細パターンを精密に描画できる利点があるが，描画速度が高速な装置でも 0.2m/s 程度であり，描画速度が極めて遅い。そのため，大面積の描画を必要とするデバイスの金型等に適用する場合には作製コストが膨大になり，産業的に実用的ではない事が課題である。一方，2 光束干渉露光法は，一括して，大面積の微細な単一周期パターンの描画できる利点があるが，局所的なパターン制御が難しく，曲面の金型になると露光が難しくなる等の問題が課題となっている。そのため，産業展開するためには，これらの課題を解決できるナノ構造体作製技術が要求されている。

　我々は，微細なナノ構造を持つ金型を作製するために，光ディスク装置を応用したレーザー熱リソグラフィー法を用いて 100nm の微細構造の任意パターンを金型表面に高速に作製できる金型作製技術を開発し，大面積のサブ波長無反射構造の開発を行っている[7~8]。また，この大面積の無反射構造は，構造体により濡れ性を制御することが可能になり，長期濡れ性を維持できる無反射親水フィルムが実現できる[9]。本項では，サブ波長無反射構造と，この無反射構造から実現できる親水フィルムについて述べる。また，サブ波長無反射構造は，レンズなどの曲面成形品への応用展開が特に期待されている。応用展開を行うためには，曲面金型の表面に反射防止機能付与するためのナノ構造体の作製手法が要求されており，ナノ構造体を形成するための製造コストも無視できず，安価で容易な作製方法が要求されている。我々は，レンズ表面にサブ波長無反射構造を実現するために，自己組織化した金属微粒子を用いて，複雑な形状を持つレンズ曲面にもサブ波長無反射構造を作製できる金型作製技術と成形技術を開発したので，これらの技術についても述べる。

5.2　レーザー熱リソグラフィー法による大面積ナノ構造体金型とナノ構造による親水フィルム

　レーザー熱リソグラフィー法は，高速描画を実現する可視光レーザーリソグラフィー法と高解像度化を実現する熱非線形材料を組み合わせたリソグラフィー法である。本手法を金型作製に適用すれば，大面積の金型表面に，任意のナノ構造物を短時間でかつ低コストで作製する事ができる。図 2 にレーザー熱リソグラフィー法の模式図を示す。レーザー熱リソグラフィー法は，レーザー光の集光スポット内に生じた温度分布を利用する方法である。光を物体に照射した場合，その物体が光を吸収すると，光のエネルギーは熱に変換される。レンズによって集光された光強度分布はガウス分布となるため，物体が光を吸収した発熱で生じる温度分布も同様となる。従って，高温で急激に変化する熱非線形材料をレジスト層に用いると，光の集光スポット径以下の微細な描画が可能になる。熱リソグラフィーを行うための熱非線形材料は，ゲルマニウムアンチモンテルル（GeSbTe）や酸化タングステン（WO）などの相変化現象を用いたものや，フォトレジス

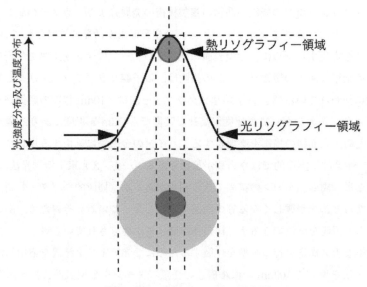

図2　熱リソグラフィー法の概念図

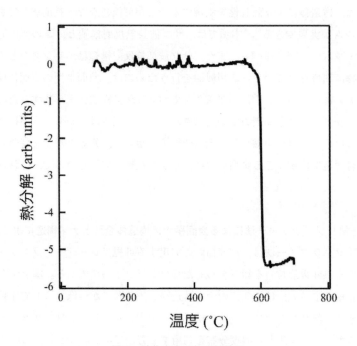

図3　酸化白金の熱分解特性

トの熱架橋反応を用いたもの，有機材料や無機材料の昇華反応を用いたものが開発されている[9~13]。我々は，熱リソグラフィー材料として酸化白金の急激な昇華反応を用いて，集光スポット以下の100mサイズのナノリソグラフィーを実現している[8]。図3に酸化白金の熱による分解

特性を示す。測定は熱重量差分測定装置を用いた。昇温レートは30℃/minで行った。サンプルはシリコンウエハ基板上に酸化白金薄膜を厚さ500nm成膜した基板を用いた。図3から酸化白金は温度に対して，550℃以上になるとしだいに分解を始め，595℃以上に熱せられると酸化白金は急激に酸素と白金に分解する特性があることがわかる。そのため，ガウス分布を持つ光ビームの吸収から発生する熱の温度分布を制御することで，酸化白金が分解する領域を光ビームスポットと比べて微小な部分にすることができ，光スポット以下の微小な描画が可能となる。また，レーザー照射による熱リソグラフィーではレーザー照射時間が非常に短いため，酸化白金を用いた場合，595℃以上での急激な分解のみが加工に寄与し，分解しきい値の温度範囲は±12℃であると評価できる。この分解しきい値は極めて明瞭であることから，スポットサイズ以下の極めて微小ピットマスクの形成が可能となる。また，酸化白金の熱分解は550℃で発生することからドライエッチングを行う時のプラズマ耐性が極めて高い。さらに，白金は貴金属であることから耐腐食性が高くスパッタ率も低い特性を持つ。これらのことからも，酸化白金は熱リソグラフィーのためのマスク材料として極めて有効な材料である。図4に本実験に用いた，熱リソグラフィー

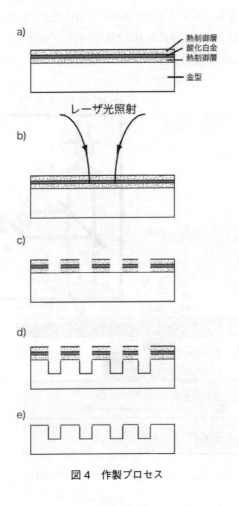

図4　作製プロセス

法による金型表面へのナノ構造作製プロセスを示す。金型表面に熱制御層／酸化白金層／熱制御層の3層からなる熱リソグラフィー層をRFマグネトンロンスパッタ装置にて成膜した（図4(a)）。ここで，熱制御層／酸化白金／熱制御層は金型表面にナノ構造物を作製するための保護マスクとしての役割と熱リソグラフィーの描画層としての役割を持つ。次にレーザー光を照射し，描画を行った（図4(b)）。本作製では，熱リソグラフィー材料として熱に対して非線形応答し昇華する酸化白金を用いていることから，レーザー光照射と同時に金型表面にナノホール形状のマスクが形成できる。レーザー光照射によるナノ形状のパターニング後に，反応性イオンエッチング装置を用いて，金型表面にナノ構造物を転写した。最後に，表層に残る熱リソグラフィー材料を除去し，ナノ構造物付きの金型を作製した。加工は，図5に示す光ディスク技術を応用したナノ加工装置で行ない，加工対象を6m/s（2600-3600rpm）で高速回転させながら30MHzのレーザパルスを照射して行った。この時，集光光学系に用いている対物レンズの開口数は0.85であり，光源の波長は405nmの半導体レーザーを用いた。図6に，熱リソグラフィー法を用いてナノ構造物を加工した例を示す。図6に示す加工例は，およそ100nmのナノドットを200nmのピッチで作製した結果である。ホトリソグラフィーを用いた手法の場合には，光の集光サイズが描画限界であるが，酸化白金の熱非線形材料を用いた熱リソグラフィー法を用いることにより，光ビームスポット（476nm）の4分の1以下の100nmのドットパターンが作製できる。現在で

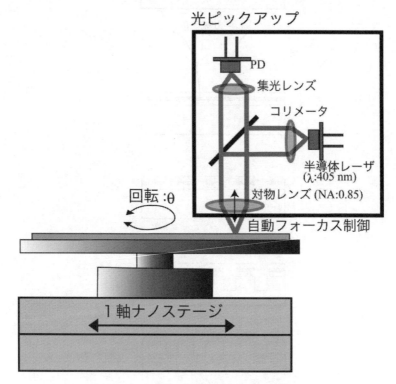

図5　大面積ナノ構造体加工装置構成図

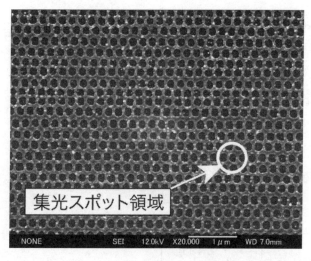

図 6　100nm ナノドットの SEM 像

は，より高特性の熱リソグラフィー用材料が開発されており，光学スポットの 10 分 1 以下の 40nm の加工が実現できている[9]。ホトリソグラフィーを用いた場合は，光の集光スポット程度が描画限界であるため，可視域の波長以下の周期構造をもつサブ波長無反射構造は作製することは出来ないが，レーザーから発生した熱を利用する熱リソグラフィーを用いることで，レーザー描画の高速描画特性が維持出来ることから，可視域の波長以下の周期を持つ大面積のサブ波長無反射構造が実現できる。さらに，構造体によって無反射機能だけでなく，濡れ性の制御も可能にすることができる。一般に，プラスチックフィルムは，表面エネルギーが低いため水滴がはじく撥水の傾向を示すが，構造体の付与により，水滴が発生しない親水の傾向を示すフィルムが実現できる。フィルムは，円周上にナノ構造体が配置されたパターンが形成されており，接線方向と半径方向のナノ構造体の周期は 250nm から 1.5μm に変化させて評価を行った。ナノ構造付フィルムの製造は，図 7 に示すように，金型表面に UV 硬化樹脂の塗布を行った後に，PET フィルムを貼付けて，紫外線照射を行った（図 7 (b)–(c)）。UV 硬化樹脂の硬化後に，金型からフィルムを離型し，フィルム表面にナノ構造体が付与された成型品を作製した（図 7 (d)–(e)）。図 8 に周期 250nm のナノ構造体の条件で作製されたフィルム表面の形状像を示す。図 8 に示すように，ナノインプリント技術を用いることで，大面積ナノ構造体をフィルムに一括転写できることが分かる。ナノ構造体の高さは 200nm であり，アスペクト比はおよそ 1 のナノ構造体を成形した。また，UV インプリントプロセスを用いたときのナノ構造体の転写時間は，UV 硬化樹脂の硬化時間に依存するため，およそ 20 秒程度で硬化し離型した。UV インプリントプロセスは，高生産性を維持してナノ構造体のレプリカを成形することが可能であることがわかる。濡れ性の評価は，基板におよそ 30mg の水をかけた後に，基板を垂直移動し，40mm^2 当たりの水膜の残存率を測定した。基板を垂直移動しているのは，表層に付着した余分な液滴を除去するために行った。

a) 　　ナノ構造付金型

b) 　　UV 硬化樹脂

c) 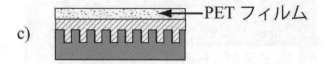　　PET フィルム

UV 照射

d)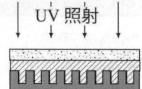

e)

図7　ナノ構造体付フィルムの作製工程

図8　ナノ構造体付フィルムレプリカ

ナノ構造体の空間占有率 f は，式(2)に示すナノ構造体の面積と，ナノ構造体以外の面積で定義した。

$$f = \pi r^2/p^2 \tag{2}$$

図9に，フィルム表面のナノ構造体の周期を変化させた時の濡れ性を示す。平面基板の場合の水滴の濡れ面積率は，およそ26％の結果であった。これは，プラスチック基板は撥水の傾向が強いために，良好な濡れ性は得られないことが分かる。一方，ナノ構造体の空間占有率が0.1％以下の濡れ面積比率は，ナノ構造がフィルム表面に形成されているが，密度が低いため平面基板とほとんど変化無い結果であることが分かった。しかしながら，空間占有率が0.2％以上（ナノ構造体の周期が400nm以下）になると急激に濡れ性が変化し，100％の濡れ面積比率の水膜が形成できることが判明した。これは，大量の液滴がナノ構造体の表面に付着した時に，自重により液滴がナノ構造体の内部に侵入し，ナノ構造体にトラップされていた空気が外部へ放出され，ナノ構造体の空間占有率の増加に伴って，表面自由エネルギーも増大する Wenzel モデルに変化したためと考えられる[14]。また，波長以下の間隔に制御されたナノ構造体をフィルム表面に形成した場合には，反射防止機能付与による高光透過率の実現と同時に，撥水のプラスチックフィルムを親水に変化させることが可能になる。図10に，PET フィルムは窓ガラスに貼り付けた後に，窓ガラスを垂直に立ててシャワーをかけた時の結果を示す。左側はナノ構造付の金型パターンをインプリントしたフィルムであり，右側は平面金型でインプリントしたフィルムになっている。平板フィルムは，プラスチック基板の撥水の特性が表れ，液滴は水滴になっていることが分かる。また，水滴の散乱により，背景が見づらい状態になっていることが分かる。一方，ナノ構造体は，

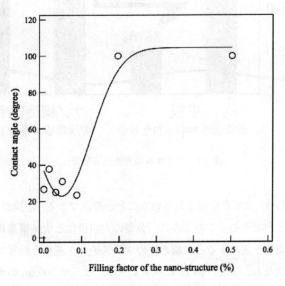

図9　フィルム表面のナノ構造体の周期を変化させた時の濡れ面積率

図10　大面積ナノ構造体による親水フィルム

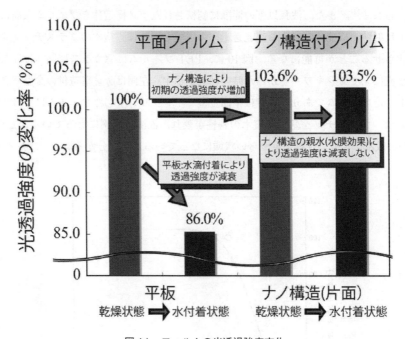

図11　フィルムの光透過強度変化

濡れ制御が行われており，水膜が形成されていることが確認できる。水膜が形成されているため，背景も明瞭に見ることができる。このように，金型の大面積化とナノ構造体転写技術を組み合わせて大面積のナノ構造体を実現すると，撥水性のプラスチック基板を転写プロセスだけで親水性に変えることが可能になる。また，図11に示すように，ピッチ200nmのナノ構造体が表面に形成されたフィルムを用いた場合には，ナノ構造体により反射防止機能の発現が可能であることか

ら，無反射機能と濡れ性制御を同時に機能化させ低コストで製造することが可能である。

　現在，さまざまな光学素子に用いられている無反射技術は，光学多層膜を用いたものであり，性能は良いが，成型品毎に成膜が必要になり，成型品の成膜コストは1回の成膜あたりの成型品数によって決定されるため，特に大面積の成型品に反射防止コートを施す場合，成型品のコストが飛躍的に高くなってしまうことや，プラスチック成型品に多層膜を成膜する時の発熱により，成型品の破損が問題となっている。しかしながら，ナノ構造体を用いて光学素子は，成形工程だけで反射防止機能や濡れ性制御可能であり，成形品の面積に左右されることなく低コストで製造可能であるため，特に，大面積でかつ低コスト化が要求される産業分野の製品などへは有用である。このように，安価・高速・大面積のナノ構造を有する大面積の金型の作製法としては，レーザー熱リソグラフィー法などを用いて作製することも可能であるが，曲面レンズ表面にサブ波長無反射構造を付与する場合の金型に対しては，レンズ等の自由曲面表面に容易にナノ構造体を形成する事が出来るため，自己形成技術を用いた方が有用である。我々は，レンズ表面にサブ波長無反射構造を付与するために，金属ナノ粒子を用いた反射防止ナノ構造体形成技術開発を行ったので述べる。

5.3　金属微粒子による金型作製

　金属粒子をサブ波長無反射構造作製用のマスクとして用いるための最適な粒子直径について計算した結果を図12に示す。計算は有限差分法を用いて計算を行った。図12(a)は，粒子直径を変化させナノ構造体を形成した時の反射率の相対変化であり，図12(b)は，粒子直径を変化させナノ構造体を形成した時の透過率の相対変化である。図12(a)のナノ粒子による反射防止特性から，

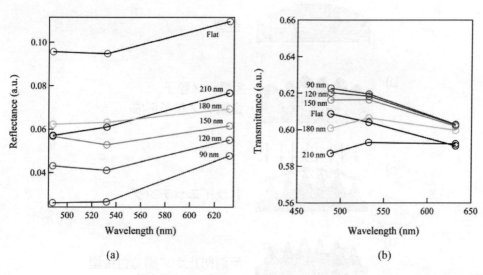

図12　粒子直径によるナノ構造体の光学特性
(a)粒子直径による反射率，(b)粒子直径による透過率

平面に比べナノ粒子直径が小さくなるほど反射低減効果が得られることが分かる。一方，図12
(b)に示す粒子直径による透過率をみると，粒子直径が大きい場合には，平面基板よりも透過が減
少していることが分かる。これは，大きい粒子直径を用いてナノ構造体を形成した場合，光は，
1次回折光や散乱の影響により透過率は平面基板に比べ減少してしまうためである。これらの計
算結果から，粒子直径の小さいナノ粒子を用いてナノ構造体を形成する方が良いことがわかる。
しかしながら，実際の成形工程では，ナノ粒子直径が小さすぎると，成形時の充填不良や離型不
良の問題が発生することから出来る限り粒子直径が大きい方が良い。計算結果から，粒子直径は
150nm以下であれば，ナノ粒子を用いた場合でも反射防止機能が得られることが分かる。図13
に金属微粒子を用いて反射防止機能付きのレンズ成型品を作製するための金型作製プロセスを示
す。最初に金型表面に金属ナノ微粒子を形成し，次に反応性イオンエッチング装置を用いて金型
表面をエッチングする（図13(b)）。ここで金属微粒子はナノ構造をエッチングするためのマスク
としての役割をする。そのため，金属微粒子が保護層となり，金型材料にナノ構造物を転写する
ことが可能である。また，金型表面にナノ構造を作製する過程において，金属微粒子は除去され
るために，最終的には図13(d)に示すナノ構造付きの金型が作製できる。最後に反射防止ナノ構
造が金型表面に形成された金型を用いて射出成形することにより，成形プロセスのみで反射防止
機能を有するレンズ等の成型品が作製可能になる。図14に真空プロセスのみで形成した金属ナ
ノ微粒子のAFM像を示す。作製された金属微粒子の直径は，ほぼ均一に一定の間隔が保持され
ていることが確認できる。このとき，金属微粒子の直径は，およそ50nmであり，金属微粒子間
距離は，およそ100nm～150nmであった。可視光の反射防止レンズを考慮した場合，使用する
波長は400nm～800nmの範囲であることから，金属微粒子の間隔は波長の2分1以下の間隔で

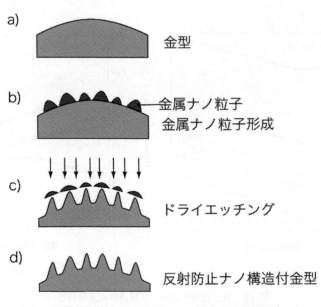

図13　金属微粒子による反射防止ナノ構造金型の作製プロセス

図14 金属ナノ微粒子の AFM 像

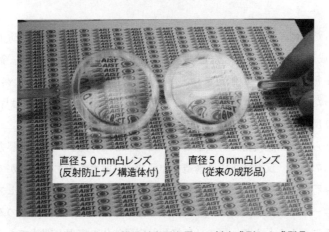

直径５０mm凸レンズ
（反射防止ナノ構造体付）

直径５０mm凸レンズ
（従来の成形品）

図15 反射防止ナノ構造付金型を用いて射出成形した成型品

保たれていることが分かる。このことから，波長以下の間隔で保たれた金属微粒子を使用して作製したナノ構造体付金型は，光の散乱の影響を受けることなく成型品に反射防止機能を付与することができる。また，金属微粒子は真空プロセスで形成していることから，凹凸どちらの曲面にでもナノ構造物の作製が可能であり，曲率半径が変化しても同様のプロセス条件でレンズ金型表面にサブ波長無反射構造が付与できる。本金型を用いて作製した射出成形品を図15に示す。左側はサブ波長無反射構造が付与されたコア金型を用いて射出成形したものであり，右側は，一般的なコア金型を用いたものである。両方の成型品を比べると，従来品（図15右側）は蛍光灯の明かりが強く反射して白く見えているが，反射防止微細構造を設けた射出成型品（図15左側）は，光の反射を抑えられていることが確認できる。本開発技術は，金属微粒子を真空プロセスの

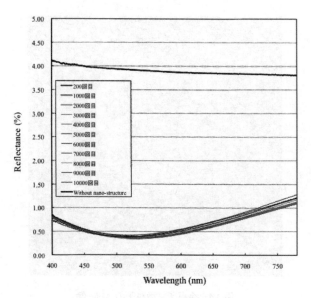

図16　成型品の代表的な光学特性

みで形成しているために，金型形状や面積に依存せず，容易に大面積の反射防止成型品の作製ができる。図16に成形した光学レンズの光学特性の測定例を示す。成形は同一金型で10,000回を行い100ショット毎に光学特性の測定を行った。樹脂は，住友化学製のスミペックスMH-Rを用いて成形を行った。通常のコア金型を用いて成形を行った場合は，反射率は片面4%になるが，ナノ構造体により反射率は0.5%以下までに低減できていることがわかる。

　これらのことから，本開発技術である金属ナノ微粒子を用いたナノ構造作製方法は，金型に直接，真空プロセスのみで，反射防止ナノ構造を作製でき，射出成形することができた。また，成型品も必要な光学特性と連続成形できる事を示した。その結果，従来のプロセスで必須であった反射防止多層膜コートの製造プロセスが除去出来るばかりでなく，射出成形のみで同様の光学レンズが実現出来ることから，より一層の低価格化と高機能化の実現が期待できる。

　このように，ナノ構造体を金型表面に作製することにより，反射防止機能をもつレンズや液晶パネル，自動車のメータパネル等を低コストに大量生産することが可能になり，ディスプレイやデジタルカメラなどのレンズ等，さらに自動車産業にも光反射防止機能を持つ成形品を成形プロセスのみで安価に付加することが実現できる。

5.4　おわりに

　大面積のサブ波長無反射構造を作製するための金型作製法について述べた。大面積で高精度のサブ波長光学素子を作製する場合は，熱リソグラフィー法を用いることにより，サブ波長無反射構造だけでなく，親水機能を付与したサブ波長無反射光学素子が実現可能なことを示した。一方，金属微粒子を用いたナノ構造物は，さまざまな形状の金型表面に自己形成されたナノ構造物を作

製できることを示した。また，波長以下の間隔で制御された金属ナノ粒子を用いることにより，反射防止機能を有するレンズなどの成型品が実現でき，大量生産のための金型耐久性があることを示した。このように，ナノ構造体を用いた光学素子技術は，大面積のナノ構造成型品を低コストで作製でき，さらに従来技術では得ることの出来ない新機能を付与することができることから，今後より一層，産業分野への応用へ広がっていくことを期待したい。末尾であるが，レーザー熱リソグラフィー法による大面積ナノ加工装置開発はパルステック工業株式会社と共同開発し，平成 17 年度に科学技術振興機構の重点地域研究開発推進プログラム（シーズ発掘試験）のサポートを頂き研究開発を行ったものである。また，金属ナノ粒子を用いた反射防止ナノ構造金型については伊藤光学工業株式会社／東海精密工業株式会社／住友化学株式会社と共同開発したものであり，平成 20 年〜 21 年度に経済産業省の地域イノベーション創出研究開発事業のサポートを頂き研究開発を行ったものである。また，大面積ナノ構造体による親水フィルムは株式会社ハウステックと共同開発を行い，平成 22 年度から，日本学術振興会の最先端研究開発プログラム「マイクロシステム融合研究開発」のサポートを頂き研究開発を行っている。これら，大面積ナノ構造体を用いた光学デバイス開発に関して，関係者の皆様に感謝と敬意を示したい。

文　　献

1) Wanji Yu *et al.: Appl. Opt.* **41** (2002) 96.

2) A. G. Lopez *et al.: Opt. Lett.,* **23** (1998) 1627.

3) Panfilo *et al.: Appl. Opt.* **40** (2001) 5731.

4) 菊田久雄，岩田耕一，光学 **27** (1998) 12.

5) Y. Toma *et al.: Jpn. J. Appl. Phys.,* **36** (1997) 7655.

6) K. Hadobas *et al.: Nanotechnology,* **11** (2000) 161.

7) K. Kurihara *et al. J. Opt. A: Pure Appl. Opt.* **6** (2006) S139.

8) K. Kurihara *et al.: Jpn. J. Appl. Phys.* **45** (2006) 1379M.

9) Y. Usami *et al: Appl. Phys. Express* **2** (2009) 126502

10) M. Kuwahara *et al.: Jpn. J. Appl. Phys* **41** (2002) L1022

11) A. Kouchiyama *et al.: Jpn. J. Appl. Phys* **42** (2003) 769

12) T. Shintani *et al.: Appl. Phys. Lett* **85** (2004) 639

13) E. Ito *et al.: Jpn. J. Appl. Phys* **44** (2005) 3574

14) K. kurihara, Y. Suzuki, K. Suto, N. Shiba, T. Nakano and J. Tominaga, *Microelectronic Eng.* **87** (2010), 1424

ナノ構造光学素子開発の最前線《普及版》(B1227)

2011 年 7 月 29 日　初　版　第 1 刷発行
2017 年 12 月 8 日　普及版　第 1 刷発行

監　修	西井準治, 菊田久雄	Printed in Japan
発行者	辻　賢司	
発行所	株式会社シーエムシー出版	

東京都千代田区神田錦町 1-17-1
電話 03(3293)7066
大阪市中央区内平野町 1-3-12
電話 06(4794)8234
http://www.cmcbooks.co.jp/

〔印刷　あさひ高速印刷株式会社〕　　　　　© J. Nishii, H. Kikuta, 2017

ISBN 978-4-7813-1220-0 C3054 ¥5300E